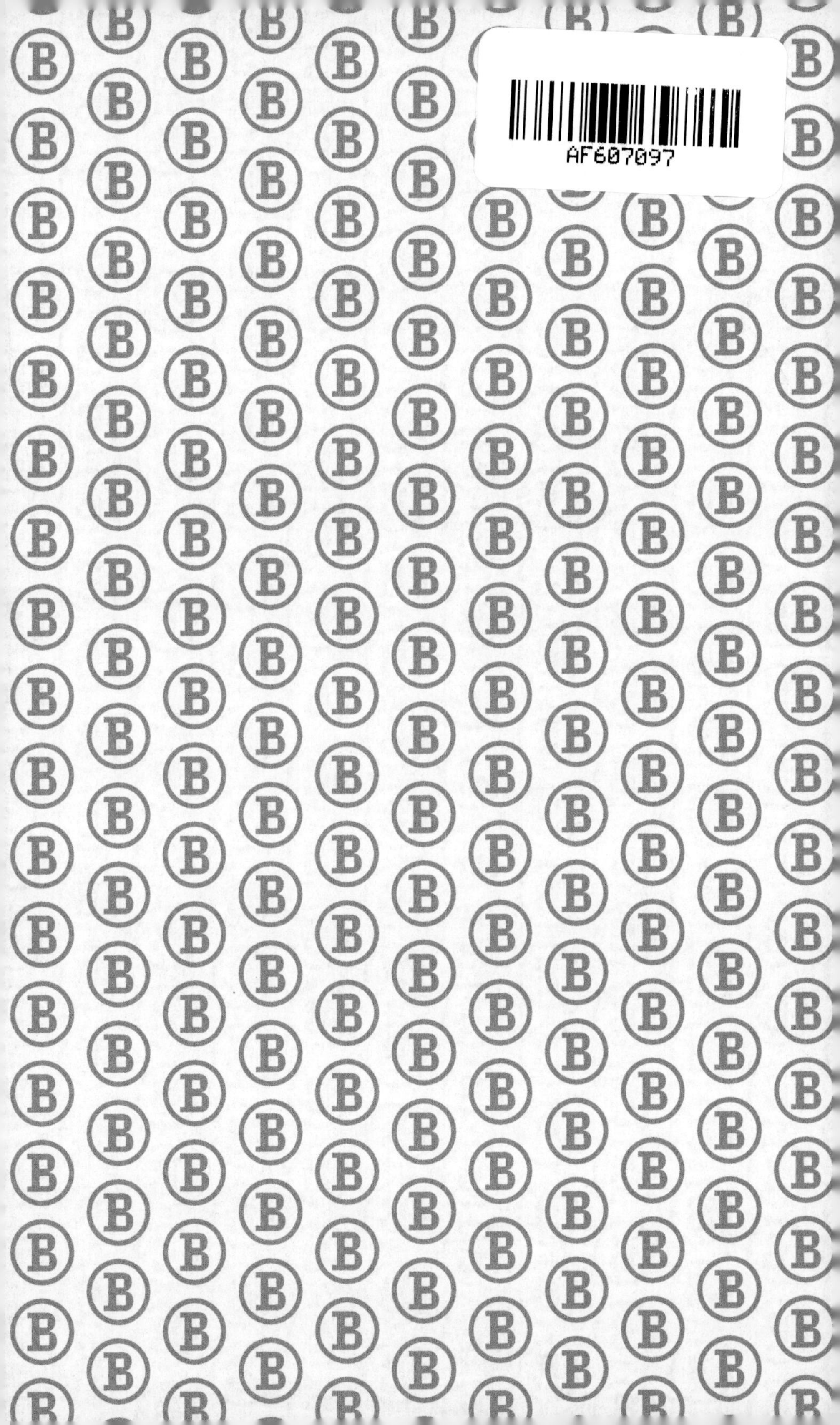
AF607097

Comunales

BELLATERRA EDICIONS | SERIE GENERAL UNIVERSITARIA | 345

PABLO DOMÍNGUEZ,
DIDIER GENIN Y
MONTSERRAT VENTURA (EDS.)

Comunales

El caso de los pastores trashumantes de las sierras de Andalucía nororiental

Diseño de la colección: Dani Rabaza (Münster Studio)

Diseño original: Joaquín Monclús

Fotografía de la cubierta: Pau Sanosa Cols

Título: *Comunales. El caso de los pastores trashumantes de las sierras de Andalucía nororiental*

Bellaterra Edicions (Cultura21, SCCL)

C/ de la Foneria, 5-7 baixos 08243 Manresa

www.bellaterra.coop

El libro que proponemos ha sido cofinanciado por el grupo de investigación Antropología e Historia de la Construcción de las Identidades Sociales y Políticas (AHCISP) de la Universitat Autònoma de Barcelona (UAB) gracias a fondos de la Agència de Gestió d'Ajuts Universitaris i de Recerca de la Generalitat de Catalunya, desplegado entre 2022 y 2025 (AGAUR; SGR 2021-00193), así como del Institut Méditerranéen pour la Transition Environnementale de Francia (ITEM, Aix Marseille Université) a través del proyecto Indigenous and Community Conserved Area for social-ecological REsilience (ICCARE), desplegado entre 2021 y 2024 (AMX-19-IET-012).

ISBN: 979-13-87639-21-1

Depósito Legal: B 10562-2025

Impreso por Arteos en Sant Esteve Sesrovires

Índice

Agradecemos muy especialmente a todos los ganaderos de Castril y Santiago-Pontones, a sus familias y sus rebaños, así como el resto de la población; a los ayuntamientos y los parques naturales de las sierras de Cazorla, Segura y las Villas y de la sierra de Castril; a la Oficina Comarcal Agraria (OCA) de Huéscar, la Asociación Nacional de Criadores de Ovino Segureño (ANCOS), y a todos los actores de la región, que han ayudado tanto a hacer esta investigación posible.

1. Trashumancia, gestión comunal y patrimonio biocultural en Castril, Santiago de la Espada y Pontones

PABLO DOMÍNGUEZ (CNRS), DIDIER GENIN (IRD),
FEDERICA RAVERA (UDG) Y MONTSERRAT VENTURA (UAB)

Introducción

Las *Áreas y Territorios Conservados por Comunidades Locales* son cada vez más reconocidas por las principales organizaciones mundiales[1] debido al papel que juegan en la conservación ambiental, su valor cultural, la contribución al bienestar humano y, en general, a la sostenibilidad global. La principal razón tras este reconocimiento internacional es que la conservación del medioambiente depende directamente de la continuidad de estas formas comunales de funcionamiento, como por ejemplo aquellas relacionados, en zonas de alta montaña, con la gestión del territorio para uso pastoril. A su vez, la continuidad de estas mismas comunidades depende de la conservación de los ecosistemas y de la biodiversidad de las que ellas dependen y que gestionan a través de conocimientos y prácticas tradicionales. Por esto las comunidades de pastores son las primeras interesadas en la protección de los ecosistemas para un uso y gestión que sostenga sus funciones ecológicas y al mismo tiempo su

1 Por ejemplo, la Convención para la Diversidad Biológica (CDB), la Unión Internacional para la Conservación de la Naturaleza (UICN), el Programa de Naciones Unidas para el Medioambiente (PNUMA), así como the Convention on Biological Diversity (CBD), the International Union for Conservation of Nature (IUCN), the United Nations Development Programme (UNDP), the United Nations Environment Programme (UNEP) y la Organización de las Naciones Unidas para la Educación, la Ciencia y la Cultura (UNESCO).

productividad año tras año (Davies *et al.*, 2015). Esto implica un conocimiento acumulado y un patrimonio sociocultural histórico, que en el caso de la ganadería extensiva y la trashumancia es muy antiguo (Godoy *et al.*, 2021).

Pese a la creciente conciencia científica de que los comunales pastoriles son un régimen de gestión positivo para el medio ambiente y el bienestar de las sociedades locales, así como la sostenibilidad ecológica a nivel global (Zanjani *et al.*, 2023), estos están experimentando rápidos procesos de alteración. Una alteración que se manifiesta con un deterioro de la organización interna y sus dinámicas socio-productivas, con una marginalización por parte de las políticas públicas y una pérdida progresiva de conciencia y saberes socio-medioambientales.

El objetivo del libro es entonces poner de relieve la riqueza y los beneficios que pueden generar tales sistemas, con el fin de adoptar una visión más global de sus factores de sostenibilidad y de su integración en la sociedad en general, a partir del estudio interdisciplinario de tres sistemas comunales contiguos de las montañas de Castril, Santiago y Pontones en Andalucía nororiental, gestionados por pastores trashumantes. Los valores naturales de estos territorios han sido reconocidos bajo diferentes figuras de conservación ambiental y a su vez son producto de la gobernanza comunal por parte de estos grupos ganaderos, que han contribuido, generación tras generación, a la co-construcción de sus paisajes culturales a lo largo de más de cinco siglos y que por ello constituyen un patrimonio natural y cultura a valorizar.

La trashumancia y la movilidad, centrales en las estrategias pastoriles

Una de las características de los sistemas comunales pastoriles es la gestión de la trashumancia, una de las instituciones clave en el estudio clásico de las sociedades humanas, pues incorpora valores de interés socio antropológico como la relación a la tierra, pero también valores relativos a formas de aprovechamiento de recursos naturales respetuosos de dinámicas naturales.

El pensamiento occidental ha considerado la existencia humana en términos de fijeza (Rapport y Overing, 2000: 262) y ha exaltado y esencializado el estilo de vida sedentario, subestimando el que emerge en sociedades donde el hábitat es más dinámico o efímero (Ingold, 2011:

180). La movilidad ha sido así uno de los campos clásicos de la antropología desde el dominio teórico del evolucionismo social.

Aunque entre los pueblos indígenas de distintos lugares del planeta la movilidad territorial a menudo se ha vinculado a la preponderancia económica y simbólica de la caza, en otras regiones y tradiciones como las áreas de montaña del Mediterráneo, el vínculo se ha establecido con la cría de ganado. En la presentación del número monográfico *En nomadisant* de *Cahiers d'Anthropologie Sociale* (2020/2), Jean-Pierre Digard recurre a la etimología del término: aparecido en 1540 en una traducción del filósofo griego Crisóstomo Dion (ca 35-117 d.C.), la palabra «nómada» está tomada del latín *nomas*, *nomadis*, y a su vez del griego *nomas*, *nomados*, que propiamente significa pastor – «que pasta», raíz *nemein*, «pastar» (Bloch y Wartburg, 1964: 433 en Digard, 2020/2: 24). Esto le permite subrayar el significado restringido del término y lo que él llama *verdadero nomadismo*: aquel que tiene como característica esencial los movimientos estacionales regulares de rebaños y grupos humanos enteros, incluidos hombres, mujeres y niños, que residen en hogares móviles, desmontables y transportables (tiendas de campaña, yurtas) o viviendas efímeras (chozas); distingue además, en esta categoría, diversos tipos de *semi-nomadismo*, siempre relacionados con el hombre y sus rebaños, donde la *trashumancia* designaría el movimiento estacional de rebaños, generalmente pertenecientes a pueblos sedentarios, bajo el control exclusivo de pastores, así como los sistemas de pastos de verano alpinos (Digard, 2020/2:25-26).

Esta acepción restringida del término no es nueva. A pesar de su nombre, la revista *Nomadic Peoples* se ha centrado en los pueblos pastores, no sin un debate sobre lo que constituía el nomadismo. Si Dyson-Hudson (1972) propuso hace medio siglo distinguir un «modelo de cría» y un modelo de «movilidad espacial», siempre refiriéndose a los pastores, y abandonar para éstos el término «nomadismo», Asad (1978: 64, en Salzman, 1980: 4) priorizó en el análisis la identificación de quién tenía el control del territorio, ganado, propiedad o destino de la producción, una conjunción de política y economía. En los años 1980 Salzman resaltaba que el término «nomadismo» era útil para identificar categorías de personas dedicadas a una determinada crianza móvil, pero también porque eran minorías cuyos estilos de vida no eran compatibles con los de la mayoría o con los gobiernos que las dominan, y para enfatizar que es necesario respetar este aspecto específico por el cual son marginados (Salzman, 1980: 6-7). A saber, señalemos, su movilidad.

La movilidad entonces ha sido planteada, no sólo como un rasgo constitutivo del nomadismo, sino también como una marca marginalizadora por contraste dentro de una sociedad dominada por una ideología sedentaria (Ventura, 2013). Al intentar alejarse de este par binario, Retaillé (2020/2:34), siempre con el objetivo de comprender la movilidad de los criadores de ganado, propone analizarla, no para identificar tipos de sociedades –móviles o sedentarias– que las fijarían en un modo de vida, sino para constatar que hay gente que nomadiza, para observar cómo y en qué circunstancias lo hace. Lo importante –señala Carole Ferret en el mismo monográfico– es analizar el aspecto procesual del fenómeno y su contexto: quiénes son nómadas, en qué momento, en qué lugares, en qué rutas, etc. Además, estas categorías a veces resultan falaces, porque la movilidad, tanto de los grupos como de los individuos, puede variar de un año a otro, pasando del nomadismo al sedentarismo o a una de las muchas fórmulas intermedias: los «nómadas» se convierten en «sedentarios» y viceversa (Ferret, 2014: 971 en Ferret 2020/2:12). La adaptación y el dinamismo de los pastores de Santiago-Pontones será, como veremos en esta obra, una excelente muestra de esta fluidez inherente a la categoría de trashumancia.

Un último punto planteado por Ferret (2020/2) se refiere a la finalidad, a las circunstancias de la movilidad, que otros autores (como Pedersen, 2016: 229) habían identificado en torno a la inmovilidad, es decir: que los grupos que se mueven no buscan un cambio, sino por el contrario, «quedarse igual» o, más precisamente, que su ganado disfrute condiciones de pastoreo lo más estables posible, «siguiendo la hierba», según su ruta habitual de «nomadización». Además, Ferret señala que la nomadización puede decidirse repentinamente en respuesta a un acontecimiento (Ferret, 2020/2:19).

Junto a la relación dinámica con la tierra y los animales, en las investigaciones más recientes sobre pastores de montaña (Domínguez, 2013, Parra *et al.*, 2025), además de los factores económicos, sociales y simbólicos, se resalta la gestión colectiva y sostenible de los recursos naturales como parte fundamental en la práctica de la trashumancia. Los sistemas pastoriles con uso comunitario de los pastos son también sedes de innovaciones técnicas y sociales que a menudo son portadoras de elementos esenciales para pensar formas alternativas de aprovechamiento de los recursos a largo plazo.

La gestión comunal de *recursos pastoriles*

El premio Nobel de economía a Elinor Ostrom en 2009 fue un hito que incrementó la atención científica e internacional sobre los «recursos de uso común» y las acciones colectivas de gobernanza de estos. Los estudios de Ostrom sobre recursos, propiedad y manejo comunitario de la tierra, que se encuentran en distintas partes del mundo bajo diferentes variantes organizativas, en diferentes contextos socioeconómicos, demográficos, biofísicos, y también político-legislativos, fueron clave para su definición conceptual, su delimitación de formas de propiedad de la tierra[2] y el análisis de aquellas características que pueden garantizar su presencia y perdurabilidad o resiliencia (Ostrom, 1990). Ostrom demostró a nivel teórico y observó a nivel empírico que las comunidades desarrollan elaboradas reglas que evitan una lógica de individualismo y competitividad en la toma de decisiones sobre los recursos de uso común. Pese a un abierto debate (Beltran y Vaccaro, 2017), de forma resumida podemos decir que la investigación sobre los comunales se divide entre los estudios sobre los recursos naturales, sus características y normas de uso y gestión colectiva, y los regímenes de propiedad colectiva.

Numerosos estudios han demostrado la riqueza y la creatividad de las comunidades pastoriles de montaña en la gestión de los pastos para mejorar sus usos a largo plazo y evitar conflictos (Berkes *et al.*, 2000; Homann *et al.*, 2008; Reid *et al.*, 2014; Brondízio *et al.*, 2021). Farooquee y otros (2004) mostraron por ejemplo cómo una comunidad de pastores del Himalaya ha creado un sistema de gestión de las tierras de pastoreo cuidadosamente adaptado a las condiciones ecológicas: mediante instituciones colectivas, han desarrollado un conjunto de normas de uso basadas en interacciones socioecológicas y en una gestión común respetuosa con los recursos.

Con frecuencia, el control local sobre los recursos corre paralelo con la adopción de respuestas técnicas y sociales que minimizan la presión sobre los recursos; es el caso de las sanciones sociales e institucionales del que se ha dotado el sistema comunitario de uso de recursos naturales (praderas y bosques) llamado Adgal en el norte de África (Auclair y

2 Fue clave su diferenciación de la propiedad de la tierra en privada, pública y de acceso abierto; en este sentido señalar que es a estas últimas tierras, y no a tierras comunales, a las que en realidad se refería Hardin, en su famoso ensayo sobre «La tragedia de los comunes» (1968) que tanto debate ha generado.

Alifriqui, 2012). El Agdal es un concepto socioespacial endógeno que engloba un territorio, los recursos, las prácticas, las técnicas y las normas e instituciones que regulan el acceso y los usos del territorio (Genin y Simenel, 2011).

En el mismo sentido se han estudiado los «comunales de uso pastoril» de los Alpes suizos. Netting (1981) analizó las profundas raíces históricas de dichos comunales y demostró que no sólo han tenido un impacto positivo en la construcción del patrimonio biocultural y la conformación de paisajes sostenibles, sino también en el funcionamiento social y demográfico general de la comunidad.

Los comunales pastoriles corresponden, tal como los entendemos aquí, a los recursos comunes en uso y gestión comunal, así como a las instituciones para su manejo, más que a recursos como propiedad de las comunidades, a los que sólo en algunos casos nos referimos en nuestra definición. Los comunales pastoriles a los que aludimos en este libro son al mismo tiempo un objeto natural y cultural. Son pastizales en constante evolución coproducidos y conservados por comunidades locales, que acuerdan entre sí las reglas de acceso y uso de los territorios y ecosistemas de los que dependen sus medios de vida, a través de procesos centenarios de ensayo y error. En términos estrictamente socio-agronómicos, los comunales pastoriles de las montañas mediterráneas, pese a ser un heterogéneo abanico de posibilidad de titulaciones, usos y gestiones, suelen ser asambleas de pastores que, tras discusión y negociación, imponen una prohibición total o parcial de acceso a un espacio o recurso pastoril durante un período determinado, por ejemplo en regiones templadas como las que concierne este libro, en primavera, lo que permite el descanso de la vegetación en un período particularmente sensible y protege el momento en el que se produce el crecimiento exponencial más importante de las plantas, la floración y la producción de grano, asegurando así su renovación anual y su uso sostenido año tras año. Al mismo tiempo, maximiza la producción de forraje, lo que contribuye a una mayor biomasa con su biodiversidad asociada.

Así mismo, en el aspecto meramente ecológico, varias de las prácticas clásicas de gestión colectiva de recursos pastoriles presentan elementos de sostenibilidad como el respeto de los ciclos biológicos, periodos de reposo de la tierra, valorización de la complementariedad de los recursos en un territorio dado, mímicas de procesos naturales o incremento de los procesos tróficos naturales (Parra y Genin, e.r.; Molnár *et al.*, 2020). Se trata de prácticas que conducen a crear paisajes bioculturales de interés, particularmente en el Mediterráneo (Blondel, 2006), que podrían contribuir a pensar formas renovadas de usos de recursos naturales y de desarrollo en el contexto actual de incertidumbres socioambientales mayores.

Los sistemas de recursos comunales como patrimonio cultural y natural

Las comunidades que manejan colectivamente sus tierras son las primeras interesadas en su sostenibilidad, ya que su supervivencia, como hemos mencionado, depende de la conservación de estos ecosistemas, a los que están profundamente conectados. Tanto es así, que las principales organizaciones internacionales de conservación de la naturaleza, como la Unión Internacional para la Conservación de la Naturaleza, el Convenio sobre la Diversidad Biológica, el Programa de las Naciones Unidas para el Medio Ambiente o el Programa de las Naciones Unidas para el Desarrollo, abogan hoy por la promoción y protección de dichos sistemas. De hecho, estudios del consorcio sobre Áreas y Territorios Conservados por Pueblos Indígenas y Comunidades Locales y del Programa de las Naciones Unidas para el Medio Ambiente con el Centro Mundial de Monitoreo de la Conservación, han estimado que hasta más de una quinta parte de la superficie terrestre del planeta está cubierta por comunales todavía hoy, mientras que el Fondo Mundial para la Naturaleza (WWF) eleva esa cifra al 31% de la superficie terrestre del planeta, cifra que a su vez se solapa con elevadas proporciones de tierras bajo la categoría de Áreas Clave para la Biodiversidad.

Por otra parte, el pastoralismo, sustentado la mayoría de veces a través de reglas colectivas de acceso y gestión comunitaria a las zonas de pastoreo, es una de las formas más paradigmáticas de gobernanza colectiva de los recursos naturales. Se estima que millones de familias practican modos de vida pastoriles en todo el mundo, con una población que oscila entre 150 y 500 millones de personas, al mismo tiempo que casi el 50% de la superficie de la Tierra está vinculada a pastizales y a estos modos de vida; como muestran Nori y Davies (2007), se trata de ambientes tan diversos como desiertos fríos y secos, estepas, matorrales, sabanas, prados florecientes, pastos y bosques de montaña, deltas y otros humedales.

En este sentido, es importante subrayar que, debido a su importancia global, las Naciones Unidas han declarado 2026 el Año Internacional de los Pastizales y el Pastoreo. Paralelamente, la trashumancia, es decir, el movimiento de rebaños entre pastizales complementarios, en particular entre tierras altas y tierras bajas, que a su vez es gestionado colectivamente por las distintas comunidades de pastores (son bienes comunales), ha sido declarada en 2023 como Patrimonio Cultural Inmaterial de la Humanidad por la UNESCO.

Los sistemas comunales pastoriles de alta montaña en su conjunto son un ejemplo paradigmático de patrimonio cultural tangible e intangible intrínsecamente ligado a los ecosistemas, donde el conocimiento ecológico tradicional de culturas milenarias, el saber hacer en términos de negociación y cohabitación entre comunidades pastoriles para mantener sistemas resilientes a través del tiempo, el cuidado entre humanos y entre humanos y otros seres vivos, y las creencias y sistemas simbólicos asociados, están profundamente entrelazados con una diversidad biológica y ecológica única que no existiría sin el patrimonio cultural intangible de los comunales que lo promueve y lo refuerza.

Los sistemas comunales estudiados

Los capítulos de este libro se desarrollan en la sierra bética, las montañas de Andalucía nororientales, y específicamente se refieren a tres sistemas de gobernanza comunal de los municipios de Castril, Santiago y Pontones, constituidos por ganaderos trashumantes. Estos tres comunales contiguos son de los más activos de todo el sureste peninsular. En ellos domina la ganadería ovina de raza segureña involucrando más de 100 familias ganaderas entre los tres comunales, que manejan en total unas 54 000 ovejas con unos pastos de verano relativamente en altiplano, de unas 37 000 ha (370 km^2) entre 1 400-2 000 m. Los valores naturales de estos territorios han sido reconocidos bajo diferentes figuras de conservación ambiental, como son: Red Natura 2000, Reserva de la Biosfera de la UNESCO y dos parques naturales (P. N. de Castril y P. N. de las Sierras de Cazorla, Segura y las Villas). Por otro lado, dichos valores son también producto de la gobernanza comunal de estos grupos ganaderos con más de cinco siglos de antigüedad atestiguados, aún si sin duda su presencia será más antigua aún. El caso de Castril, Santiago y Pontones pone de manifiesto la importancia que supone este 'patrimonio vivo' de la organización comunal para el conjunto de estos sistemas pastoriles, a la vez naturales y culturales, que merecen ser claramente protegidos. Desde sus acuerdos para acceder y distribuir los rebaños en las distintas comarcas pastoriles, hasta la coordinación para realizar el desplazamiento trashumante de las tierras bajas a las tierras altas en primavera-verano, la generación de algunos de los mejores productos locales, o representaciones colectivas e identitarias que son parte de nuestra historia y determinan nuestros paisajes, nuestro presente social y ambiental, hacen que estos sistemas hayan sobrevivido a través de todos sus momentos y formas históricas, y sigan renaciendo cada año (Godoy *et al.*, 2021). A cada uno de estos aspectos, naturales y culturales, dedicaremos este libro.

La estructura de la monografía y sus contribuciones

El proyecto nace de la colaboración interdisciplinaria de dos grupos de trabajo[3] y diferentes proyectos de investigación, con la participación imprescindible de otros equipos y personas que detallaremos en el segundo capítulo, del que forman parte los autores de los textos, todos ellos fruto de trabajos de campo sistemáticos a lo largo de casi una década; y, sobre todo, con la inestimable colaboración de los pastores mismos, sus familias, y sus rebaños, los cuales, junto a la población en su conjunto, han escuchado y explicado con detalle una buena parte de los datos que presenta este libro, y a los cuales va dedicado. Porque creemos en la importancia del pasado para entender el presente y preparar el futuro, así como la interacción entre los seres humanos y su entorno, el libro se configura gracias a la colaboración de distintas disciplinas sociales y ambientales.

Así, si la presente introducción busca ubicar conceptualmente y geográficamente los elementos centrales de la obra, el capítulo dos, escrito por Pablo Domínguez, Francisco Godoy Sepúlveda, Adrià Peña Enguix y Pau Sanosa Cols, explica los orígenes del proyecto de larga duración

3 El grupo de investigación Antropología e Historia de la Construcción de las Identidades Sociales y Políticas (AHCISP) de la Universitat Autònoma de Barcelona (UAB) gracias a fondos de la Agència de Gestió d'Ajuts Universitaris i de Recerca de la Generalitat de Catalunya, desplegado entre 2022 y 2025 (AGAUR; SGR 2021-00193), así como el Institut Méditerranéen pour la Transition Environnementale de Francia (ITEM, Aix Marseille Université) a través del proyecto Indigenous and Community Conserved Area for social-ecological REsilience (ICCARE), desplegado entre 2021 y 2024 (AMX-19-IET-012).

del que emana este libro, plantea los fundamentos de la mirada eco-antropológica de la que partimos, y pone las bases de la caracterización de los tres sistemas comunales de Castril, Santiago y Pontones, permitiendo dar un marco de referencia claro a los capítulos que siguen.

El tercer y cuarto capítulos nos introducen en el pasado de los comunales estudiados, pero bajo dos prismas distintos. El tercero, elaborado por José Domingo Sánchez Martínez, Antonio Garrido Almonacid y Egidio Moya García, aborda la evolución territorial de los usos del suelo, el poblamiento y las actividades desarrolladas desde finales del siglo XIX a la actualidad; pone de relieve para su comprensión la importancia de los montes públicos, caracterizados por la presencia de un bosque pinariego extraordinario, que explica la declaración de los parques naturales de Castril y de Cazorla, Segura y Las Villas. En cambio, el cuarto capítulo, redactado por Adrià Peña Enguix, busca aportar una visión diacrónica sobre los procesos que han ido reconfigurando los comunales de Castril, Santiago de la Espada y Pontones, presentando un amplio recorrido histórico que se inicia en el periodo de la conquista de la Corona de Castilla, entre los siglos XIII y XVI, y prosigue a través de distintos episodios clave de su evolución hasta la actualidad.

En el quinto capítulo, cuya primera parte del título propone el concepto de *postpastoralismo*, Pau Sanosa Cols hace un repaso de la evolución y efectos de la política agraria de la Unión Europea y los mercados globales en el pastoralismo de Santiago-Pontones. No tan solo a un nivel productivo y de balances económicos, sino también analizando el modo en cómo han reconfigurado las relaciones que las personas establecen con los animales de los rebaños y los territorios pastoriles, señalando la posición de dependencia y vulnerabilidad del pastoralismo local frente a estas políticas y programas globales. Todavía con una mirada antropológica a los seres humanos y su forma de entender el entorno, el capítulo 6, de la mano de Francisco Godoy Sepúlveda, se enfoca en la valorización patrimonial del pastoralismo local en la configuración del paisaje, a través de un análisis de los instrumentos rectores de los Parques Naturales presentes en el territorio. Revisa, además, discursos patrimoniales alternativos que subrayan la labor y los fuertes entrelazamientos de los habitantes locales con los paisajes serranos.

Los dos últimos capítulos incorporan en primer plano la mirada ambiental, con dos énfasis diferenciados. El séptimo capítulo, elaborado por Santiago A. Parra, Maria Eugenia Ramos-Font, Ana-Belén Robles,

Elise Buisson, Christel Vidaller, Daniel Pavon, Virginie Baldy y Emmanuel Corcket, analiza las relaciones entre la vegetación, el suelo y las prácticas pastoriles, y evalúa particularmente los efectos de la trashumancia de corta distancia versus la trashumancia de larga distancia sobre la vegetación y el suelo de la sierra de Castril y Segura. Sus resultados ponen de manifiesto que la trashumancia de larga distancia aporta mayores contribuciones ecológicas y pascícolas que la de corta distancia. Por su lado, el capítulo octavo, escrito por Didier Genin, Santiago A. Parra y Emmanuel Corcket, reubica la actividad pastoril en un enfoque más transdisciplinar sobre el funcionamiento de los sistemas socioecológicos, utilizando el marco conceptual propuesto por Elinor Ostrom y colegas y proponiendo una innovación metodológica que tiene por objetivo caracterizar mejor los procesos interactivos de elaboración de producción, de toma de decisiones y de construcción patrimonial. Su aplicación a los casos de Castril, Santiago de la Espada y Pontones muestra diferencias de funcionamiento entre los tres comunales y a su vez presenta el interés del mencionado enfoque para asesorar prácticas en términos de sostenibilidad.

Finalmente, la conclusión retoma los principales resultados y cierra una obra que propone que los sistemas comunales de Castril y Santiago-Pontones abarcan varios valores fundamentales que deben ser conservados en nuestro mundo contemporáneo ante un incierto futuro, tanto en el ámbito social como económico y medioambiental, que sintonizan con los valores de las áreas conservadas por pueblos indígenas y comunidades locales o ICCAs.

Esperamos que la lectura de esta obra contribuya a un mejor entendimiento y valoración de los comunales pastoriles de Castril, de Santiago de la Espada y de Pontones, y más ampliamente de los miles y miles de comunales y territorios de vida existentes aún hoy en Europa y los países del Mediterráneo.

Bibliografía

Asad, Talal, (1978), «Equality in Nomadic Social Systems? », *Critique of Anthropology* 3, pp. 57-65.

Auclair, Laurent y Mohamed Alifriqui, *ed.* (2012), *Agdal : patrimoine socio-écologique de l'Atlas marocain*, Publications de l'Institut Royal de la Culture Amazighe. Centre des Etudes Historiques et Environnementales, 620, Série Colloques et Séminaires, IRCAM ; IRD, Rabat (Marruecos); Marsella (Francia).

Beltran, Oriol y Vaccaro, Ismael (2017), «Los comunales en el Pirineo Central. Idealizando el pasado y reelaborando el presente», *Revista de Antropología Social*, 26(2), pp. 235-257, en <https://doi.org/10.5209/RASO.57605>.

Berkes, Fikret; Colding, Johan, y Carl Folke (2000), «Rediscovery of Traditional Ecological Knowledge as Adaptive Management, *Ecological Applications*, 10, pp. 1251-1262, en <https://doi.org/10.1890/1051-0761(2000)010>.

Blondel, Jacques (2006), «The "Design" of Mediterranean Landscapes: A Millennial Story of Humans and Ecological Systems during the Historic Period, *Human Ecology*, 34, pp. 713–729, en <https://doi.org/10.1007/s10745-006-9030-4>.

Brondízio, Eduardo S.; Aumeeruddy-Thomas, Yildiz; Bates, Peter; Carino, Joji; Fernández-Llamazares, Álvaro; Farhan Ferrari, Maurizio; Galvin, Kathleen; Reyes-García, Victoria; McElwee, Pamela; Molnár, Zsolt; Samakov, Aibek y Shrestha, Uttam Babu (2021), «Locally Based, Regionally Manifested, and Globally Relevant: Indigenous and Local Knowledge, Values, and Practices for Nature», *Annual Review of Environment and Resources,* 46, pp. 481–509, en <https://doi.org/10.1146/annurev-environ-012220-012127>.

Davies, Jonathan; Robinson, Lance W. y Ericksen, Polly J., (2015), «Development process resilience and sustainable development: insights from the drylands of Eastern Africa», *Society & Natural Resources*, 28 (3), pp. 328-343.

Digard, Jean-Pierre (2020/2), «Être nomade ou sédentaire : de quoi parle-t-on et en quels termes ? Considérations lexicales et typologiques», *Cahiers d'Anthropologie Sociale*, 21, pp.23-31, Éditions de l'Herne, DOI : 10.3917/cas.021.0023.

Domínguez, Pablo (2013), «L'agro-pastoralisme mobile des agdals du Haut Atlas», *Perifèria*, 18 (2), pp 91-101, en <https://revistes.uab.cat/periferia/article/view/v18-n2-dominguez/405-pdf-fr>.

Dyson-Hudson, Neville (1972), «The Study of Nomads», en Irons, William y Dyson-Hudson, Neville (eds.), *Perspectives on nomadism*, Brill, Leiden, pp.2-29.

Farooquee, Nehal A.; Majila, Bhagwan Singh y Kala, Chandra Prakash (2004), «Indigenous Knowledge Systems and Sustainable Management of Natural Resources in a High Altitude Society in

Kumaun Himalaya, India», *Journal of Human Ecology,* 16, pp. 33-42, en <https://doi.org/10.1080/09709274.2004.11905713>.

Ferret, Carole (2020/2), « Introduction en nomadisant », *Cahiers d'Anthropologie Sociale*, 21, pp.9-22, Éditions de l'Herne, DOI: 10.3917/cas.021.0009.

Genin, Didier y Simenel, Romain (2011), «Endogenous Berber Forest Management and the Functional Shaping of Rural Forests in Southern Morocco: Implications for Shared Forest Management Options», *Human Ecology*, 39, pp. 257-269, en <https://doi.org/10.1007/s10745-011-9390-2>.

Godoy, Francisco; Sanosa, Pau; Peña, Adrià; Ventura, Montserrat; Ramos, María Eugenia; Robles, Ana Belén; Tognetti, Mauro; Genin, Didier; Mahdi, Mohamed; Ravera, Federica y Dominguez, Pablo (2021) «Una exposición virtual muestra una investigación sobre los comunales pastoriles de Castril, Santiago y Pontones», *Revista PH del Instituto Andaluz de Patrimonio Histórico*, 103, pp. 26-29, en <http://www.iaph.es/revistaph/index.php/revistaph/article/view/4927>.

Homann, Sabine; Rischkowsky, Barbara; Steinbach, Jörg; Kirk, Michael y Mathias, Evelyn (2008), «Towards Endogenous Livestock Development: Borana Pastoralists' Responses to Environmental and Institutional Changes», *Human Ecology*,36, pp. 503-520, en <https://doi.org/10.1007/s10745-008-9180-7>.

Ingold, Tim (2011 [2000]), *The perception of the environment. Essays on livelihood, dwelling and skill*, Routledge, Londres y Nueva York.

Molnár, Zsolt; Kelemen, András; Kun, Róbert; Máté, János; Sáfián, László; Provenza, Fred; Díaz, Sandra; Barani, Hossein; Biró, Marianna; Máté, András y Vadász, Csaba (2020), «Knowledge co-production with traditional herders on cattle grazing behaviour for better management of species-rich grasslands», *Journal of Applied Ecology*, 57, pp.1677-1687, en <https://doi.org/10.1111/1365-2664.13664>.

Netting, Robert M., (1981), *Balancing on an Alp: Ecological Change and Continuity in a Swiss Mountain Community*, Cambridge University Press, Cambridge.

Nori, Michele y Davies, Jonathan (2007), *Change of wind or wind of change? Report on the e-conference on Climate Change, Adapation and Pastoralism*, World Initiative for sustainable Pastoralism, en <http://www.iucn.org/wisp/resources/?2339> [consultado el 1 de marzo de 2025].

Ostrom, Elinor (1990), *Governing the commons: The evolution of institutions for collective action*, Cambridge University Press, Cambridge.

Parra, Santiago y Genin, Didier (en revision), «Valuing the diversity og grazing land management options: a technical and biocultural overview», *Agriculture & Human Values*.

Parra Santiago A.; Ramos-Font, Maria-Eugenia; Buisson, Elise; Robles,Ana-Belén; Vidaller, Christel; Pavon, Daniel; Baldy, Virginie; Dominguez, Pablo; Godoy, Francisco; Mazurek, Hubert; Peña Enguix, Adrià; Sanosa, Pau; Corcket, Emmanuel y Genin, Didier (2025), «How transhumance and pastoral commons shape plant community structure and composition», *Rangeland Ecology & Management*, 98, pp. 269-282, en <https://doi.org/10.1016/j.rama.2024.10.002>.

Pedersen, Morten Axel (2016), «Moving to Remain the Same: An Anthropological Theory of Nomadism», *en* Charbonnier, Pierre; Salmon Gildas y Skafish Peter (eds.), *Comparative Metaphysics Ontology After Anthropology*, Rowman and Littlefield Publishers, Londres / Nueva York, pp. 219-243.

Retaillé, Denis (2020), «Figures nomades et revendications territoriales», *Cahiers d'Anthropologie Sociale*, 21, pp.33-46, Éditions de l'Herne, DOI: 10.3917/cas.021.0033.

Rapport, Nigel y Overing, Joanna (2000), «Movement», *Social and Cultural Anthropology. The Key Concepts*, Routledge, Londres y Nueva York, pp.261-269.

Reid, Robin S.; Fernandez-Gimenez, Maria E. y Galvin, Kathleen A (2014), «Dynamics and Resilience of Rangelands and Pastoral Peoples Around the Globe», en Gadgil, Ashok y Liverman Diana M. (eds.), *Annual Review of Environment and Resources*, 39, pp. 217–242. Palo Alto, Annual Reviews, en <https://doi.org/10.1146/annurev933environ-020713-163329>.

Salzman, Philip Carl (1980), «Is "nomadism" a useful concept?», *Nomadic Peoples*, 6, pp.1-7, en <https://www.jstor.org/stable/43264582>.

Ventura i Oller, Montserrat (2013), «La mobilitat en el passat i el present: estigma i diversitat de relacions amb l'entorn», *Perifèria*, 18 (2), pp. 4-9, en <https://revistes.uab.cat/periferia/article/view/v18-n2-ventura/395-pdf-ca>.

Zanjani, Leila V.; Govan, Hugh; Jonas, Holly; Karfakis, Theodore; Mwamidi, Daniel Majango; Stewart, Jessica; Walters, Gretchen y Dominguez, Pablo (2023), «Territories of life as key to global environmental sustainability», *Current Opinion in Environmental Sustainability*, 63, p. 101298, en <https://doi.org/10.1016/j.cosust.2023.101298>.

2.
Historia de un proyecto de larga duración
Eco-antropología de los comunales pastoriles de las montañas mediterráneas y caracterización general de los comunales pastoriles de Castril, Santiago de la Espada y Pontones

PABLO DOMÍNGUEZ (CNRS), FRANCISCO GODOY SEPÚLVEDA (UAB),
ADRIÀ PEÑA ENGUIX (AMU/UAB) Y PAU SANOSA COLS (UAB)

Historia de un proyecto de larga duración

El presente libro es resultado de más de dos décadas de reflexiones sobre las relaciones entre medioambiente y sociedad y de intercambios entre diferentes investigadores sobre los fundamentos sociales y ambientales de los comunales de las montañas del Mediterráneo. Tiene como hito fundacional el proyecto «AGDAL, biodiversidad y gestión comunitaria del acceso a los recursos silvopastoriles» focalizado en los comunales del Alto Atlas marroquí, financiado por el Instituto Francés de la Biodiversidad, y coordinado por Laurent Auclair entre 2003 y 2007. Dichos cuestionamientos en torno a los comunales de montaña siguieron vivos durante muchos años, y bajo el liderazgo de Pablo Domínguez atravesaron atravesaron a la otra orilla del Mediterráneo para enfocarse en Andalucía nororiental, buscando testar cómo los fenómenos observados en las montañas marroquíes se cumplían o transformaban en las montañas béticas. Aquella búsqueda de convergencias y divergencias en torno a un territorio no solo relativamente próximo ambientalmente (pastizales de montaña de la región mediterránea-occidental), sino también con un sustrato cultural compartido debido a la importante presencia arabo-bereber en Andalucía durante numerosos siglos, hizo especialmente interesante el estudio de los territorios y comunidades de Castril, Santiago de la Espada y Pontones. El aterrizaje de esta idea se llevó a cabo a través de varios postdocs del mencionado investigador, enfocados en la preparación de una solicitud de financiación que derivó en un proyecto colectivo y otro unos años más tarde en este terreno andaluz, que hoy cofinancia este libro, y en los cuales cuatro estudiantes de doctorado llevaron el peso central de las investigaciones de 2017 a 2025: Francisco Godoy Sepúlveda, Adrià Peña Enguix, Pau Sanosa Cols y Santiago A. Parra[4].

El primer proyecto, EXPLORA, desarrollado entre 2017 y 2019, tuvo por título «Patrimonialización socio-ecológica de ICCAS en España y Marruecos», fue financiado por el Ministerio de Economía y Competitividad de España (CSO2015-72607-EXP), co-coordinado por Pablo Dominguez y Montserrat Ventura, y tuvo su sede en el grupo de investigación Antropología e Historia de la Construcción de Identidades Sociales y Políticas (AHCISP), contribuyendo también a la Red de Interés sobre Patrimonio Etnológico (XIPE por sus siglas en catalán), ambos del Departamento de Antropología Social y Cultural de la UAB, pero en muy estrecha colaboración con el servicio de Evaluación, Restauración y Protección de Agrosistemas Mediterráneos (SERPAM) de la Estación Experimental del Zaidín en Granada, perteneciente al CSIC. El proyecto acogió a dos estudiantes de máster[5], siete de doctorado[6] y 16 investigadores postdoctorales y senior[7]. Continuando y ampliando el anterior, el segundo proyecto, ICCARE, desplegado entre 2021 y 2024, tuvo por título «ICCAs para la resiliencia socio-ecológica», y fue financiado por el Instituto para la Transición Ambiental en el Mediterráneo de Francia en el marco del Plan de Inversion France 2030, como parte de la iniciativa de Excelencia de la Universidad de Aix-Marseille -A*MIDEX (AMX-19-IET-012) y co-cooordinado por Pablo Domínguez y Didier Genin. Tuvo su sede en el grupo de investigación marsellés Usos y Gestión de los Recursos naturales (USAGES) del LPED (UMR 151 AMU - IRD), con la participación oficial de los también franceses Instituto Mediterráneo de

4 Francisco Godoy Sepúlveda, bajo la dirección de Pablo Domínguez (CNRS); Santiago A. Parra, bajo la codirección de Didier Genin (IRD) y María Eugenia Ramos (CSIC); Adrià Peña Enguix, bajo la dirección de Hubert Mazurek (IRD) y Pablo Dominguez (CNRS); y Pau Sanosa Cols, bajo la codirección de Pablo Domínguez (CNRS), Federica Ravera (UdG) y Montserrat Ventura (UAB).

5 Adrià Peña y Cristian Fernández.

6 Mariam Gracia-Mechbal, Francisco Godoy, Daniel Mwamidi, Adrià Peña, Juan Renom, Mari Carmen Romera y Pau Sanosa.

7 Lara Barros, Pablo Domínguez, Josep María Espelta, Didier Genin, María Heras, Mohamed Mahdi, Gary Martin, María Eugenia Ramos, Federica Ravera, Jose Luis Rebollar, Alejandro Reig, Ana Belén Robles, Isabel Ruiz, David Tarrasón, Mauro Tognetti y Montserrat Ventura.

Biodiversidad y ecología marina y continental (IMBE, UMR CNRS 7263 / IRD 237 / AMU - Aix Marseille Université / AU - Avignon Université), Laboratorio de Geografía del Medioambiente de Toulouse (GEODE, UMR 5602 CNRS - UT2J) y el Laboratorio de Ecoantropología de París (EA, UMR 7206 CNRS - MNHM - UPC), así como del SERPAM de Granada, y la colaboración del grupo AHCISP de la UAB. El proyecto financió dos contratos doctorales y trabajó con un total de un estudiante de máster[8], cuatro de doctorado[9], y 11 investigadores senior[10].

Los numerosos diálogos entre este gran elenco de investigadores y estudiantes internacionales (i. e. españoles, franceses, marroquíes, chilenos) a través de casi una década (2015-2024) y su gran diversidad de disciplinas (Antropología, Historia, Arqueología, Ciencias ambientales, Ecología vegetal y Edafología entre otras) permitió enriquecer el proceso investigativo con gran número de colaboraciones, conceptos, epistemologías y metodologías. Todo ello acabó ampliando y en gran parte substituyendo la idea inicial de comparar comunales norafricanos e ibéricos, para centrarse en alcanzar la visión y comprensión más extensa posible de los tres comunales pastoriles de Castril, Santiago de la Espada y Pontones. Un trío que demostró ser un laboratorio de comunales excepcional, debido a su absoluta contigüidad (muy similares bio-geográficamente al estar uno junto al otro, pero a la vez presentando tres modelos de gobernanza bien diferenciables). Hoy hemos llegado a una comprensión rica de estos sistemas como demuestra este libro, al mismo tiempo que esta comprensión nos ha hecho entender que quedan aún muchas brechas de conocimiento y oportunidades de investigación que las vistas inicialmente.

Ecoantropología como nuevo enfoque para el enriquecimiento del estudio de los comunales

Los esfuerzos por cruzar fronteras disciplinarias y enfoques conceptuales se están desarrollando intensamente, tanto en la antropología (Tsing, 2015; Ingold y Palsson, 2013), como en muchas otras disciplinas sociales

8 Marie Mondielli.
9 Francisco Godoy, Santiago Parra, Adrià Peña, y Pau Sanosa.
10 Virginie Baldy, Elise Buisson, Emmanuel Corcket, Pablo Domínguez, Didier Genin, Hubert Mazurek, Daniel Pavon, María Eugenia Ramos, Ana Belén Robles, Mauro Tognetti y Christel Vidaller.

y ambientales (Castree *et al.*, 2014; Schultz *et al.*, 2014; West *et al.*, 2010); una tendencia que algunos ven como parte de un nuevo paradigma en el pensamiento científico (Zamora 2014; West *et al.*, 2010). Walters y Vayda (2009) sostienen que, dadas las implicaciones para la metodología de la nueva ecología –el creciente reconocimiento de la complejidad, el desequilibrio y la contingencia caótica (Biersack, 1999)–, se debe trabajar de manera abductiva, considerando múltiples hipótesis y teorías de varias disciplinas para explicar cualquier evento particular de interacción entre los seres humanos y el medio ambiente. En este sentido, la cuestión que nos ocupa es cómo se pueden concretizar estos llamamientos de una manera práctica y fructífera (Domínguez, 2010).

Esta sección examina algunas de las dificultades para proceder de manera holística a la hora de describir y explicar las innumerables relaciones entre los seres humanos y el medio ambiente. Nuestra principal opinión es que necesitamos superar la incompletitud intrínseca que surge de las opciones conceptuales y metodológicas disciplinares derivadas de su propia evolución interna. Tales opciones están limitadas por las culturas inherentes a las diferentes tendencias disciplinares y, en nuestro caso en especial, antropológicas. La persistencia de tales fronteras conceptuales y metodológicas se puede explicar por el hecho de que la mayoría de los investigadores trabajan en universidades organizadas en torno a ciertos temas o escuelas de pensamiento y, por lo tanto, tienen que producir resultados que se ajusten a los requisitos de cada uno de sus corpus académicos para avanzar en sus marcos institucionales particulares (Wallerstein, 1996), acallando demasiado frecuentemente divergencias o críticas mayores. La estructura social existente en la academia, a menudo asemejada a silos disciplinarios, es sin duda una barrera importante para trabajar con enfoques distintos y por lo tanto aún más interdisciplinariamente (Newing, 2010; Stirling, 2014).

De hecho, más allá de la intención de trabajar con diferentes perspectivas y disciplinas, el diseño de la investigación sobre las relaciones humanos-medioambiente debe superar creencias y prácticas profundamente arraigadas, que sustentan la academia y dan identidad a los colectivos académicos más orientados a las ciencias naturales y a los más orientados a las ciencias sociales (Ingold y Palsson, 2013; Latour, 2004). Al mismo tiempo, la colaboración y el diálogo sobre estas relaciones se vuelve aún más difícil debido a las frecuentes y acérrimas divisiones internas entre las distintas escuelas antropológicas (Dove, 2008). Dentro de la disciplina, estas divisiones actúan como subculturas, que funcionan a partir de diferentes supuestos paradigmáticos o pre-paradigmáticos sobre la existencia de las relaciones entre los seres humanos y el medio ambiente y los métodos para investigar sobre ellas. En este contexto, nuestra revisión de casi un siglo de literatura antropológica sobre las relaciones medioambiente-sociedad, sugiere que los enfoques antropológicos de dichas relaciones pueden ubicarse históricamente a lo largo de tres ejes principales, *1*) uno Material-Ideal, *2*) uno Individual-Social, y *3*) uno Cuantitativo-Cualitativo. A su vez, estas escuelas parecen agruparse en dos paradigmas principales de pensamiento, uno centrando sus explicaciones de dichas relaciones más desde un enfoque sociológico-humanista con tendencia a situarse más hacia los gradientes ideal, social y cualitativo y el otro más centrado en lo biológico-naturalista con tendencia a situarse más hacia los gradientes material, individual y cuantitativo (Acosta y Domínguez, 2014).

Efectivamente, podríamos resumir la historia del análisis antropológico sobre las relaciones entre los seres humanos y el medio ambiente como una lucha constante entre aquellos paradigmas más naturalistas, caracterizados por el materialismo dominante (Steward; 1955; Harris, 1979; Moran, 2008) y los enfoques cuantitativos (Rappaport, 1969; Lee, 1979; Reyes-García, 2015), así como una visión de la sociedad tendente a la simple suma de estrategias individuales para adaptarse al medioambiente (Chase and Sutton, 1981; Harris, 1978) y aquellos paradigmas más humanistas, caracterizados por un idealismo o simbolismo preponderante (Sahlins, 1976; Sponsel, 2012) y los enfoques cualitativos (Descola, 1986; Viveiros de Castro, 2009), así como una visión de la sociedad más bien como una entidad en sí misma independiente del medioambiente (Servier, 1962; Descola, 1992). De esta manera, hemos visto que incluso los enfoques más holísticos, muy a menudo continúan de facto comprometiéndose en mayor grado con uno de los dos extremos a lo largo de las tres dimensiones identificadas, en lugar de su concepción plenamente conjunta o buscando la complementariedad inclusiva de las distintas partes de esos ejes. La mayoría de las aproximaciones tienen cierta tendencia a organizarse a lo largo de áreas particulares de los mencionados ejes, ya que, como hemos señalado, cada uno/a de nosotros/as es heredero/a de sus propias tradiciones investigativas particulares, pero también miembro/a de grupos de pensamiento y de poder dentro de la academia, alejándonos así parcial pero inevitablemente del holismo al que todos aspiramos. Es frustrante observar como muchas veces nos vemos empujados a alinearnos con ciertas tendencias intelectuales, reforzando o incluso creando nuevas fronteras artificiales que generan una oposición innecesaria entre nosotros. En consecuencia, y como buscamos demostrar en esta sección, creemos que, a partir de nuestras revisiones bibliográficas y nuestras respectivas experiencias de campo, sería particularmente útil insistir en la necesidad de aumentar nuestra conciencia sobre las divisiones descritas arriba y, a partir de ese punto, orientar progresivamente nuestra investigación hacia un enfoque más amplio y más híbrido como el que se demuestra en este libro que, aún si mucho más laborioso y lento de poner en marcha, es posible y da frutos únicos.

Es más, si dichas fronteras invisibles, invisibilizadas o minimizadas por intereses no siempre transparentes, no se reconocen y abordan, nos parece que continuaremos perpetuando las divisiones científicas descritas aquí y que, de hecho, separan implícitamente incluso a quienes se esfuerzan por practicar los enfoques más transversales. En este contexto, nos gustaría utilizar el término «ecoantropología» para referirnos a la visión propuesta hacia ese abordaje tridimensional y biparadigmático, conscientes de las fronteras internas históricas, pero aún presentes en la antropología, al mismo tiempo que conscientes de la posibilidad e interés de visibilizarlas y transgredirlas, y que consideramos podría ser un preludio a un análisis cada vez más complejo y holístico.

Al mismo tiempo cabe destacar que las últimas décadas han visto emerger y consolidarse la discusión respecto a la distinción onto-epistemológica naturaleza/cultura en antropología (Descola, 2005; Latour, 2004; Ingold, 2013), que si bien a grandes rasgos es más afín a las perspectivas constructivistas socio-humanistas, sí ha permitido reconceptualizar eficazmente lo que entendemos por naturaleza y medioambiente, así como nuestros vínculos con esta entidad (Escobar, 1998). Así, nuevas escuelas de pensamiento enfatizan los entrelazamientos múltiples que existen con otras formas de vida más-que-humanas, e incluso con actantes no orgánicos (desde elementos abióticos del entorno, hasta tecnologías y entidades supranaturales) (Tsing, 2015; Haraway, 2019; Latour, 2004). Y dentro de este concierto, la etnografía multi-especie se ha instalado rápidamente como un promisorio campo de investigación, en términos constructivistas, pero también prácticos, respecto de estos entrelazamientos entre humanos y más-que-humanos.

El nombre «ecoantropología» sugiere una unión fuerte entre las dos posturas principales involucradas en el debate –ecología y antropología–, y nos parece más adecuado que otros usados más frecuentemente (e.g. antropología ecológica o ambiental, etnoecología, socioecología, entre otros, cada una con sus matices y énfasis teóricos) para definir etimológicamente nuestra ambición intelectual. Elegimos antropología en su forma científica más amplia, refiriéndonos a lo humano en todos sus aspectos (biológico, social, étnico, psicológico, histórico, cultural, etc.) y, por lo tanto, trascendería la sociología, la etnología y otras ciencias humanas. A su vez, la raíz «eco», referida a la ecología, estaría presente aquí también en su forma más extensa, como ciencia de la tierra y de la vida en todas sus facetas (e.g. ecología física, biológica, ambiental, material y energética, etc.). En definitiva, se ambiciona establecer una nueva forma «más completa» de concebir las relaciones entre los seres humanos y el medio ambiente, para lo cual consideramos útil proponer una nueva denominación, pues su uso es casi inexistente y ayudaría de algún modo a empezar de nuevo. Al mismo tiempo, nos parece que dicha nomenclatura posee un sentido más amplio y un mayor valor heurístico que sus antecesoras para el objetivo de investigación propuesto en este capítulo, ayudando así a adecuarse mejor a esta nueva noción tridimensional y biparadigmática que nuestra ecoantropología ambiciona.

Creemos que a todos quienes nos ocupamos de analizar las relaciones entre los seres humanos y el medio ambiente desde una perspectiva global, desde la antropología y otras disciplinas hermanas, nos interesa reconocer con mayor intensidad la existencia de estas divisiones particulares e implícitas y sus fundamentos históricos. El reconocimiento de esta doble división (biparadigmática y tridimensional) de nuestra subdisciplina está quizás parcialmente reconocida en formulaciones implícitas, pero nos parece una división más real, más relevante y más sistémica y tácita, de lo que se suele reconocer explícitamente (Ingold, 2013).

Como intentamos mostrar en este texto, estas divergencias implícitas nos separan más de lo que solemos pensar, pues muchas veces los enfoques complementarios de hecho se oponen entre sí o simplemente se ignoran intencionadamente. Esto impide un mayor diálogo entre las diferentes posturas coexistentes y, por ende, impide también una comprensión más completa y holística de la realidad. Así, tratamos de llamar la atención sobre los problemas que plantean estas divisiones conceptuales y metodológicas construidas históricamente por las distintas tendencias académicas, para evitar caer en los excesos de una u otra postura arraigada. Como bien afirma Latour (2004: 12), el problema persiste: «Si concedemos demasiado a los hechos, el elemento humano en su totalidad se inclina hacia la objetividad, se convierte en algo contable y calculable, un resultado final en términos de energía, una especie entre otras. Si concedemos demasiado a los valores, toda la naturaleza se inclina hacia la incertidumbre del mito, hacia la poesía o el romanticismo; todo se convierte en alma y espíritu».

En los hechos, nuestro foco de estudio sobre comunales pastoriles ha posibilitado y hecho necesario un enfoque transdisciplinar, desde la antropología y la ecología, con un diálogo constante para poder integrar la recolección, procesamiento, análisis e interpretación de los datos en ambos campos. Esto significó tender puentes entre y través disciplinas para trascender y solventar brechas derivadas de nuestros marcos epistémicos y metodológicos. Ello nos ha permitido por un lado entender cómo las otras disciplinas piensan, cuáles son sus métodos, conceptos y valores, facilitándonos vislumbrar limitaciones propias y ajenas, al mismo tiempo que apoyarnos mutuamente para entender mejor cómo el conjunto del sistema funciona, más allá de lo que lo podría haber hecho una u otra en solitario. Ciertamente, existen áreas donde ha sido más factible trabajar de manera conjunta, mientras que en otras predominaron enfoques disciplinares especializados. Sea como fuere, el proyecto como tal ha requerido de la integración y entendimiento entre disciplinas para dar adecuada respuesta a nuestras preguntas e hipótesis, demostrando que la inter y transdisciplinariedad se aborda sobre todo cuando se comparte un objetivo o pregunta de investigación.

De tal modo, con los sucesivos proyectos de investigación doctorales, postdoctorales y colectivos que han llevado hasta la producción de este libro, se ha intentado avanzar hacia dicho enfoque eco-antropológico cada vez más holístico e interdisciplinario. Nuestro objetivo ha sido que con ello llegásemos no solo a conocer mejor cómo funcionan los enfoques y disciplinas de nuestros colegas a través de la circulación de investigadores entre diferentes ámbitos científicos, sino lograr también construir juntos una visión más completa de los sistemas comunales que hemos estudiado y que se plasman en esta obra.

Caracterización de la zona de estudio

Hemos llevado a cabo esta investigación en un área de estudio que consiste en tres territorios de pastos comunales contiguos en las montañas del sistema Subbético en el noreste de Andalucía (España): Castril, Santiago de la Espada y Pontones (Figura 1). El área global de pastos comunales de montaña se extiende sobre unas 35 000 ha entre 1 400 – 1 900 m, y está ubicada principalmente dentro de una meseta rodeada de picos y valles periféricos. El bioclima de la zona es mediterráneo pluviestacional oceánico (Gómez-Mercado, 2011). Las precipitaciones se concentran principalmente en otoño y primavera, y en las altitudes más altas suelen presentarse en forma de nieve durante el invierno. Las temperaturas en invierno pueden descender por debajo de los -10°C en las zonas más altas, mientras que en verano raramente superan los 30°C, siendo a menudo muy secos. Así pues, el área está bajo un régimen climático de montaña mediterránea con fuertes contrastes. La precipitación media en la parte central con morfología mesetaria es de unos 630 mm/año, concentrada principalmente durante la primavera y el otoño, y mayoritariamente en forma de nieve durante el invierno. Sin embargo, las precipitaciones son muy variables dependiendo de en qué punto de los tres comunales nos situemos. En pocos kilómetros de distancia (e.g. 10-20 km) se puede pasar de los 300 mm/año en las zonas más meridionales de la sierra de Castril, hasta los 1000 mm/año en las cumbres y zonas septentrionales del comunal de Pontones (AEMET, 2018). Los sustratos edáficos son carbonatados, con predominancia de calizas, dolomías y margas, y encontramos abundantes afloramientos rocosos y relieves abruptos circundantes (Arrojo y Valle, 2000; Blanca *et al.*, 2011; Fuentes *et al.*, 2015).

Estos pastizales se localizan en los pisos supra y oromediterráneos, por encima de los 1 600 m, dentro de la provincia biogeográfica Bética, subsector Subbético, comarca Cazorlense. La vegetación potencial está representada mayoritariamente por dos series vegetales: i) bética oromediterránea basófila emparentada con la sabina (*Juniperus sabina*) y ii) bética supramediterránea basófila seca-subhúmeda emparentada con la encina (*Quercus rotundifolia*). Históricamente, la producción de madera, el pastoreo de ganado y la agricultura, provocaron un desplazamiento de los bosques hacia matorrales, pastizales permanentes y extensos campos de cultivo (Araque, 2013), como se explica en detalle en el siguiente capítulo.

La orografía de Castril es más accidentada y abrupta, aunque con zonas en la parte norte ya más próxima a Santiago-Pontones, de pendientes más suaves y sedimentación de suelos espesos donde se desarrollan pastos de gran productividad. Castril está expuesto principalmente al sur, y es más seco y cálido. Aunque su superficie de pastos de altura es menor, presenta una extensión de tierras bajas más amplia que

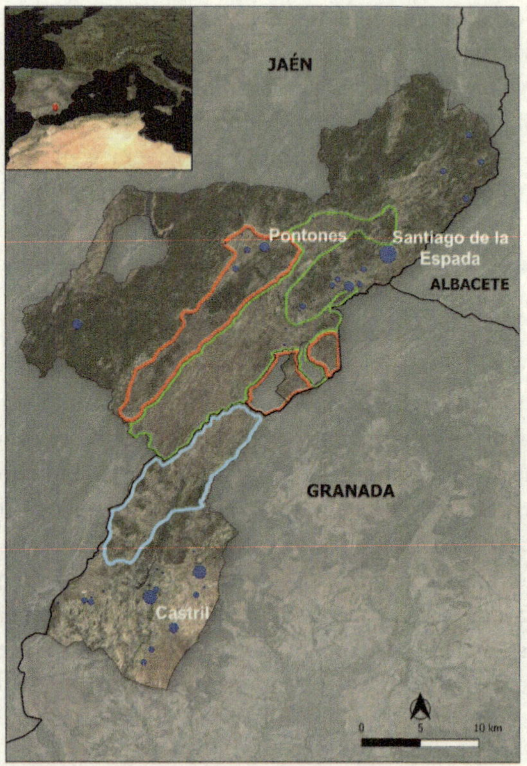

Figura 1: Localización general de los comunales pastoriles de Castril (azul claro), Santiago de la Espada (verde) y Pontones (rojo), y de los núcleos de población y aldeas (marcados con esferas azul oscuro). La zona con filtro gris corresponde al resto de municipios (Fuente: Godoy-Sepúlveda *et al.*, 2024).

Santiago de la Espada y Pontones. En estos últimos predominan altiplanos más fríos y llanuras circundadas de picos de alto valor pastoril, pero sin apenas tierras bajas disponibles para la agricultura o el pastoreo invernal (Gómez-Mercado, 2011) (ver Figura 1).

Castril permaneció bajo dominio musulmán tres siglos y medio más que Santiago de la Espada y Pontones, hasta el 1491 versus el 1243 de Santiago-Pontones, lo que le otorga un patrimonio mucho más próximo al periodo árabo-bereber, destacando principalmente el castillo que se ubicaba encima de la Peña, un tradicional sistema de riego y la actividad ganadera que se desarrollaba ya en época musulmana (Madera, 2005). Como se detalla en el capítulo 4, en 1490 la jurisdicción de Castril, comprendiendo también sus tierras altas, fue cedida a Hernando de Zafra, secretario de los Reyes Católicos, permaneciendo en sus manos y en las de sus herederos a lo largo de los siglos. Este hecho fue vital para que, posteriormente, en el siglo XIX, los montes de Castril evitaran el proceso desamortizador por parte del estado, al haber sido aún tierras de titularidad privada en la época de las grandes desamortizaciones (mediados del siglo XIX). Sea como fuera, aunque su titularidad era privada, a las comunidades locales se les reconoció el uso de sus tierras tras largas protestas. Fue durante la primera mitad del siglo XX cuando, de forma paulatina, los montes de Castril pasaron a ser propiedad del municipio[11] (Alfaro, 1998).

Por el contrario, los pastos de Santiago de la Espada y Pontones estuvieron bajo dominio cristiano ya desde el siglo XIII, siendo cedidas a la Orden de Santiago, lo que contribuyó al establecimiento del código del Común de Segura, destinado a regular el uso común de los recursos naturales en la Sierra de Segura (De la Cruz, 1980). A partir del siglo XVIII, estas tierras pasaron a ser propiedad estatal o privada, destinándose principalmente a la producción maderera (Martínez, 2014), como también se explica en el capítulo 3. Por estas características, gran parte de los montes de la Sierra de Segura fueron exceptuados del proceso de desamortización de mediados del siglo XIX, al considerarse eventualmente como montes de utilidad pública. Por tanto, entre Santiago-Pontones y Castril ha existido una frontera histórico-cultural y político-administrativa de larga data, que divide distintos patrones de tenencia de la tierra: de un lado el municipio de Castril es propietario de más del 70 % de las tierras altas, y cede su uso a la comunidad de pastores por una pequeñísima cantidad simbólica, mientras que en Santiago de la Espada y Pontones, los principales titulares son la Junta de Andalucía el Estado, con alrededor del 50 % de las tierras, y los particulares con alrededor del 40 % (siendo el resto principalmente municipal), y a los que la comunidad de pastores debe pagar importantes cantidades cada año.

La población se distribuye en varios pueblos y aldeas dispersas (véase la figura 1), principalmente rodeadas de áreas forestales y tierras privadas

11 Copia de la Escritura de 9 de febrero de 1971 de cumplimiento de transacción y compraventa, otorgada de una parte, Don Carlos José Domínguez Valdivieso, en representación de Doña Consuelo Monzón Marín, y de otra, el Ayuntamiento de Castril, representado por su alcalde-presidente, Don Joaquín Perales Sánchez. Copia proporcionada por el Ayuntamiento de Castril.

utilizadas para la agricultura y el pastoreo. En Castril, Fátima es el principal asentamiento de ganaderos. Por otro lado, la comunidad de pastores de Santiago de la Espada se reúne principalmente alrededor de su principal núcleo de población, Santiago, y La Matea (el punto más grande después de Santiago en la figura 1), entre otras aldeas aledañas de la Vega de Santiago. En Pontones, los pastores viven en diferentes aldeas como Fuente Segura, Pontón Alto y el pueblo de Pontones. Salvo algunos casos en Castril, todos los pastores son hombres, y la mayoría, mayores de 50 años. En ambos territorios, el papel público de la mujer en el mundo pastoril es relativamente reducido y en su mayor parte invisibilizado, centrándose en el apoyo en épocas de movilidad estacional de los rebaños y en períodos de paridera, y recientemente de un modo creciente figurando como responsables administrativas de explotaciones para acceder a subvenciones específicas para mujeres (Sanosa-Cols, 2024).

Santiago de la Espada y Pontones fueron dos municipios independientes desde su conformación en la década de 1830, pero fueron fusionados en una única entidad en 1975. No obstante, sus respectivas instituciones comunales siguieron funcionando por separado en el manejo de pastos. Los tres comunales de montaña se encuentran dentro de dos Parques Naturales (categoría V de la UICN): el Parque Natural de la Sierra de Castril (que abarca las tierras altas, pero no las tierras bajas de Castril, donde también existe un aprovechamiento comunal de las zonas incultas) y el Parque Natural de la Sierra de Cazorla, Segura y Las Villas, en cuyo interior se encuentra la totalidad del término municipal de Santiago-Pontones.

Alrededor de 90 pastores de los tres comunales gestionan sus rebaños de forma colectiva en tres asociaciones –las tres asociaciones se rigen por la misma forma jurídica, las Sociedades Agrarias de Transformación–, que suman un total aproximado de 60 000 ovejas y 5000 cabras. Cada una de las tres asociaciones de base comunitaria tiene sus propios estatutos y junta directiva elegida (Godoy-Sepúlveda *et al.*, 2024).

El pastoreo en estos pastos de montaña puede describirse como sistemas de cría ganadera extensiva (Ruiz *et al.*, 2017), donde distinguimos dos formas principales de movilidad: la trashumancia de corta distancia o trastermitancia y la trashumancia de larga distancia o simplemente trashumancia. La trastermitancia implica la movilidad local de los rebaños entre pastizales altos y bajos dentro del mismo municipio, mientras que la trashumancia es el movimiento de pastores y rebaños a otros territorios fuera del municipio, lo que implica un desplazamiento a pie de tres a diez días, aunque algunos lo realizan en camión -ponderando condiciones climáticas y gastos-. Es más, algunos en un mismo año pueden hacer la vereda hacia Sierra Morena, a pie, y la vuelta a los pastos de verano en camión (o viceversa). En Santiago de la Espada y Pontones, más de dos tercios de los pastores practican la trashumancia de larga distancia (de aquí en adelante solo trashumancia), mientras que, en Castril, solo lo hace alrededor del 10 %, dependiendo del año. Actualmente el lugar de destino para los trashumantes de larga distancia es Sierra Morena, donde los pastores deben arrendar fincas para pasar los meses de invierno, de diciembre a mayo. Aun así, antes también se hacían trashumancias a zonas de costa como Almería, Murcia y Alicante, o zonas bajas más cercanas como Baza.

La Política Agraria Común de la Unión Europea (UE) (PAC en adelante) ha tenido un impacto notable en las formas de pastoreo y la actitud de los pastores hacia los pastos. El objetivo principal de la PAC ha pasado de otorgar una renta mínima a los agricultores y ganaderos para asegurar la autonomía de producción alimentaria de los países (Clar *et al.*, 2018), a priorizar los aspectos ambientales, muchas veces externos a las comunidades locales y con resultados perversos, como veremos en el capítulo 5. Hoy en día, los subsidios se calculan en gran medida en relación con la superficie utilizada por cada pastor (Ruiz *et al.*, 2017) y a través de un Coeficiente de Admisibilidad de los Pastos, y no por la producción ganadera. Por ello, además de ser concebidos como un recurso alimenticio para sus animales, los pastos son vistos cada vez más como una superficie que implica un valor monetario asociado a subsidios.

Rebaños y regímenes de movilidad de los ganaderos

En Castril, Santiago de la Espada y Pontones se dan ciertas diferencias en la forma de llevar a cabo la ganadería. Los pastos comunales se utilizan principalmente de mayo a noviembre, máximo periodo vegetativo, cuando los animales se alimentan en ellos en su mayor parte. Debido al calendario reproductivo, las ovejas gestantes (en torno al 40 %) abandonan los pastos de altura durante el mes de agosto, reduciendo significativamente el consumo de hierba y la presión pastoril (véase figura 2). Debido a la mayor disponibilidad de superficies de cultivo, un número considerable de rebaños de trastermitancia abandonan precozmente los pastos de montaña

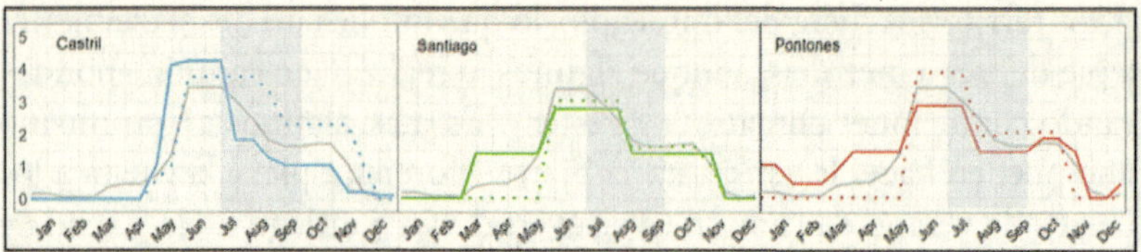

Figura 2: Estimación de cargas ganaderas en el año, por quincenas (Fuente: Godoy-Sepúlveda *et al.*, 2024).

para aprovechar los rastrojos de las tierras bajas, prácticamente inexistentes en el término municipal de Santiago-Pontones. Sin embargo, los que practican trashumancia permanecen mucho más tiempo en sus zonas de pastoreo (hasta noviembre). En Santiago de la Espada y Pontones las ovejas permanecen en los pastos de las tierras altas hasta octubre-noviembre. A partir de entonces, los rebaños de trashumancia abandonan la Sierra hacia las fincas que alquilan en las tierras bajas de Sierra Morena, a más de 100 km, donde permanecen unos seis meses. Los ganaderos de trashumancia volverán a sus comarcas de montaña más tarde que los de trastermitancia, y asumen que la ausencia de sus rebaños durante este periodo más largo redunda en un beneficio para el crecimiento de su parte de los pastizales, en la que teóricamente nadie debería entrar durante el periodo de mayor crecimiento de los pastos en primavera. Por ello, la mayoría de ellos defienden una zonificación dentro de los pastizales comunales. Como podemos ver en la figura 4, los rebaños de trastermitancia de Castril pasan menos tiempo en las tierras altas, pero también son los que tienen una carga ganadera (número de animales por hectárea) más alta de los tres comunales durante el pico de la temporada.

Por otro lado, los animales de trashumancia de corta distancia (trastermitancia) de Santiago de la Espada y Pontones que no bajan a mediados de verano para parir suelen abandonar estos territorios cuando llega la nieve o cuando no hay pasto suficiente. Así, muchos de ellos utilizan las tierras altas por hasta nueve meses. Algunos rebaños de Pontones y Santiago de la Espada pastan de octubre a marzo, siempre que su zona esté accesible y limpia de nieve. Estos rebaños tienen un mejor acceso desde sus pueblos en comparación con el acceso de Castril a sus tierras altas, donde algunos pastores de trastermitancia pueden permanecer ocasionalmente hasta finales de diciembre, ya que salir y regresar después a los pastizales altos es mucho más complicado debido al mal estado de las carreteras para acceder a ellos y a que deben monitorear constantemente sus rebaños para evitar que se mezclen, riesgo propiciado por las características de la sierra.

Además, debido a esta precaria infraestructura vial, los pastores de Castril pasan más tiempo con los rebaños en las tierras altas (de tres a cinco días sin salir de los pastizales de montaña). Así, los pastores de Castril realizan un monitoreo mucho más constante de sus rebaños especialmente durante el verano, cuando existe una alta concentración de estos en una zona de sierra más bien pequeña en comparación con Santiago-Pontones. Por estas diversas razones, principalmente relacionadas con vías de acceso y frecuentación estival, necesitan estar varios días seguidos en los pastos antes de volver a bajar. Por otro lado, en Santiago de la Espada y Pontones, los pastores, aunque existen casos puntuales, rara vez duermen en las tierras altas con sus rebaños, como era habitual hace dos o tres décadas. La proximidad de aldeas y núcleos de población con Los Campos (las tierras altas) y en especial las nuevas vías carrozables, permite que los pastores puedan subir y bajar en un mismo día sin necesidad de quedarse a dormir.

Antes de cada invierno, los pastores de Castril, Santiago de la Espada y Pontones evalúan los gastos relacionados con el pago de las fincas de invierno, donde los rebaños de trashumancia permanecen de noviembre a mayo, o por forrajes, para alimentar a los rebaños de trastermitancia cuando no hay pasto suficiente. Los pastores pueden cambiar su régimen de movilidad dependiendo del año, pero generalmente se mantienen bastante estables. También hay una dimensión identitaria y un cierto orgullo asociado a la realización de trashumancia durante varios años, incluso generaciones. El lugar donde sus hijos acuden al colegio en el contexto de su vida móvil es también un tema relevante. Por ejemplo, un pastor de Pontones fue trashumante de larga distancia hasta que sus hijos empezaron a ir al colegio hace 20 años, lo que los estabilizó como trashumantes de corta distancia. Pero actualmente él y su hijo mayor, también pastor, están considerando practicar de nuevo la trashumancia, pensando en la comodidad del rebaño y en su mayor rentabilidad.

Sin embargo, los cambios en las zonas de invernada en Sierra Morena son relativamente más frecuentes porque los pastores de la trashumancia deben alquilarlas individualmente, lo que conlleva un mayor nivel de incertidumbre que para quienes permanecen en las sierras. Algunos pastores han mantenido su zona de invernada durante décadas, pero la mayoría se ven obligados a cambiarla en una década debido a desacuerdos con los propietarios de las tierras que a menudo encuentran otros que pagan mejor por sus fincas (por ejemplo, para usos cinegéticos o el cultivo de olivares).

Estas transformaciones contribuyen a relaciones más estrechas entre comunidades, difuminando posibles fronteras entre ellas, ya que pastores que pertenecen a distintas comunidades en verano pueden ser vecinos durante los inviernos en Sierra Morena.

La gestión local del pastoreo a través de las limitaciones contextuales

Desde mediados del siglo XX, la ganadería ha pasado en los tres comunales de un modelo familiar extenso con pequeños rebaños (50-100 ovejas), donde diferentes miembros de la familia asumían responsabilidades en la gestión del rebaño, a un modelo individualizado centrado en hombres de mediana edad y mayores y rebaños más grandes. Actualmente, se ha producido una reducción en el número de pastores, por lo que hay una menor competencia para los recursos materiales locales combinada con una creciente necesidad de articular la dimensión político-administrativa de las explotaciones (Sanosa-Cols, 2024 y capítulo 5 de este libro). El tamaño medio actual de los rebaños es de unas 600 ovejas de cría, los rebaños más pequeños comprenden generalmente unas 300 ovejas y los más grandes hasta 900 o 1 000, e incluso 2 000 ovejas.

A pesar de estas tendencias, se ha producido una pérdida de rentabilidad, ya que el precio por cordero no ha cambiado sustancialmente durante más de tres décadas si bien el coste de producción y los gastos de manutención se han duplicado. Los corderos se venden por debajo del coste de producción, compensándose solo gracias a los subsidios percibidos. A partir de los datos recogidos en las diferentes campañas de trabajo de campo, estimamos que aproximadamente la mitad de los ingresos de los ganaderos proceden hoy de estas fuentes, especialmente de la PAC. Los pastores de cada uno de los tres comunales trabajan colectivamente para gestionar estas subvenciones, demostrando la superficie que (teóricamente) pasta cada ganadero, garantizando así que cada miembro de la comunidad reciba la ayuda correspondiente al tamaño de su rebaño. Estos nuevos –pero claves– contextos administrativos han llevado a los pastores a dedicar progresivamente más tiempo a atender cuestiones burocráticas y –proporcionalmente– menos tiempo a sus rebaños. Por ejemplo, las discrepancias relacionadas con el Coeficiente de Admisibilidad de los Pastos que se mueve entre cero y uno (el primer extremo implicando cero palatabilidades y el segundo la máxima palatabilidad[12]) han promovido las movilizaciones de los ganaderos. Ya sea para conseguir que determinadas zonas de pastoreo se reconocieran administrativamente como tales cuando no estaban siendo reconocidas (como ocurrió en Pontones en 2019), o como reclamo para recuperar las subvenciones de la PAC de la UE en caso de que hubieran sido reducidas por la administración (como ocurrió en Castril en 2018, cuando se redujo dicho coeficiente de 0,55 a 0,25 en ciertas zonas de la sierra).

En este contexto, el manejo del ganado que se puede observar en las explotaciones ganaderas se asemeja más a un sistema semi-extensivo. Es decir, los hatos están una parte del tiempo *al careo*, pastoreando libremente por el monte, excepto durante la época de paridera o de reproducción del ganado. En la época estival se realiza una paridera entre el mes de agosto y el mes de septiembre donde los pastores bajan de los pastos aproximadamente un tercio de los animales a sus naves.

Por un lado, en la sierra disminuye la presión sobre el pasto al final del verano (Figura 2) y el rebaño que está en las naves cambia el tipo de alimentación. Las ovejas que van a parir pastan alrededor de la nave y, como suplemento alimenticio, se les añade pienso y también mezclas de forrajes (cebada, alfalfa, avena) y paja. Por otro lado, una vez nacen los corderos, estos se alimentan a base de la leche materna y cuando han cumplido entre uno y dos meses se les añade un suplemento a base de piensos. Cuando llega el momento de vender los corderos, procuran hacerlo de forma temprana, a los dos meses de vida aproximadamente, para evitar el coste extra que supone el engorde del cordero a base de piensos. Por tanto, una vez venden los corderos, estos pasan a un sistema intensivo ya que el engorde se realizará en cebaderos.

Principales instituciones de gobernanza local

Las asociaciones de pastores han jugado un papel activo en la interacción con las instituciones públicas, estableciendo procesos y estructuras para

12 Cualidad de un alimento, en este caso el pasto, a ser grato al paladar, y que aquí sirve de metáfora como recurso de gran valor pastoril.

coordinarlas y para la toma de decisiones, así como estableciendo reglas internas para gestionar el ganado y los pastizales para la mejora de la sostenibilidad, y para lograr subvenciones públicas. En general, el acceso a los pastizales solo se permite a los rebaños de los miembros de las asociaciones. En el caso excepcional en que haya un pastor externo que solicite el uso pastoril, debe ser aprobado por la asamblea. Todos los miembros de las asociaciones deben nacer o vivir en el municipio y su membresía debe ser aprobada por la mayoría de los miembros en asamblea. En el marco de estas instituciones de gobernanza, la mayoría de los asuntos se discuten entre los propios pastores, sin involucrar a otros miembros de la familia. Las discusiones cotidianas para coordinar la movilidad de los diferentes rebaños en las tierras altas en verano se llevan a cabo entre pastores vecinos, que a veces tienen vínculos de parentesco. En este nivel, el factor de vecindad es el principal identificado, pero este continuo de vecinos que negocian rutas pastoriles en las tierras altas entre sí no parece agruparse en ningún grupo doméstico particular que influya en la gobernanza global de los tres comunales.

Los pastores deben arrendar tierras públicas y privadas para garantizar el acceso a los pastizales, con un pago en función del tamaño de su rebaño y según se trate de ovejas, cabras o vacas, esto último en el caso de Santiago de la Espada y Castril, pues en Pontones desde hace unos años no se admiten vacas. Por lo tanto, en realidad forman un recurso de uso comunal, donde los pastores se organizan internamente para la gestión y uso de estos pastizales mientras dure el contrato de arrendamiento. Desde la distribución de las diferentes zonas de pasto (comarcas) hasta inversiones en infraestructuras que colectivamente consideren oportunas. Sin embargo, estos acuerdos y normas de funcionamiento pueden cambiar de acuerdo con las reglas internas y las necesidades de cada comunal y pastor. En cuanto a las intensidades en la gobernanza de cada comunal, en Pontones el acceso a los pastos está más regulado y sigue un estricto calendario, existiendo reglas más formales que son bien conocidas dentro del grupo de pastores. También se imponen sanciones en caso de incumplimiento, que van desde una multa pagada a la asociación de ganaderos hasta incluso la prohibición de utilizar los pastos del comunal. Mientras tanto, en los comunales de Santiago de la Espada y sobre todo Castril, no existe un calendario estricto y existe un menor énfasis en el seguimiento y cumplimiento de las reglas. Así, la gobernanza formal está menos estructurada en Castril, aunque los pastores siguen teniendo un alto grado de coordinación debido a su mayor necesidad de cooperar cuando hay una alta presión sobre los pastos (mayo-julio), en una zona con recursos pastoriles serranos más reducidos que en los otros dos comunales, sumado al hecho de que necesitan pasar más tiempo juntos en la sierra debido a la deficiente infraestructura vial. Más allá de algunas reglas colectivas, en Castril existen acuerdos no formales entre pastores, por ejemplo, una organización situacional no escrita pero clara sobre las fechas de pastoreo de cada parte de los pastos comunales que se pacta cada año en las tierras altas, donde algunos acuerdan conducir rebaños conjuntamente. En Santiago de la Espada y Pontones, por otro lado, se observan acuerdos no formales entre pequeñas agrupaciones de pastores para organizar la conducción y supervisión de los rebaños, que pasan a llevarse conjuntamente, además de una coordinación general para la movilidad estacional.

La capacidad organizativa de las comunidades de pastores las consolida como un interlocutor válido y públicamente reconocido capaz de negociar aspectos relevantes del pastoreo con las autoridades locales y regionales. Los temas pueden ir desde el acceso a la tierra y las infraestructuras ganaderas hasta las directrices para la gestión de los Parques Naturales. Hoy en día, las administraciones de los Parques Naturales reconocen cada vez más el valor de la gestión ganadera extensiva para mantener los paisajes, los ecosistemas y los hábitats de las tierras altas, así como para mejorar la identidad local y el patrimonio cultural. En cualquier caso, la gestión de los pastos está sujeta a la aprobación de los Parques Naturales y, en última instancia, a la normativa de la administración regional (Junta de Andalucía), dejando la capacidad de decisión de los pastores bien delimitada por los actores externos. El papel del Parque Natural en el caso de Santiago de la Espada y Pontones es especialmente relevante, ya que ejerce una función de mediación con la administración regional y consigue que el 80 % del importe pagado por el arrendamiento de estos pastos se reinvierta en el mantenimiento y mejora de la infraestructura ganadera. Para los ganaderos de Castril, esta intervención no se produce, por lo que todas las inversiones en la sierra deben ser realizadas directamente por la comunidad pastoril castrileña.

El órgano de gobierno de los comunales también juega un papel relevante para evitar conflictos entre pastores, en gran medida en Pontones y menos en Castril. La mera existencia de sanciones evita el desarrollo de conflictos de diferente tipo, como sacar el rebaño de las zonas demarcadas (comarcas), sacarlo antes de las fechas acordadas, o no pagar las tasas de las instituciones locales. Asimismo, los pastores utilizan las asambleas para discutir y resolver estos problemas cuando no pueden hacerlo por sí mismos primero. Por ejemplo, en junio de 2019, dos pastores de Pontones mantuvieron algunas de sus ovejas fuera de su zona designada (ignorando la regla de tener que estar en su comarca antes del uno de mayo). Luego de una discusión seria donde se expusieron las razones por las cuales es importante cumplir con las normas internas, el conflicto se resolvió positivamente, descartando la necesidad de llevar el tema a una asamblea, aplicar sanciones económicas o hacer intervenir a cualquier actor público externo a la comunidad de pastores. Situaciones similares no tienen la misma resolución en Castril o Santiago de la Espada, donde no existe una demarcación comarcal tan fuerte, aunque tras las distintas campañas de trabajo de campo se ha podido observar que son los mismos pastores los que en su día a día solucionan entre ellos los posibles malentendidos que puedan surgir. También, recientemente se ha dado el caso que en Santiago de la Espada se ha llegado a contratar un guarda privado para lograr el cumplimiento de los estatutos de la SAT de las asociaciones.

Como observaremos más en detalle en los próximos capítulos, la gobernanza comunal de los pastos y demás elementos relacionados con los mismos (fuentes de agua, vías de acceso, uso de refugios, búsqueda de subvenciones, etc.), sigue siendo el motor de la resiliencia, adaptabilidad, renovación generacional y por ende continuidad de la ganadería trashumante y trastermitante en las sierras de CSP. Y ello a pesar de las numerosas e intensas disrupciones que han sufrido estos comunales a lo largo de la Historia y aún hoy. Principalmente por intervenciones más que problemáticas por parte del estado desde el siglo XVIII hasta la actualidad, que aún no incorpora en su conciencia plena y su sistema de funcionamiento, los valores fundamentales para toda la sociedad que poseen los comunales, el pastoralismo y la trashumancia. A su vez, estos sistemas comunales sufren transformaciones también muy importantes ocasionadas por cambios globales de múltiple índole, como son las transformaciones culturales, visiones del trato animal y de los hábitos culinarios, los constantes giros de los mercados globales ligados a las siempre dinámicas lógicas geopolíticas y acuerdos comerciales internacionales según las épocas.

Bibliografía

Acosta, Rufino y Domínguez, Pablo (2014), «Eco-antropología: Hacia un enfoque holista de las relaciones ambiente-sociedad», en Prat i Carós, Joan, *Actas del XIII Congreso de Antropología Perife-*

rias, Fronteras y Diálogos, Tarragona, 2-5 de septiembre de 2014, Universitat Rovira i Virgili, Tarragona.

AEMET (Agencia Estatal de Meteorología) (2018), *Mapas climáticos de España (1981–2010) y ETo (1996–2016)*, Ministerio para la Transición Ecológica, Agencia Estatal de Meteorología (AEMET), Madrid, en <https://www.aemet.es/documentos/es/conocermas/recursos_en_linea/publicaciones_y_estudios/publicaciones/MapasclimaticosdeEspana19812010/MapasclimaticosdeEspana19812010.pdf>.

Alfaro Baena, Concepción (1998), *El Repartimiento de Castril. La formación de un señorío en el Reino de Granada*, Grupo de Investigación «Toponimia, Historia y Arqueología del Reino de Granada», Granada.

Araque Jiménez, Eduardo (2013), «Evolución de los paisajes forestales del Arco Prebético. El caso de las Sierras de Segura y Cazorla», *Revista de Estudios Regionales,* 96, Universidades de Andalucía, Andalucía, pp. 321-344.

Arrojo, Enrique y Valle, Francisco (2000), *Guía del Parque Natural de la Sierra de Castril: Flora y Vegetación*, Editorial Universidad de Granada, Monográfica Tierras del Sur, Granada.

Biersack, Aletta (1999), «Introduction: From the "New Ecology" to the New Ecologies», *American Anthropologist: Journal of the American Anthropological Association*, 101(1), University of California Press, California, pp. 5-18.

Blanca, Gabriel, Cabezudo, Baltasar, Cueto, Miguel, *et al.* (2011), *Flora Vascular de Andalucía Oriental,* Universidades de Almería, Granada, Jaén y Málaga, Granada.

Castree, Noel, Adams, William M., Barry, John, *et al.* (2014), «Changing the intellectual climate», *Nature Climate Change*, 4, Nature Portfolio, London, pp. 763-768.

Chase, Athol, and Sutton, Peter (1981), «Hunter-Gatherers in a rich environment: Aboriginal coastal exploitation in a Cape York peninsula», en Keast, Allen (ed.), *Ecological Biogeography of Australia,* Dr. W. Junk Publishers, La Haya/Boston/ Londres, pp. 1817-1852.

Clar, Ernesto; Martín-Retortillo, Miguel y Pinilla, Vicente (2018), «The Spanish path of agrarian change, 1950-2005: From authoritarian to export-oriented productivism», *Journal of Agrarian Change*, 18(2), Wiley, Chichester, pp. 324-347.

De la Cruz Aguilar, Emilio (1980), *Ordenanzas del común de la Villa de Segura y su tierra de 1580*, Instituto de Estudios Giennenses, Jaén.

Descola, Philippe (1986), *La nature domestique: symbolisme et praxis dans l'écologie des Achuar*, MSH, París.
— (1992), «El determinismo raquítico», *Etnoecológica*, 1(1), pp. 75-85, en <http://etnoecologia.uv.mx/Etnoecologica/Etnoecologica_vol1_n1/debate.htm>.
— (2005), *Par-delà nature et culture*, Gallimard, París.
Domínguez, Pablo (2010), *Approche Multidisciplinaire D'un système traditionnel de gestion des ressources naturelles communautaires: L'agdal Pastoral Du Yagur (Haut Atlas marocain)*, [Tesis de Doctorado], EHESS/UAB, París/Barcelona.
Dove, Michael R. y Carpenter, Carol (eds.) (2008), *Environmental Anthropology: A historical reader*, Ed. Blackwell, Singapore.
Escobar, Arturo (1998), *El final del salvaje: naturaleza, cultura y política en la antropología contemporánea*, CEREC, Santa Fe de Bogotá.
Fuentes Carretero, Julián Manuel, Gutiérrez Carretero, Leonardo y Cueto, Miguel (2015), «Aportaciones corológicas a la flora vascular del área natural de Cazorla (Granada y Jaén, España)», *Acta Botánica Malacitana*, 40, Universidad de Málaga, Málaga, pp. 239-246.
Godoy-Sepúlveda, Francisco, Sanosa-Cols, Pau, Parra, Santiago, *et al.* (2024), «Governance, mobility, and pastureland ecology. An ecoanthropological», *Human Ecology*, 52, Springer, New York, pp. 303-318.
Gómez-Mercado, Francisco (2011), «Vegetación y flora de la Sierra de Cazorla», *Guineana*, 17, Universidad del País Vasco, País Vasco.
Haraway, Donna J. (2019), *Seguir con el problema. Generar parentesco en el Chthuluceno*, Consonni, Bilbao.
Harris, Marvin (1979), *Cultural Materialism: the Struggle for a Science of Culture*, AltaMira Press, Walnut Creek.
Ingold, Tim, Palsson, Gísli (eds.) (2013), *Biosocial Becomings: Integrating Social and Biological Anthropology*, Cambridge University Press, Cambridge.
Latour, Bruno (2004), *Politics of Nature. How to Bring the Sciences into Democracy*, Harvard University Press, Londres.
Madera Pacheco, Jesús (2005), «Rasgando los silencios: pequeñas historias de careo con pastores y su Ganado por Castril de la Peña», *Ager*, 4, Centro de Estudios sobre la Despoblación y Desarrollo de Áreas Rurales, Zaragoza, pp. 135-158.
Martínez, Ignacio (2014), *Introducción a la* Segurología, Ediciones Montflorit, Beas de Segura.

Newing, Helen (2010), *Conducting Research in Conservation: Social Science Methods and Practice*, Routledge, Londres.
Rappaport, Roy (1968), *Pigs for the ancestors: ritual in the ecology of a New Guinea People*, Yale University Press, New Haven.
Reyes-García, Victoria; Menendez-Baceta, Gorka; Aceituno-Mata, Laura *et al.* (2015), «From famine foods to delicatessen: Interpreting trends in the use of wild edible plants through cultural ecosystem services», *Ecological Economics*, 120, pp. 303-311, en <http://www.sciencedirect.com/science/article/pii/S0921800915004346>.
Ruiz, Jabier, Herrera, Pedro María, Barba, Rubén y Busqué, Juan (2017), *Situación de la ganadería extensiva en España (I): Definición y caracterización de la extensividad en las explotaciones ganaderas en España*, Ministerio de Agricultura y Pesca, Alimentación y Medio Ambiente.
Sahlins, Marshall (1976), *Culture and Practical Reason*, The University of Chicago Press, Chicago.
Sanosa-Cols, Pau (2024), *Giros Colectivos: Pastoralismo y Gobernanza Socioambiental en Santiago-Pontones* [tesis de doctorado], Universitat Autònoma de Barcelona, Bellaterra.
Servier, Jean (1962), *Les portes de l'année. Rites et Symboles*, Robert Laffont, París.
Schultz, Paul W.; Milfont, Taciano L.; Chance, Randie C. *et al.* (2014), «Cross-cultural evidence for spatial bias in beliefs about the severity of environmental problems», *Environment and Behavior*, 46, pp. 267-302, en <http://eab.sagepub.com/content/46/3/267.full.pdf+html>.
Sponsel, Leslie E. (2012), *Spiritual Ecology: A Quiet Revolution*, Praeger, Santa Barbara.
Steward, Julian H. (1955), *The theory of culture change. The methodology of multilinear evolution*, University of Illinois Press, Urbana.
Stirling, Andy (2014), «Transforming power: Social science and the politics of energy choices», *Energy Research & Social Science*, 1, Elsevier, Amsterdam, pp.83-95.
Tsing, Anna (2015), *The mushroom at the end of the world: On the possibility of life in capitalist ruins*, Princeton University Press, Princeton.
Viveiros de Castro, Eduardo (2009), *Métaphysiques cannibales*, PUF, París.
Wallerstein, Immanuel (1996), «La construcción histórica de las ciencias sociales desde el siglo XVIII» en Wallerstein, Immanuel (coord.), *Abrir las ciencias sociales*, Siglo XXI Editores, México D.F., pp. 3-36.

Walters, Bradley B & Vayda, Andrew P. (2009), «Event Ecology, Causal Historical Analysis, and Human–Environment Research», *Annals of the Association of American Geographers*, 99(3), Taylor & Francis, Londres, pp. 534–553.

West, Paige, Brockington, Dan, Halvaksz, Jamon A. and Cepek, Michael L. (2010), «Introduction: A New Journal for Contemporary Environmental Challenges», *Environment and Society: Advances in Research*, 1(1-3), en <http://www.envirosociety.org/wp-content/uploads/2014/11/1-1_Intro.pdf>.

Zamora, Elías (2014), «El desarrollo territorial desde la perspectiva de la teoría de los sistemas complejos y la no-linealidad. A la búsqueda de un nuevo paradigma» en Diego Quintana, Roberto S.; Rodríguez Wallenius, Carlos y Couturier Bañuelos, Patricia (coords,), *Cambios y procesos emergentes en el desarrollo rural*, UAM, México.

3.
Dinámica territorial del espacio forestal en las sierras de Segura, Cazorla y Castril

JOSÉ DOMINGO SÁNCHEZ MARTÍNEZ, ANTONIO GARRIDO ALMONACID
Y EGIDIO MOYA GARCÍA (UNIVERSIDAD DE JAÉN)

Introducción

El macizo montañoso prebético que se encuentra en el límite de las provincias de Jaén, Granada y Albacete ha sido en los últimos tres siglos un espacio forestal con una intensa explotación, en gran medida, por la presencia de una masa pinariega, que centró un gran interés por parte del Estado a partir de mediados del siglo XVIII. De esta manera, para entender los procesos de carácter socioeconómico que en la actualidad se están dando cita en este territorio, que se caracteriza por un paisaje en común y donde se han constituido en las últimas décadas distintos espacios protegidos, presentaremos, aunque sea de una forma concisa, la evolución de la propiedad, los usos del suelo y de las distintas actividades agrarias que en estos territorios se han practicado, centrándonos en las sierras de Segura, Cazorla y Castril, que comparten en sus cumbres un área que tradicionalmente se ha explotado como pastadero de verano.

El dominio geológico prebético, en la porción nororiental del Frente Externo de las cordilleras Béticas (Figura 1), presenta una estructura fuertemente plegada de materiales mesozoicos y terciarios, dominando las rocas carbonatadas. Con cotas que superan los dos mil metros de altitud, se interponen como un formidable obstáculo a superar por los vientos cargados de humedad procedentes del Atlántico, un hecho que se resuelve con el incremento generalizado de las precipitaciones, especialmente en

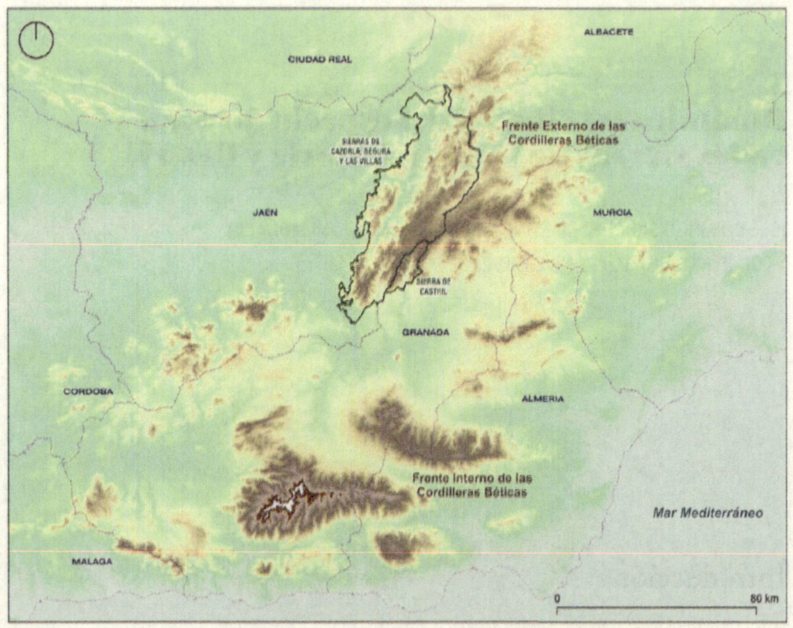

Figura 1. El ámbito de estudio en su contexto regional y los parques naturales declarados. Fuente: Elaboración propia a partir de los Datos Espaciales de Referencia de Andalucía (DERA-100). IECA, Junta de Andalucía.

las laderas de barlovento. En tanto que arcas de agua, estas sierras son cabecera de las dos grandes cuencas fluviales del sur peninsular ibérico (Guadalquivir y Segura). Y su entidad topográfica es también la razón que explica el incremento de la aridez por el flanco sureste de las sierras de Segura, Cazorla y Castril, una zona en sombra de lluvias que contrasta igualmente por la disposición predominantemente horizontal de materiales geológicos que son más recientes (altiplanos de las hoyas de Guadix y Baza).

Nos encontramos, así, con unos territorios que tienen posibilidades en sus usos y aprovechamientos bien diferenciados, pero a la vez complementarios. Por un lado, las áreas más bajas, que han soportado históricamente una intensa actividad agrícola, tanto en las campiñas del Guadalquivir, como en los lugares propicios del surco intrabético que se extiende por las comarcas de Guadix y Baza. Por otro, un enclave de elevada pluviometría con una intensa explotación forestal de carácter pascícola de altura en los meses estivales y que destaca, especialmente, por la extracción de productos madereros, actividad diferencial respecto a otros ámbitos montañosos mediterráneos. Como después veremos, el mantenimiento de una extensa masa de montes públicos, en gran medida cubierta de pinares, ha tenido una importancia decisiva en la conservación de los valores naturalísticos de este territorio, lo que llevó a la declaración de sendos parques naturales en los años ochenta del siglo pasado.

La importancia de la propiedad forestal pública, la evolución de los asentamientos humanos y los usos del suelo han ido definiendo un territorio cuya funcionalidad económica tradicional ha dado paso a una mayor consideración en términos ambientales y de uso público. El objetivo de este trabajo es recoger los hitos más destacados de estas características y transformaciones en las sierras de Segura, Cazorla y Castril, para mejor comprender y valorar en ese contexto la permanencia de la ganadería extensiva trashumante.

La propiedad de la tierra: vicisitudes históricas y situación actual de los montes públicos

La singularidad primera del espacio forestal en el territorio que estamos considerando es el elevado porcentaje de superficie de titularidad pública y, en particular, de la estatal, hoy adscrita a la Comunidad Autónoma de Andalucía, que es la encargada de su gestión desde el momento en que le fueron traspasadas las competencias para disponer de su propia política medioambiental (Araque Jiménez, 2013a). El origen de la propiedad estatal se retrotrae a la conquista castellana, que en ciertos casos también derivó en la existencia de montes municipales o de señoríos por concesión real, como ocurrió en el municipio de Castril con Hernando de Zafra, por su intervención en la guerra con el reino nazarí de Granada. En cualquier caso, el período del inicio de la intervención centralizada de toda la propiedad que finalmente ha quedado como pública puede identificarse inicialmente con la creación de la provincia marítima de Segura de la Sierra, a mediados del siglo dieciocho. Ello permitió la saca organizada de madera de sus extensos pinares, buscando fundamentalmente grandes troncos de árboles añosos, que salieron sin labrar por flotación durante dos centurias a través del Guadalquivir y el Segura (Araque Jiménez, 2018; López Arandia, 2012). La calidad de la madera del pino salgareño (*Pinus nigra Salzmannii*) era muy apreciada en el sur de España, especialmente para aquellas obras (se cita el caso, emblemático, de la Real Fábrica de Tabacos de Sevilla, hoy sede la Universidad de Sevilla) que necesitaran piezas de gran resistencia, como años más tarde se encargó de recordar Bernardo de Tapia, el ingeniero jefe del Distrito Forestal de Jaén, delegación administrativa dependiente del Ministerio de Fomento para la gestión de los montes públicos[13]. Además, claro está, de nutrir de madera a dos de los astilleros más importantes del país, como ahora indicaremos.

En la provincia marítima el monopolio estatal fue compartido por los Ministerios de Marina y Hacienda en el tránsito de los siglos dieciocho y diecinueve, alternándose anualmente desde 1764 en los aprovechamientos hasta la derogación de la Provincia Marítima en 1836. Este hito administrativo tan peculiar, propiciado por reconocimientos previos que atestiguaron las enormes posibilidades existentes, también cubría zonas de las actuales provincias de Albacete y Ciudad Real, pero no afectó a la sierra de Castril (López Arandia, 2021; Rodríguez Tauste, 2012). Y es que se privilegió la conexión con los arsenales de La Carraca (San Fernando) y de Cartagena, cercanas a las desembocaduras del Guadalquivir y el Segura, respectivamente. Además, se consideraba que la zona granadina, a diferencia del resto, estaba bastante esquilmada, por la existencia de concesiones del aprovechamiento de los productos forestales a particulares. En este municipio, la madera y las leñas fueron durante mucho tiempo la fuente energética empleada para calentar los hornos de una industria del vidrio bastante afamada. No obstante, en Castril se estableció también una fábrica de betunes para abastecer a La Carraca (Ruiz García, 2018).

A mediados del siglo XIX se produce otro hecho decisivo para el devenir de los terrenos forestales en España, con la aprobación de la legislación de desamortización civil promovida por Pascual Madoz (1855). Frente a los defensores de la *propiedad perfecta*, es decir, la puramente privada, el Ministerio de Fomento promovió, tras un informe de la Junta Facultativa del Cuerpo de Ingenieros de Montes, la confección de la Clasificación General de los Montes Públicos (1859), un documento administrativo que permitiría deslindar aquellos que debían ser enajenados y los que resultaba conveniente conservar en manos del Estado y los municipios. En esta última categoría se incluyeron la mayoría de los existentes

13 Memoria Justificativa del Plan de Aprovechamientos de 1873-74 del Distrito Forestal de Jaén.

en estas montañas prebéticas andaluzas. Y ello fue debido, precisamente, a su estado forestal, pues los requisitos finales de excepción de la venta exigían que se trataran de fincas de al menos cien hectáreas y estuvieran cubiertos de pino, roble o haya, según se ordenó para la confección del Catálogo de Montes exceptuados de la Desamortización de 1862; unas especies que se entendieron indicadoras de prevalencia de servicios ambientales (control de la erosión, regulación del ciclo hidrológico, prevención de las inundaciones) antes que objeto de almoneda para la más que previsible inmediata y masiva extracción de su riqueza maderera y conversión en terrenos para pasto o la agricultura.

A partir de esos momentos, el reconocimiento sobre el terreno primero; y los deslindes y amojonamientos practicados a continuación, permitieron definir con precisión los terrenos de titularidad pública. Es más, este proceso significó el incremento de la superficie estimada en el Catálogo de Montes de Utilidad Pública de 1901 frente a la inicialmente calculada en 1859. De esta manera, para el conjunto de los municipios que constituyen los actuales parques naturales de las sierras Cazorla, Segura y Las Villas y de Castril, y sus áreas de influencia socioeconómica, se pasó de 127 762 hectáreas de montes exceptuados en 1859, en 115 predios, a 141 583 hectáreas repartidas en 116 montes en 1901[14]. Así, los montes más extensos e importantes por su riqueza forestal fueron ganando superficie en el proceso de clarificación de la propiedad emprendida por el Estado (Tabla 1).

A comienzos del siglo XX, en realidad, la mitad de todos los montes estatales a los que se reconoció utilidad pública en el conjunto de España estaban situados en las sierras de Cazorla y Segura. Este concepto se definió en 1896, haciéndose saber que tendrían tal consideración y, por tanto, quedarían exentas de desamortización, las

> «masas de arbolado y terrenos forestales que por sus condiciones de situación de suelo y de área sea necesario mantener poblado o repoblar de vegetación arbórea forestal para garantir, por su influencia física en el país o en las comarcas naturales donde tenga su asiento, la salubridad pública, el mejor régimen de las aguas, la seguridad de los

14 Hay que tener en cuenta que en esta contabilización no se han considerado la Dehesa del Horcajón y Rincón del Obispo, pertenecientes al Ayuntamiento de Huéscar, ya que en esos documentos se incluían dentro del municipio de la Puebla de Don Fadrique, a los que en 1859 se les adjudicó conjuntamente 3 104,51 hectáreas, hasta 4 800 hectáreas en 1864 y 1 468 hectáreas en el Catálogo de 1901.

Tabla 1. Evolución de la superficie reconocida a los montes más extensos situados en ambos parques naturales (1859-1901) y diferencia entre ambas fechas

Monte	Municipio	Superficie (ha)		
		1859	1901	Dif.
Navahondona	Cazorla	4 507	13 568	9 061
Calar de Gila y Poyos de la Toba	Santiago de la Espada	3 091	7 729	4 638
Arrancapechos hasta Arroyo de las Tres Aguas	Santiago de la Espada	3 091	7 000	3 909
Guadahornillos	La Iruela	3 090	6 803	3 713
Poyo de Santo Domingo	Quesada	3 219	6 411	3 192
Campos de Hernán Perea y Calar de las Palomas	Santiago de la Espada	4 309	4 359	50
Desde Aguamula hasta Arroyo de las Espumaredas	Pontones	2 447	4 039	1 592
Cerros del Pozo	Pozo Alcón	2 575	3 464	889
Calar de Juana y Acebadillas	Peal de Becerro	3 219	3 417	198
Fuente Pinilla	Beas de Segura	1 411	3 240	1 829
Collado de Góntar hasta los Besiges	Santiago de la Espada	3 091	3 091	0

Fuente: Clasificación General de los Montes Públicos de 1859 y Catálogo de Montes de Utilidad Pública de 1901.

terrenos o la fertilidad de las tierras destinadas a la agricultura, revisándose con sujeción a este criterio el actual catálogo de los montes exceptuados por especie y cabida»[15].

A ellos había que unir los pertenecientes a los ayuntamientos de estas sierras jiennenses[16] y de la zona del área de influencia socioeconómica del parque natural de la sierra de Castril, teniendo en cuenta que todos los de propiedad municipal se encuadraban a principios del siglo XX en Huéscar, ya que los montes que hoy día se reconocen como municipales de Castril no se tuvieron como tales hasta principios de los años setenta del siglo pasado[17]. De esta manera, el paso de ser terrenos privados, en manos de los herederos de Hernando de Zafra, a públicos, se enmarca en un proceso que se inició con la transacción en 1893 entre los herederos del antiguo Señorío de Castril y los más de 450 vecinos, ganaderos y hacendados de la localidad, que derivó en que se les reconociera, entre otras cuestiones, el uso comunal de la caza y distintos productos de los montes, si eran para uso propio, y de los pastos, a cambio del pago de la renta de 5 000 pesetas anuales, que habrían de sufragar en este caso atendiendo al número y clase del ganado que se poseía. En 1971, el Ayuntamiento de Castril compró, en representación de los vecinos, ganaderos y hacendados del término, el Barranco del Buitre y Las Tabernillas.

En las sierras de Cazorla y Segura el patrimonio público se incrementó décadas después con la compra de pequeñas fincas por parte del Patrimonio Forestal del Estado, entidad administrativa estatal encargada de gestionar los montes de régimen público, creado en 1935 por la Segunda República Española, que se mantuvo durante la dictadura franquista, para completar y dar continuidad a la masa forestal existente. Una actuación que se desarrolló en el marco del programa repoblador

15 Real Orden de 26 de noviembre de 1896.

16 Sumando una cifra cercana a cincuenta mil hectáreas, con una amplia representación en los municipios segureños y con el caso muy destacado del monte Las Villas Mancomunadas, un predio de Iznatoraf, Sorihuela, Villacarrillo y Villanueva del Arzobispo de veintitrés mil hectáreas (Sánchez Martínez, 1998).

17 Copia de la Escritura de transacción otorgada en 10 de noviembre de 1893 entre los actuales dueños de los bienes procedentes del antiguo señorío de la villa de Castril y hacendados y vecinos de la misma y Copia de Escritura de 1971 de cumplimiento de transacción y compraventa, otorgada de una parte, Don Carlos José Domínguez Valdivieso, en representación de Doña Consuelo Monzón Marín, y de otra, el Ayuntamiento de Castril, representado por su alcalde-presidente, Don Joaquín Perales Sánchez.

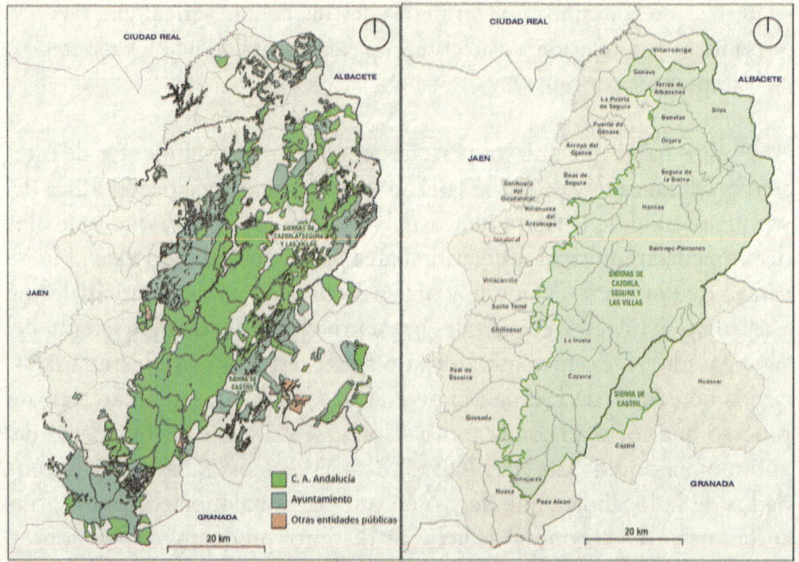

Figura 2. Montes públicos en los municipios de los parques naturales y su área de influencia (izqda.) y delimitación de los parques naturales de las sierras de Cazorla, Segura y Las Villas y de la sierra de Castril (dcha.). Fuente: elaboración propia a partir de los Datos Espaciales de Referencia de Andalucía (DERA-100). IECA, Junta de Andalucía.

que en aquellos momentos protagonizó la intervención pública en amplias zonas del país (Sánchez Martínez, 1998). En cambio, las compras realizadas en los municipios de Castril y Huéscar fueron más modestas y posteriores (por parte ya de la Comunidad Autónoma de Andalucía), dándose la circunstancia de que buena parte de las adquisiciones se sitúan fuera del parque natural de Castril (Mesa Garrido, 2018).

Como se puede observar en los mapas de la figura 2, la delimitación del espacio protegido de ambos parques naturales se adapta, en gran medida, a la propiedad forestal pública. No obstante, se dejan fuera varios predios de gran importancia localizados en el municipio de Huéscar, como el Pinar de la Vidriera, comprado por la Junta de Andalucía a la casa ducal de Alba; al igual que Dehesa del Horcajón y Obispo o la Umbría de la Sagra, de propiedad municipal. Estos montes, incluidos en el Catálogo de Utilidad Pública, que tienen un reconocido valor ambiental, están incluidos en el Lugar de Interés Comunitario «Sierra de La Sagra» y han sido considerados en la elaboración del Plan de

Figura 3. Pastizal y repoblación forestal en el Monte Dehesa Boyal, de Santiago-Pontones (izqda.) e instalaciones abandonadas del aserradero de Renfe en Vadillo-Castril, en el Monte Navahondona, Cazorla (dcha.). Fuente: archivo fotográfico de José Domingo Sánchez Martínez.

Ordenación de los Recursos Naturales, que se pretende preceda a la declaración de un parque natural con idéntica denominación[18].

De esta manera, considerando esos últimos predios, en los municipios que incluyen parte de sus términos en el parque natural de Castril o se encuentran en su área de influencia socioeconómica[19], los montes de utilidad pública acumulan 7 417 hectáreas, casi todas municipales (7 381), mientras que los de la Junta de Andalucía sólo alcanzan 36. Por su parte, en los municipios que participan en el Parque Natural de Cazorla, Segura y Las Villas y su área de influencia acumulan 140 709 hectáreas de utilidad pública, siendo mayoritarios los de propiedad estatal adscritos a la Junta Andalucía que suponen 87 614 hectáreas, mientras pertenecerían a los ayuntamientos 53 095[20]. Hay que tener en cuenta que este último parque tiene una extensión total de 209 762 hectáreas, mientras que el de Castril se extiende por 12 696.

18 Acuerdo de 14 de marzo de 2023, del Consejo de Gobierno, por el que se aprueba la formulación del Plan de Ordenación de los Recursos Naturales del ámbito de la sierra de La Sagra, Boletín Oficial de la Junta de Andalucía, https://www.juntadeandalucia.es/boja/2023/52/index.html

19 Para la redacción de los planes de desarrollo sostenible de los parques naturales se consideran todos los municipios que aportan territorio a los mismos, además de los circundantes que se ven influenciados más directamente por la declaración. En esta última situación se hallan Huéscar respecto al parque natural de la sierra de Castril, y Puente de Génave, Villarrodrigo y Arroyo del Ojanco en relación al parque natural de Cazorla, Segura y Las Villas.

20 Estadísticas oficiales de Rediam (Red de Información Ambiental de la Junta de Andalucía). https://www.juntadeandalucia.es/medioambiente/portal/acceso-rediam/estadisticas/estadisticas-oficiales

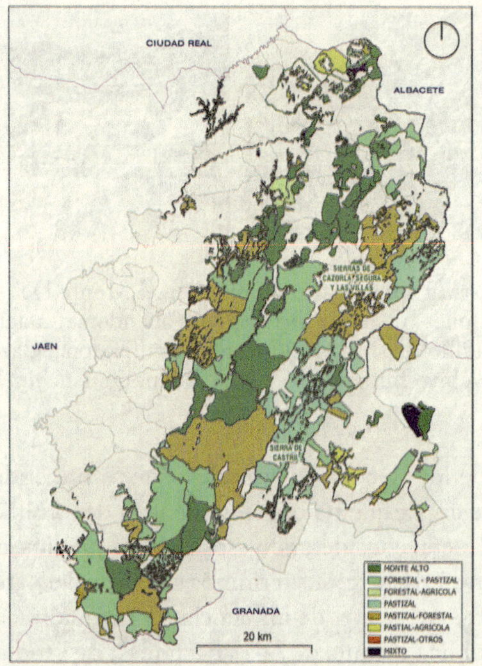

Figura 4. Uso del suelo predominante y vocación productiva de los montes públicos en las sierras Castril, Cazorla, Segura y Las Villas (2023). Fuente: elaboración propia a partir de los Datos Espaciales de Referencia de Andalucía (DERA-100) y SIGPAC. IECA, Junta de Andalucía y FEGA.

Si nos fijamos en el uso del suelo predominante en cada uno de estos montes públicos (Figura 4), se observa que aquellos que tienen una vocación de aprovechamiento maderero más claro («monte alto»), son los que fueron sometidos a proyectos de ordenación a finales del siglo XIX, una de las primeras acciones que se encomendó a la administración forestal una vez que los asuntos relativos a la propiedad se iban aclarando. Inicialmente, este documento para gestionar científicamente los recursos del monte se redactó para el grupo de montes que componen el núcleo de la cabecera del río Guadalquivir, para seguir luego en la Garganta del río Hornos, que es su tributario, y el entorno a Río Madera, afluente del río Segura.

Desde luego, dada su estratégica localización y significación superficial, no es de extrañar que la ordenación de montes se pusiera en marcha de manera pionera y sistemática en España en varios de los montes del Estado emplazados en la cabecera del Guadalquivir. El objetivo era la planificación de la explotación de sus recursos madereros con un horizonte a medio plazo (Araque Jiménez, Moya García y Pulido Mérida, 2012). Para alcanzar ese fin se debían realizar previsiones a partir de planes decenales, diferenciando en el interior de los montes secciones y cuarteles, con el propósito de ir regularizando las características de los árboles (principalmente de pino salgareño). De esa manera, se quería hacer frente a la mayor imprevisibilidad existente en las cortas con los planes anuales de aprovechamiento, que era el sistema empleado para el resto de los montes públicos en cada uno de los distritos forestales.

El aprovechamiento ordenado de los montes españoles se inspiró en acciones implementadas en las áreas forestales de Sajonia, siguiendo las teorías de Robert Hartig y Johan Heinrich Cotta. Este sistema se asentó con la promulgación del Real Decreto de 5 de mayo de 1890 sobre los Planes de Ordenación y las correspondientes Instrucciones que lo desarrolla, de 31 de diciembre de ese mismo año, tras algunos pequeños ensayos décadas antes en Ávila y Guipúzcoa, y las pruebas realizadas en Segovia para la formación de los alumnos de la Escuela de Montes (Gómez Mendoza, 1992; Pulido Mérida, 2012). Posteriormente estas normas se modificaron, cambiando los principios técnicos y métodos que se pretendían llevar a cabo (ordenar transformando, entresaca regularizada, método de control, aclareo sucesivo, ...), tras la experiencia alcanzada en los montes en los que se fue procediendo a su ordenación, las circunstancias históricas por las que ha pasado el país y los cambios más recientes hacia la gestión multifuncional de los espacios forestales (Badillo Valle, *et al.*, 2012).

En cualquier caso, en las primeras décadas de ordenación en el tránsito de los siglos XIX y XX, la administración forestal buscó un sistema que debía alcanzar un beneficio económico a partir de los aprovechamientos, principalmente los madereros, sin dejar de lado los principios ecológicos, conjugando los réditos que se obtuvieran sin mermar, e incluso mejorando, el capital forestal (Sánchez Martínez, 1998). En ese sentido, la determinación del período de crecimiento necesario para alcanzar la edad de corta, junto con el cálculo de la posibilidad (esto es, la cantidad de biomasa acumulada en ese tiempo que debería ser extraída del monte) resultaron fundamentales para conseguir un manejo sostenido de los recursos.

Frente a esos montes altos maderables en los que se iniciaron los trabajos de ordenación, nos encontramos con los que tienen un uso eminentemente pastoril, como ocurre en las zonas altas en el límite entre las sierras de Segura y Castril, en los municipios de Santiago-Pontones y Castril, conformando el área de los Campos de Hernán Perea. En una situación intermedia se hallan la mayoría del resto de montes, en los que se han de conjugar ambas vocaciones, y así se procede en los objetivos marcados por la administración forestal, teniendo en cuenta, en cualquier caso, que la actividad maderera se encuentra hoy día en decadencia.

En efecto, la situación actual es de reducción a niveles mínimos de la saca de madera, que fue muy activa hasta los años setenta del siglo XX por parte de la empresa Explotaciones Forestales, dependiente de Renfe. Esto se debe, en parte, a la lejanía de los principales centros de consumo, pero, especialmente, por los altos costes que suponen las exigencias de las cortas controladas y la limpieza de los restos leñosos (Araque Jiménez, 2016), frente a lo que ocurre en otros lugares del mundo, donde la explotación es más agresiva y carente de medidas de control. Y sucede esto a pesar de que siete de los diecinueve montes públicos de Andalucía que se encuentran certificados por el Sistema FSC (*Forest Stewardship Council®*) están en la cabecera del río Guadalquivir (Navahondona, Poyo de Santo Domingo, Guadahornillos, Calar de Juana y Acebadillas, Cerros del Pozo, Vertientes del Guadalquivir y Cerro de Hinojares)[21]. Otros cuatro más están adscritos al Sistema PEFC (*Programme for the Endorsement of Forest Certification Schemes*), éstos en la sierra de Segura (Desde Aguamula a Arroyo Montero, Poyo Segura, Las Malezas de Santiago y Bujaraiza). Quiere esto decir que la explotación forestal y la conservación de los valores naturales existentes en el interior de área protegida es perfectamente compatible; es más, es que estos montes ordenados y explotados históricamente son los que soportan las áreas de mayor biodiversidad. Buena prueba de ello son los datos ofrecidos por Badillo Valle (en Nieto Ojeda, 2024), que indica que el monte Navahondona disponía de algo más de seiscientos mil metros cúbicos de madera en pie en 1905, mientras que hoy tiene una cantidad superior al cuádruple, habiéndose aprovechado en este tiempo más de setecientos mil metros cúbicos y conservando la mayor parte de las especies endémicas que están presentes en el espacio protegido.

21 https://www.juntadeandalucia.es/medioambiente/portal/landing-page-%C3%ADndice/-/asset_publisher/zX2ouZa4r1Rf/content/certificaci-c3-b3n-forestal/20151#collapseService3

La evolución de los usos del suelo, la población y el poblamiento

Por más que la implantación de la administración forestal, con la creación de los distritos forestales de Jaén (1856)[22] y Granada (1859)[23], tuviera como prioridad la extensión del monte alto y la extracción de madera, el incremento demográfico y el *hambre de tierras* observado durante esas décadas requería atender otro tipo de necesidades. En esos momentos los terrenos de pasto y, especialmente, las huertas y los campos cerealistas, ocupaban grandes extensiones en estas sierras, incluso en el interior de los montes públicos. En determinadas ocasiones, ocupando terrenos que por altitud o pendiente resultaban marginales o necesitados del empleo de grandes dosis de energía humana y animal para mantener en niveles tolerables las condiciones productivas (con regadío tradicional, cultivando en terrazas, con aportes de abonado orgánico), de acuerdo a los recursos que podían obtenerse.

A finales del siglo XIX, una miríada de pequeños núcleos de población salpicó el territorio, especialmente en la sierra de Segura, donde resultó frecuente que el porcentaje de población que vivía fuera del núcleo principal superara al que lo hacía en el mismo. Como se puede apreciar en la figura 5, este poblamiento disperso se fundamentó en la expansión de la frontera agrícola por los lugares topográfica y edafológicamente más propicios: fondos de valle, laderas menos pronunciadas, pequeñas geoformas cóncavas asociadas a la peculiaridad del relieve cárstico y, de manera muy destacada, en el altiplano de lo que hoy es el municipio de Santiago-Pontones, una zona convertida en el granero del término. El poblamiento llegó prácticamente a cualquier lugar en el que se pudiera construir una vivienda y disponer de una parcela anexa para la práctica de una agricultura de subsistencia, que se completaba con la extracción de recursos del monte y el pastoreo.

Justamente, la roturación del monte para la agricultura fue una fuente de conflicto social cuando la administración forestal trató de sanear la propiedad pública. Como hemos dicho, a los distritos forestales se les encomendó ampliar y mejorar el monte alto maderable y eso requería

22 Real Decreto de 13 de noviembre de 1856 (Gaceta de Madrid del 15 de noviembre de 1856).

23 Real Decreto de 12 de junio de 1859 (Gaceta de Madrid del 13 de junio de 1859).

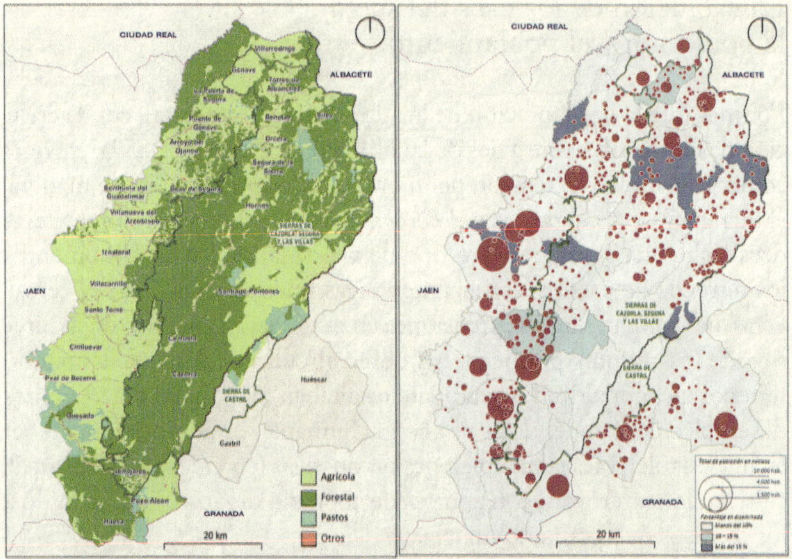

Figura 5. Usos del suelo, por grandes categorías, en el último tercio del siglo XIX (izqda.) y entidades de población en 1887 (dcha.). Fuente: elaboración propia a partir Minutas Cartográficas del IGN y Nomenclátor de Población a 1 de enero de 1888.

tener certezas sobre la propiedad y eliminar todo uso que fuera incompatible. Para solventar esta situación, en ciertos momentos de finales del siglo XIX se produjeron, en unos casos, el reconocimiento a la propiedad plena de las pequeñas roturaciones, en el marco del proceso de desamortización civil de montes enajenables, aunque esta era una medida política que se venía realizando desde las Ordenanzas de Montes de 1833 y especialmente con la aparición de la R. O. de 24 de agosto de 1834 (Araque Jiménez, 1997; Moya García, 2007).

En otros casos, los más habituales en esta zona, al ser mayoritariamente montes exceptuados de la venta en el marco de la desamortización civil, se permitió el mantenimiento de la ocupación de las mismas, pero sin acceder al pleno dominio («roturaciones autorizadas»). Para ello se realizaba un contrato que obligaba al pago de un pequeño canon y a la promesa de no extender la parcela aprovechada, haciéndose a los vecinos instalados incluso de ser responsables de los daños que se pudieran producir en un entorno de quinientos metros alrededor de aquélla. Otro grupo, finalmente, quedó clasificado como

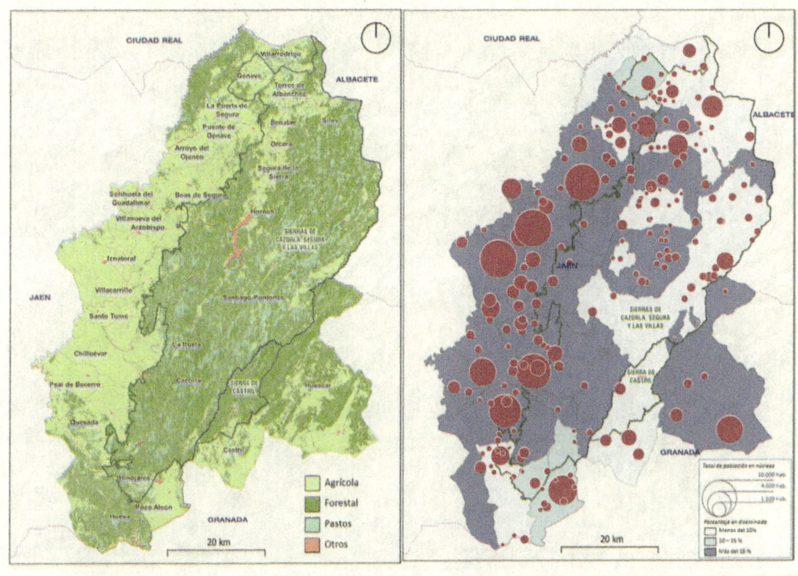

Figura 6. Usos del suelo, por grandes categorías, en 1956 (izqda.) y entidades de población en 1950 (dcha.). Fuente: elaboración propia a partir de la Cobertura de Usos del Suelo de Andalucía (REDIAM, 1956) y del Nomenclátor de 1950.

«roturaciones arbitrarias», que eran denunciadas y, en principio, debían ser abandonadas.

Esta situación de terrenos agrícolas y pastizales cambió drásticamente con la aplicación de la política de repoblación forestal desarrollada en plena dictadura franquista, si bien era una aspiración que se venía reclamando desde el regeneracionismo finisecular. El resultado fue la masiva salida de roturadores, una medida que fue muy contestada, como quedó de manifiesto en la localidad de Santiago de la Espada, donde se hizo necesaria la intervención del Gobernador Civil para apaciguar los ánimos (Ayuntamiento de Santiago de la Espada, 1961; Sánchez Martínez, 1998). Esto no impidió que los terrenos agrícolas, especialmente, y parte de los pastizales fueran estrechados. Pero no podemos olvidar que, junto a la salida forzosa de roturadores –sobre todo en la cuenca de recepción del embalse del Tranco, con la intención de reducir las zonas agrícolas de las que aquéllos dependían y así evitar la erosión procedente de las mismas en sus fuertes pendientes, que llevaría al progresivo entarquinamiento del embalse–, estaba en marcha

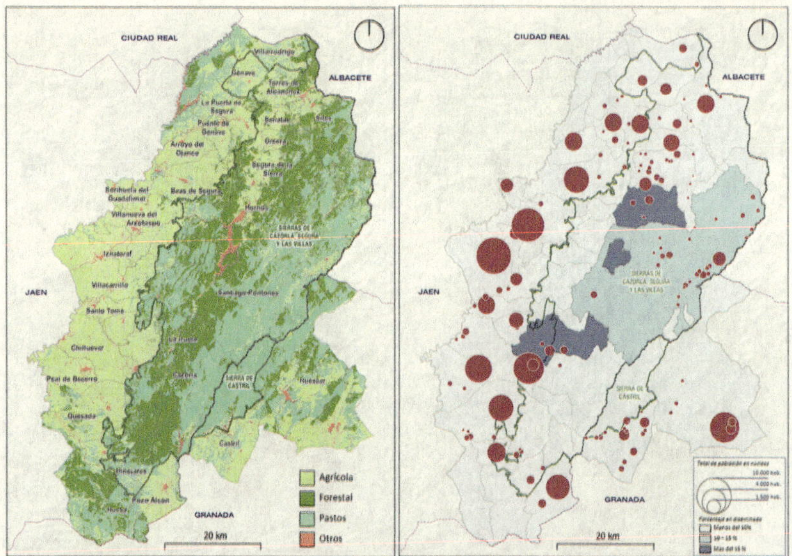

Figura 7. Usos del suelo, por grandes categorías, en 2023 (izqda.) y entidades de población ese mismo año (dcha.). Fuente: elaboración propia a partir de SIGPAC-2023 y el Nomenclátor de Población de 2023.

también una salida demográfica que se volverá imparable en las décadas centrales del siglo xx.

Una parte de la población expulsada fue reasentada en los poblados de colonización que en aquellos momentos se estaban construyendo en las campiñas del Guadalquivir (Gallego Simón, Sánchez Martínez y Araque Jiménez, 2003), mientras que miles de serranos se vieron forzados o aprovecharon la oportunidad de emigrar a las ciudades españolas que en aquellos momentos se constituyeron en los polos de atracción de un éxodo rural generalizado. Ciertamente, aunque las fuentes no son perfectamente asimilables con las empleadas para ilustrar la situación de finales del xix, la cartografía de mediados del siglo xx nos ofrece una imagen muy distinta en relación a la distribución espacial de la población y los usos del suelo (Figura 6); marcando unas tendencias que no harán sino reforzarse posteriormente.

La simplificación en los usos del suelo, que, a esta escala del mapa, de carácter comarcal, está más marcada, al simplificarse en el sistema automático de la fuente utilizada (REDIAM), junto a la reducción y concentración espacial de la población, en efecto, es la culminación de

Figura 8. Núcleo turístico de Arroyo Frío en La Iruela, sierra de Cazorla (izqda.) y hábitat disperso en la vega de Santiago de la Espada, sierra de Segura (dcha.). Fuente: archivo fotográfico de José Domingo Sánchez Martínez.

un cambio de modelo territorial que tiene su origen en la desagrarización de la media montaña mediterránea. La situación actual de los usos del suelo (Figura 7) muestra, no obstante, la permanencia e importancia de las áreas de pastizales en la altiplanicie de los Campos de Hernán Perea, un espacio fundamental para la actividad ganadera. Por su parte, el espacio agrícola, mermado por abandono respecto a sus máximos históricos está mayoritariamente dedicado a olivar, mientras que los mosaicos hortofrutícolas y los campos de cereal han ido reduciendo su presencia. Con todo ello, el interior más propiamente serrano ha ido consolidando la pérdida de peso demográfico y económico que llegó a tener en el pasado. Justamente, uno de los cambios fundamentales en la actualidad se encuentra en la reducción de la red de aldeas y cortijadas que había caracterizado a estos macizos montañosos. En el caso del poblamiento tradicional en diseminado, solo se mantiene en el municipio de Santiago-Pontones, ya que en Hornos y La Iruela, en los que está por encima del 15%, se debe a la aparición de infraestructura turística, asentada principalmente desde los años 80, en el entorno del pantano del Tranco (Figura 8).

En la tabla 2 se puede observar que la evolución demográfica del conjunto de sierras que estamos analizando ha sido parejo entre las distintas áreas que se integran en ambos parques naturales, con un máximo a mediados del siglo pasado. La población total en estos momentos es bastante similar a la existente a finales del XIX, si bien su composición, estructura y características difieren por completo. Por otra parte, se observa cómo las pérdidas han sido mayores en los ámbitos que hoy están protegidos. La población, por tanto, se ha ido concentrando en los núcleos de mayor tamaño y menor aislamiento.

Tabla 2. Evolución de la población en el largo plazo por ámbitos serranos y diferenciando la población de acuerdo a la actual delimitación de los parques naturales existentes (*)

Ámbito	1877			1950			2023		
	PN	**AIS**	**Total**	**PN**	**AIS**	**Total**	**PN**	**AIS**	**Total**
Cazorla	1 461	25 895	27 356	3 545	55 479	59 024	616	28 497	29 113
Segura	20 265	9 335	29 600	35 585	24 859	60 444	9 882	11 591	21 473
Las Villas	413	18 800	19 213	1 566	39 829	41 395	0	19 929	19 929
Castril-Huéscar	121	10 958	11 079	1 844	11 690	13 534	0	9 043	9 043
Total	22 260	64 988	87 248	42 540	131 857	174 397	10 498	69 060	79 558

(*) PN: en el interior del espacio protegido; AIS: en el resto del territorio de los municipios que forman el área de influencia socioeconómica.
Fuente: Nomenclátor de población de los años citados.

De espacio productivo a espacio protegido y reserva de recursos naturales

La reducción de las funciones productivas primarias se ha acompasado con la expansión de las medidas proteccionistas y el auge del turismo y las actividades recreativas. A mediados de los años setenta del siglo pasado se propuso la creación de un parque natural en la zona de Cazorla y Segura, que tuvo un fuerte rechazo por entenderse que podría colisionar con la intensa actividad maderera que entonces se desarrollaba. Pero la despoblación y desagrarización de la montaña mediterránea bética permitiría recuperar esta idea tan solo unos años más tarde. La creación de los parques naturales será, de hecho, el detonante definitivo de un nuevo paradigma territorial y ambiental. Y esta realidad toma cuerpo con la redacción de los respectivos planes de ordenación de los recursos naturales (PORN) y planes rectores de uso y gestión (PRUG). A partir de ellos se establece la zonificación del territorio, considerando diferentes niveles de protección muy en relación con sus características ambientales y, por tanto, con la diversidad de ecosistemas existentes (Figura 9).

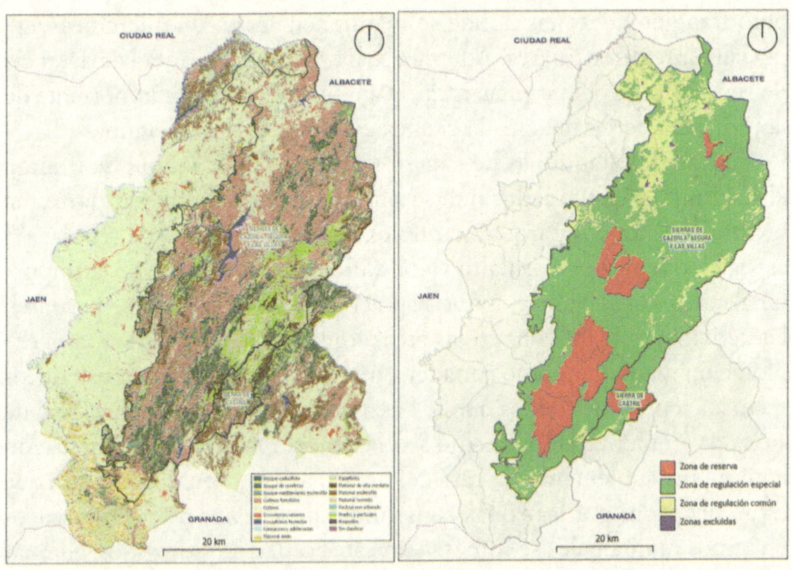

Figura 9. Diversidad de ecosistemas (izqda.) y zonificación en los parques naturales del ámbito de estudio (dcha.). Fuente: Red de Información Ambiental de Andalucía. Junta de Andalucía.

Las zonas de una mayor importancia ambiental, denominadas de reserva, fijadas por sus relevantes valores ecológicos, científicos, culturales y paisajísticos, que exigen el mantenimiento de sus características, justamente se extienden en el caso del parque natural de Cazorla, Segura y Las Villas coincidiendo mayoritariamente con los montes públicos en los que se aplicó el sistema de ordenación de montes de forma pionera a finales del siglo XIX. Los mismos están poblados principalmente por bosques de pinos laricios, existiendo igualmente áreas de quejigales y acerales del originario bosque caducifolio y de formaciones singulares como las acebedas, tejedas y bojedas[24].

En cambio, en el parque natural de la sierra de Castril las zonas de reserva se asientan de manera principal sobre terrenos particulares, en los que se protege igualmente algunas formaciones de pinos laricios,

24 Decreto 191/2017, de 28 de noviembre, por el que se declara la zona especial de conservación sierras de Cazorla, Segura y Las Villas (ES0000035) y se aprueban el Plan de Ordenación de los Recursos Naturales y el Plan Rector de Uso y Gestión del parque natural sierras de Cazorla, Segura y Las Villas (BOJA nº 246 del 27 de diciembre de 2017).

pero también las zonas donde se mantienen áreas con quercíneas, especialmente de encinares. Además, se ha tenido en cuenta la existencia de cuevas, en las que se encuentra el lago subterráneo más importante de la provincia de Granada, y la cuenca endorreica de La Laguna[25].

Aparte de estas zonas de superior protección, en las que se limitan al máximo las actividades que se pueden realizar, la mayor parte del territorio de ambos parques naturales se clasifican como de regulación especial, que reconoce su alto valor ambiental, pero a su vez la importancia de los usos primarios que se practican. En las mismas se permiten las actividades habituales en las áreas forestales, como son tanto la explotación maderera, como ganadera, intentando un adecuado uso de los recursos renovables en los que se basan, a la vez que la conservación de su valor ambiental. Finalmente se encuentran las zonas de regulación común, principalmente de carácter agrícola, y las zonas excluidas, que están ocupadas por las zonas construidas de algunos de pueblos cuyos términos municipales se integran en estos espacios protegidos, además de ciertas zonas en las que se ha expandido la urbanización asociada a la actividad turística.

Hay que señalar que las previsiones de desarrollo económico que se plantearon al crearse en 1986 el parque natural de las sierras de Cazorla, Segura y Las Villas, si bien no se han cumplido en el sector madero, sí se han alcanzado en parte para el sector ganadero, no sin dificultades, basado en la raza autóctona segureña. En el caso del parque natural de la sierra de Castril, aprobado en 2006, se hace igualmente incidencia en la ganadería, proponiendo que se fueran introduciendo prácticas sostenibles, como la ganadería de carácter ecológico, destacándose el reconocimiento de la Indicación Geográfica Protegida (IGP) del cordero segureño.

Otra actividad que ha conocido una notable expansión ha sido la olivicultura, que se ha convertido en prácticamente un monocultivo, con algunas experiencias pioneras de carácter ambiental, como fue la transformación al cultivo ecológico en el municipio de Genave; y la creación de denominaciones de origen protegido para las sierras de Cazorla y Segura. En pureza, no obstante, hay que indicar que ha sido el efecto de la política agrícola común la que ha propiciado el auge aceitero. Por su parte, el turismo ha conocido también una expansión sin precedentes, con un eje

25 Decreto 98/2005, de 11 de abril, por el que se aprueban el Plan de Ordenación de los Recursos Naturales y el Plan Rector de Uso y Gestión del parque natural sierra de Castril (BOJA nº 110 del 8 de junio de 2005).

Figura 10. Alojamientos y otros recursos turísticos en el ámbito de estudio. Fuente: elaboración propia a partir de los Datos Espaciales de Referencia de Andalucía (DERA-100). IECA, Junta de Andalucía.

principal en el trayecto que va desde la localidad de Cazorla hasta el sector inicial del recorrido del río Guadalquivir, en el entorno de Arroyo Frío.

El turismo tuvo un primer arranque a partir de la práctica cinegética, afianzada con la declaración en 1960 del Coto Nacional de Caza[26] y la posterior construcción del Parador Nacional de Turismo, teniendo como base las fincas públicas que rodean los primeros kilómetros del río Guadalquivir, hoy día dentro de la zona de reserva, que atraía a un limitado y seleccionado grupo de monteros. El definitivo impulso de llegada de visitantes, protagonizado por más amplias capas de la población, se produjo con la promoción alcanzada a partir de los documentales de la serie de «El Hombre y La Tierra» de Félix Rodríguez de la Fuente de los años 70 (Sánchez Martínez, Araque Jiménez y Moya García, 2012; Mesa Garrido, 2015) y la adecuación de numerosas áreas recreativas construidas por el Instituto Nacional para la Conservación de la

26 Ley 17/1960 de 17 de julio. BOE del 22 de julio de 1960.

Figura 11. Embalses del Tranco de Beas (izqda.) y San Clemente (dcha.).
Fuente: archivo fotográfico de José Domingo Sánchez Martínez.

Naturaleza, creado en 1971 para sustituir a la administración forestal existente hasta ese momento, la Dirección General de Montes, adscrita al Ministerio de Agricultura. Con esta perspectiva de protección de la naturaleza, la percepción que se alcanzó de las zonas más agrestes de estas sierras era la de un espacio cuasi prístino, que es la que se sigue fomentando en el imaginario colectivo, a pesar de la fuerte acción humana sobre estos paisajes. El caso es que este territorio cuenta hoy con una gran capacidad turística (Figura 10).

Esto no es óbice para que se tenga que poner de manifiesto que estas sierras generan una serie de servicios ambientales. En su interior hallan cobijo una gran cantidad de endemismos, tanto vegetales, como de fauna, además de especies emblemáticas y amenazadas en ambos reinos, como el tejo común (*Texus baccata*) y el acebo (*Ilex aquifolium*) entre las de mayor porte en el primero, o el quebrantahuesos (*Gypaetus barbatus*) y la lagartija de Valverde (*Algyroides marchi*) en el segundo. Igualmente, acoge una importante nómina de mamíferos silvestres, principalmente ungulados, que siguen siendo objeto de caza.

Teniendo en cuenta este marco se declaró, primeramente, el territorio de las sierras de Cazorla y Segura como Reserva de la Biosfera en el año 1983 por la UNESCO[27]. Esta distinción internacional provocó que no se pudiera diferir por más tiempo que la administración pública andaluza procediera a declarar ese conjunto como parque natural de las sierras de Cazorla, Segura y Las Villas en el año 1986[28]. Con la promulgación de la

27 https://www.juntadeandalucia.es/medioambiente/portal/areas-tematicas/espacios-protegidos/otros-espacios-protegidos-caracter-internacional/reservas-biosfera/listado-reservas-biosfera-andalucia

28 Decreto 10/1986 de 5 de febrero (BOJA nº 22 de 15 de marzo de 1986).

Tabla 3. Relación de embalses existentes en el ámbito de estudio

Río	Municipio (presa)	Denominación	Capacidad (Hm^3)
Gualdaquivir	Santiago-Pontones, Hornos	Tranco de Beas	506
Guardal	Huéscar	San Clemente	117
Guadalentín	Pozo Alcón	La Bolera	56
Castril	Castril	El Portillo	31
Guadalimar	Siles	Siles	30
Aguascebas	Villacarrillo, Mogón	Aguascebas Chico	6
Segura	Santiago-Pontones	Anchuricas	6
Zumeta	Santiago-Pontones	La Novia/La Vieja	1

Fuente: https://embalses.net.

Ley 2/1989 se sumaría a su vez, en la zona granadina del conjunto montañoso, el parque natural de la sierra de Castril, norma con la que se creó el Inventario de Espacios Naturales Protegidos de Andalucía, declarándose y fijándose la mayoría de los existentes actualmente en la comunidad autónoma[29].

A la vez, el espacio serrano se ha ido consolidando como un reservorio de agua de gran importancia regional. Así, además de la abundancia de los recursos acuíferos y las aguas superficiales permanentes, el área se ha ido cubriendo de una serie de embalses de diferente dimensión y propósito, resultando algunos de ellos fundamentales para la regulación en cabecera y la organización de los regadíos en zonas circundantes, sobre todo en la demarcación hidrográfica del Guadalquivir. En total, acumulan una capacidad de embalse de setecientos cincuenta y tres hectómetros cúbicos (Tabla 3).

El mantenimiento de la actividad ganadera extensiva trashumante

Además de la madera, los aceites de oliva y el turismo, la ganadería cuenta con una gran tradición, importancia económica y potencial de

29 Ley 2/1989 de 18 de julio (BOJA nº 60 de 27 de julio de 1989).

desarrollo rural, y han sido los pilares sobre los que se ha buscado el desarrollo con más ahínco (Araque Jiménez, 2016). El Censo Agrario de 2020 ofrece la cifra de 23 075 cabezas de ganado bovino y 86 059 de ovino y caprino en ambos parques naturales juntos y sus áreas de influencia. De ellas, una parte mantiene el carácter extensivo y trashumante, al complementarse el altiplano, con una altitud media en la franja de los 1 600-1 700 metros, denominado Campos de Hernán Perea, como pastadero de verano, y los espacios de monte y dehesa de sierra Morena jiennense, con unas altitudes mucho más modestas. Este hecho la convierte en un espacio idóneo para la invernada del ganado, evitando así las crudas condiciones climáticas del altiplano segureño (Espín Sánchez, Conesa García y Olcina Cantos, 2021).

Esta complementariedad entre espacios relativamente cercanos justifica que hoy día se mantenga, por la cantidad de ganado movilizado, la que se puede considerar la actividad pecuaria de carácter trashumante más importante de la península ibérica, al participar tan sólo del municipio de Santiago-Pontones en torno a setenta y cinco ganaderos[30], mientras que en Castril apenas quedan 3 trashumantes de larga distancia (Godoy-Sepúlveda y otros, 2024). En este último caso, el desplazamiento se dirige hacia las partes más bajas al sur de su sierra o al altiplano de Guadix y Baza (800-1 000 metros de altitud), buscando aprovecharse de sus rastrojeras, si bien en el pasado también fue frecuente que algunos ganados se desplazaran a los pastaderos de sierra Morena y costeros de, por ejemplo, las provincias de Almería, Murcia o incluso Alicante.

Hasta consolidarse la situación actual, en gran medida propiciada por el favorable sistema de apoyo de diferentes políticas públicas (subsidios de la PAC, ayudas para el desplazamiento, creación de una indicación geográfica protegida para el ovino segureño), se han conocido numerosas vicisitudes históricas que conviene recordar. En el aprovechamiento del sector jiennense, los ganaderos tienen que acudir principalmente a los montes públicos, que durante el verano ocupan este

30 En el año 2023, 78 ganaderos de la provincia jiennense, prácticamente todos de Santiago-Pontones, recibieron una subvención en la línea 4 de acciones de apoyo a la ganadería trashumante, en el marco de la Convocatoria de Subvenciones del Área de Agricultura, Ganadería, Medio Ambiente y Cambio Climático de la Diputación de Jaén para el fomento y apoyo al sector agrícola y ganadero de la provincia de Jaén (BOP nº 98 de 23 de mayo de 2023). En cualquier caso, se calcula que son entre 30 y 40 los que completan toda la verea a pie, mientras que el resto trasladan el ganado en camiones.

altiplano casi en su totalidad. Una situación que no estuvo exenta de conflictos con la Administración Forestal hasta prácticamente el principio del siglo XX, según se explicaba por los sucesivos Ingenieros Jefes del Distrito Forestal de Jaén. Así se recoge en la memoria justificativa de uno de los primeros planes anuales de aprovechamientos (1873), elaborada por Bernardo de Tapia, en la que se indicaba que los vecinos consideraban de aprovechamiento común los montes del Estado, mientras que los ayuntamientos sí solían vender los pastos sobrantes (no consumidos por los vecinos) de las fincas del Caudal de Propios a particulares procedentes de fuera de sus términos municipales[31]. En aquellos momentos se destacaba que los pastos de verano eran de excelente calidad, gracias a las gramíneas y leguminosas que crecían en esa estación, por lo que eran refugio de ganaderos del resto de la provincia jiennense y de la de Granada.

Un par de años después, en 1875, el mismo ingeniero se volvía a quejar ante la superioridad de que sí se subastaban al completo los pastos de los montes municipales, principalmente en beneficio de las autoridades locales y los ganaderos más importantes de la zona[32]. Éstos procuraban que quedaran desiertas las primeras almonedas, para obtener rebajas en las siguientes subastas. Sólo en algunos casos y años concretos los sucesivos ingenieros reseñaban que a veces no se subastaban los pastos de los montes de propios de algún pueblo, como en Génave, por los que se pagaba su valor en prorrateo entre los vecinos, o Torres de Albanchez y Villarrodrigo, en los que los mismos no llegaban a pagar nada, denominándose de uso comunal en alguna ocasión, como en el monte municipal «Desde Miller hasta Tobos», de Santiago de la Espada, en 1881[33].

El control que llegaban a ejercer las familias más ricas de la zona, a través de los ayuntamientos, de los montes estatales era importante, según lo que expresan distintos ingenieros jefes a finales del siglo XIX, puesto que, según informaciones extraoficiales, aquéllos cobraban a todos los ganaderos que entraban en los mismos el 10% de la tasación que aparecía en el plan anual de aprovechamientos, que en teoría debía ir a

31 Memoria Justificativa del Plan de Aprovechamientos de 1873-74 del Distrito Forestal de Jaén.
32 Memoria Justificativa del Plan de Aprovechamientos de 1875-76 del Distrito Forestal de Jaén.
33 Memoria Justificativa del Plan de Aprovechamientos de 1875-76 y 1881-82 del Distrito Forestal de Jaén.

manos del Distrito Forestal para desarrollar mejoras en las fincas, quedándose en las arcas municipales[34]. Incluso, no sólo se cobraba, en este caso, el precio completo a los forasteros por los pastos de los montes estatales, sino que también a los vecinos que ocupaban roturaciones arbitrarias en estas fincas, y no por un canon modesto, sino que se les exigía un cuarto de las cosechas que recogían las familias en ellas[35].

Las resoluciones administrativas que recurrentemente realizaba la administración forestal desde Madrid, negando el uso comunal por parte de los vecinos de los montes estatales, no dieron resultado alguno, quedando reflejado este hecho en un Real Decreto de 1884[36]. Esta situación se debía a la falta de personal de vigilancia y la actitud de las autoridades locales, que se jactaban, como pasaba en Hornos, de quitar, por parte del secretario y el juez municipal, las denuncias que se realizaban por la Guardería Forestal[37]. Así, no fue hasta la aplicación de nuevas medidas administrativas en la década de los 90 del siglo XIX, en el proceso de subasta de los montes, que los ganaderos locales se decidieran a pagar plenamente por los pastos de esas fincas estatales, con la posibilidad de realizar un contrato de hasta cinco años, siempre que se alcanzara al menos el precio de tasación fijado. Así, en el año 1896-97 se habían conseguido rematar hasta treinta de los montes del Estado, a los que había que sumar los de esta propiedad que ya estaban regidos por un proyecto de ordenación[38], señalándose a principios de siglo que se habían rematado setenta y seis de los casi cien montes que estaban a cargo del Distrito Forestal de Jaén, incluidos tanto los municipales, como los estatales[39].

La aceptación por los vecinos de que se debía pagar por estos últimos se demuestra en el principal municipio ganadero de la zona, Santiago de la Espada (hoy integrado en Santiago-Pontones), ya que, en el año

34 Memoria Justificativa del Plan de Aprovechamientos de 1888-89 del Distrito Forestal de Jaén.
35 Memoria de Ejecución del Plan de Aprovechamientos de 1875-76 del Distrito Forestal de Jaén.
36 Memoria Justificativa del Plan de Aprovechamientos de 1888-89 del Distrito Forestal de Jaén.
37 Memoria de Ejecución del Plan de Aprovechamientos de 1878-79 del Distrito Forestal de Jaén.
38 Memoria de Ejecución del Plan de Aprovechamientos de 1896-97 del Distrito Forestal de Jaén.
39 Memoria de Ejecución del Plan de Aprovechamientos de 1901-02 del Distrito Forestal de Jaén.

Figura 12. Ganado trashumante en su vuelta a la sierra de Segura procedente de sierra Morena (izqda.) y panorámica de los Campos de Hernán Perea (dcha.). Fuente: archivo fotográfico de José Domingo Sánchez Martínez.

1908, la recién creada Sociedad General de Ganaderos de la localidad se había quedado con todos los montes públicos de su término por cuatro años[40]. Frente a este avance en la cooperación con el Distrito Forestal en Santiago de la Espada, cuyos ganaderos a partir de esas fechas habitualmente se han quedado con la totalidad o la mayoría de los montes públicos de su término[41], en el caso de Pontones, por la documentación disponible, no se produce la creación de una sociedad hasta principios de los años cuarenta, ya que no es hasta 1946 cuando la Hermandad de Labradores y Ganaderos de la localidad se queda con el remate de algunos montes, como eran Hoya Gérica o Cerro Quemado[42], que debió desaparecer un par de años después, ya que a partir de entonces no siguió rematante tal sociedad.

Esta diferencia entre ambos municipios, fusionados en 1975, supuso que en Santiago de la Espada los ganaderos se quedaban normalmente con el aprovechamiento de pastos de los montes públicos por el precio de tasación, y en algún caso por debajo de éste, si se presentaban en tercera o sucesiva subasta. En cambio, en Pontones, al asistir a las almonedas de manera individual, salvo un par de años, en ciertas ocasiones

40 Memoria Justificativa del Plan de Aprovechamientos de 1908-09 del Distrito Forestal de Jaén y Libro de Registro de aprovechamientos forestales de 1909-10.

41 En años sucesivos, según los libros de Registro de aprovechamientos forestales, de los que se conservan en el Archivo Histórico Provincial de Jaén hasta mediados de los años 60, el nombre de la sociedad ha ido cambiando («Junta Local de Ganaderos», « Grupo de Ganaderos de Santiago de la Espada», « Grupo Sindical de Ganaderos», « Sindicato Local de Ganaderos», « Hermandad Sindical de Labradores y Ganaderos»), dándose la circunstancia de que a principios de los años 60, el que aparecía como rematante era el propio ayuntamiento de la localidad.

42 Libro de Registro de aprovechamientos forestales de 1946-47.

Tabla 4. Presencia de la actividad ganadera de ovino y caprino en 2020.

Municipio	Número de explotaciones	Número de cabezas de ovino y caprino
Santiago-Pontones	123	92 156
Huéscar	83	32 992
Castril	83	32 733
Total	**289**	**157 881**

Fuente: Censo Agrario de 2020

el precio rematado estaba por encima de la tasación, especialmente a partir de los años cincuenta, al tener que pujar por el aprovechamiento entre los ganaderos locales, que igualmente solían ser los adjudicatarios finales. En cualquier caso, hasta mediados de siglo debía haber acuerdos tácitos entre los mismos, ya que muchas veces el precio alcanzado era el fijado inicialmente por la administración forestal.

A día de hoy, se mantienen dos asociaciones en la zona, en la forma jurídica de Sociedad Agraria de Transformación («Sierra de Segura» y «Pastos de Pontones»). Castril, igualmente cuenta con una asociación que se encarga de gestionar el acceso y distribuir las cargas pecuarias, cobrándose una pequeña cantidad por cabeza que pasta en los montes municipales, para cubrir los gastos de mantenimiento y mejora de infraestructuras, como son los apriscos o los bebederos para el ganado. Hay que destacar, igualmente, el protagonismo de Huéscar, donde se radican la sede de la Indicación Geográfica Protegida del Cordero Segureño y de la Asociación Nacional de Criadores de Oveja Segureña (ANCOS). De esta manera, en tres municipios se acumulan la mayor parte de los ganados de estas comarcas (Tabla 4). Muy por detrás, con poco más de siete mil cabezas entre ovinos y caprinos, se encuentra la localidad de Cazorla.

Reflexiones finales

La riqueza forestal de las sierras de Segura, Cazorla y Castril se acompaña del mantenimiento de un original sistema ganadero extensivo trashumante, que se conforma con dos extremos que se complementan, y se estructura mediante los caminos e infraestructuras que hacen posible el desplazamiento, las personas que han creado y mantienen un modo de vida entroncando en la tradición rural y las especies de rumiantes que se han aclimatado a las características del territorio. La adaptación de este sistema a las mudanzas del tiempo son un enorme desafío, pero, a menudo, la mejor solución puede encontrarse en la propia tradición conservada. Un ejemplo es la estrategia de diferenciación de la carne procedente de la oveja segureña (Indicación Geográfica Protegida) y criada en áreas protegidas (Marca Parque Natural). A la generación de empleo y renta por la estima del producto y su entorno ambiental habría que sumar también el derivado de sus atributos y valores paisajísticos (Araque Jiménez, 2013b), e incluso las posibilidades didácticas de lo que es un gran laboratorio y museo al aire libre (Palazón Botella, *et al.*, 2022).

En ese sentido, Los Campos de Hernán Perea son, sin duda, el ámbito ganadero de mayor interés de la zona (Araque Jiménez, 2013). Más allá del peso económico y territorial que ostentan, representan además una serie de características que bien permitirían pensarlo como candidato a engrosar la nómina del registro de paisajes de interés cultural de Andalucía (Fernández *et al.*, 2015). En los años setenta, de hecho, figuró ya como «paisaje sobresaliente» en un inventario realizado por el Instituto Nacional para la Conservación de la Naturaleza (1977). Esta iniciativa ayudó a reconocer y divulgar su originalidad, pero no a su salvaguarda efectiva, por más que una parte de este paisaje se citara en el Plan de Ordenación del Territorio de la sierra de Segura (Junta de Andalucía, 2003) como «espacio de protección territorial».

Este altiplano segureño es, en efecto, una pieza fundamental para el mantenimiento de la ganadería extensiva trashumante en el sur peninsular ibérico, atesora una historia local del acceso y manejo de los recursos naturales de gran trascendencia socioambiental, cuenta con un modelado de especial interés geomorfológico y se fue dotando de una serie de elementos paisajísticos (teinadas, cortijos, vías pecuarias, refugios, aguaderos) que salpican un territorio profundamente humanizado. Es, en definitiva, un ejemplo vivo de la creación de una relación armónica entre la sociedad y el medio ambiente, de un sistema agroalimentario que, más allá de cumplir con sus fines básicos, ha ido añadiendo una riqueza patrimonial que, como decimos, debería ser institucionalizada. Cabe recordar, a este particular, que la UNESCO declaró a la trashumancia –en 2019 para Italia, Grecia y Austria; con una ampliación

Figura 13. Los Campos de Hermán Perea en verano (izqda.) y con presencia de parcelas de labor (dcha.). Fuente: archivo fotográfico de José Domingo Sánchez Martínez.

en 2023 en la que se incorporó España– Patrimonio Cultural Inmaterial de la Humanidad, destacando los conocimientos ambientales de los pastores y que «contribuye a la inclusión social, al fortalecimiento de la identidad cultural y de los lazos entre familias, comunidades y territorios, contrarrestando los efectos de la migración rural»[43].

Bibliografía

Araque Jiménez, Eduardo (1997), *Privatización y agresiones a los montes públicos jiennenses durante la segunda mitad del siglo XIX*, Diputación Provincial de Jaén, Jaén.

— (2013a), «Evolución de los paisajes forestales del Arco Prebético. El caso de las sierras de Segura y Cazorla», *Revista de Estudios Regionales*, 96, pp. 321-344.

— (2013b), «Territorio y patrimonio rural en las sierras de Cazorla, Segura y Las Villas. Nuevas perspectivas de investigación», *Revista ph Boletín del Instituto Andaluz de Patrimonio Histórico*, 84, pp. 24-47.

— (2016), *El parque natural de las sierras de Cazorla, Segura y Las Villas. Treinta años después*, Consejo Económico y Social de la provincia de Jaén, Jaén.

— (2018), *Los últimos pineros: el transporte fluvial de madera desde las sierras de Segura y Cazorla (1894-1950)*, Universidad de Jaén, Jaén.

43 https://ich.unesco.org/es/RL/la-trashumancia-desplazamiento-estacional-de-rebanos-01964

Ayuntamiento de Santiago de la Espada (1961), *Informe sobre dificultades existentes entre el Patrimonio Forestal del Estado y el vecindario de este término municipal y sus posibles soluciones*, original mecanografiado.

Badillo Valle, Valentín, Tortosa Lagares, Antonio, Sainz Luque, Raquel y Sotomayor Palma, Eva María (2012), «Monte Navahondona, evolución de su ordenación y sus recursos madereros», en Araque Jiménez, Eduardo y Moya García, Egidio (eds.) *Aprovechamientos madereros en los montes jiennenses (siglos XVIII-XX)*, Universidad de Jaén, Jaén, pp. 161-225.

Catálogo de los Montes Públicos exceptuados de la Desamortización hecho por el Cuerpo de Ingenieros de Montes en cumplimiento de lo dispuesto por el Real Decreto de 22 de Enero de 1862 y Real Orden de la misma fecha (1864), Imprenta Nacional, Madrid.

Catálogo de los Montes y demás terrenos forestales exceptuados de la Desamortización por razones de utilidad pública. Formado en cumplimiento a lo dispuesto en el Artículo 4 del Real Decreto de 27 de Febrero de 1897 (1901), Imprenta de la Sucesora de M. Minuesa de los Ríos, Madrid.

Clasificación General de los Montes Públicos hecha por el Cuerpo de Ingenieros del ramo en cumplimiento de lo prescrito por Real Decreto de 16 de Febrero de 1859 y Real Orden de 17 del mismo mes, y aprobada por Real Orden de 30 de Septiembre siguiente (1859), Imprenta de Ibarra, Madrid.

Copia de la Escritura de Transacción otorgada en 10 de Noviembre de 1893 entre los actuales dueños de los bienes procedentes del antiguo Señorío de la Villa de Castril y hacendados y vecinos de la misma villa (1895), Imprenta de la Vda. e Hijos de P. V. Sabatel, Granada.

Copia de la Escritura de 9 de febrero de 1971 de cumplimiento de transacción y compraventa, otorgada de una parte, Don Carlos José Domíguez Valdivieso, en representación de Doña Consuelo Monzón Marín, y de otra, el Ayuntamiento de Castril, representado por su Alcalde-Presidente, Don Joaquín Perales Sánchez.

Espín Sánchez, David, Conesa García, Carmelo y Olcina Cantos, Jorge (2021), «Polos fríos en el calar de Hernán Perea y Cabrilla (Jaén, España), factores sinópticos y de microescala», *Boletín de la Asociación de Geógrafos Españoles,* 90.

Fernández Cacho, Silvia y otros (2015), «Balance y perspectivas del Registro de Paisajes de Interés Cultural de Andalucía», *Revista*

PH, 88, Instituto Andaluz del Patrimonio Histórico, Sevilla, pp. 166-189.

Gallego Simón, Vicente José, Sánchez Martínez, José Domingo, y Araque Jiménez, Eduardo (2003), «Las conexiones entre las políticas forestal y de colonización agraria en el Alto Guadalquivir», en García Merchante, Joaquín Saúl y Vázquez Varela, Carmen (coor.), *Las relaciones entre las comunidades agrícolas y el monte: coloquio hispano-francés de geografía rural,* Universidad de Castilla-La Mancha, Cuenca, pp. 77-92.

Godoy-Sepúlveda, Francisco y otros (2024), «Governance, mobility, and pastureland ecology. An eco-anthropological study of three pastoral commons in Northeastern Andalusia», *Human Ecology*, vol. 52, pp. 303-318.

Gómez Mendoza, Josefina (1992), *Ciencia y Política de los montes españoles (1848-1936)*, Icona, Madrid.

Instituto Nacional para la Conservación de la Naturaleza (1977), *Inventario Nacional de Paisajes Sobresalientes*, Ministerio de Agricultura, Madrid.

Junta de Andalucía (2003), *Plan de Ordenación del Territorio de la Sierra de Segura.* https://www.juntadeandalucia.es/organismos/fomentoarticulaciondelterritorioyvivienda/areas/ordenacion/planes-subregionales/paginas/sierra-segura-jaen.html

López Arandia, María Amparo (2012), «Maderas del rey. Aprovechamientos madereros en la provincia marítima de Segura de la Sierra», en Araque Jiménez, Eduardo y Moya García, Egidio (coord.) *Aprovechamientos madereros en los montes jiennenses (siglos XVIII-XX)*, Universidad de Jaén, Jaén pp. 13-78.

— (2021), «Los suministros desde la provincia marítima de Segura de la Sierra a través del Real Negociado de Maderas, la Secretaría de Marina y los asentistas», *Studia histórica. Historia Moderna*, vol. 43 (1), Universidad de Salamanca, Salamanca, pp. 103-137.

Mesa Garrido, Miguel Ángel (2015), *Geografía y política forestal. Análisis general de la gestión de los montes en la provincia de Granada. Siglos XVIII-XX*, Universidad de Granada, Granada.

Moya García, Egidio (2007), *Los montes públicos en el sur de la provincia de Jaén*, Universidad de Jaén, Jaén.

Nieto Ojeda, Rufino (2024), «Aprovechamientos madereros en las sierras del parque natural de Cazorla, Segura y Las Villas: historia, especies forestales aprovechadas y patrimonialización», en López Arandia, María Amparo (ed.), *De provincia marítima a parque natural: pasado, y presente de las sierras de Cazorla, Segura y Las Villas*, Instituto de Estudios Giennenses, Jaén, pp. 243-318.

Palazón Botella, María Dolores y otros (2022), «La trashumancia desde el ámbito geográfico: una propuesta práctica para profundizar en el patrimonio cultural», *Didáctica Geográfica*, 23, Asociación de Geógrafos Españoles, Madrid, pp. 83-102.

Pulido Mérida, Rafael (2012), «Río Madera y Anejos: evolución de un monte ordenado en la sierra de Segura» en Araque Jiménez, Eduardo y Moya García, Egidio (eds.) *Aprovechamientos madereros en los montes jiennenses (siglos XVIII-XX)*, Universidad de Jaén, Jaén, pp. 125-160.

Rodríguez Tauste, Sergio (2012), «La provincia marítima de Segura de la Sierra» en Araque Jiménez, Eduardo y Moya García, Egidio (coord.) *Aprovechamientos madereros en los montes jiennenses (siglos XVIII-XX)*, Universidad de Jaén, Jaén, pp. 79-123.

Ruiz García, Vicente (2018), *La Provincia Marítima de Segura (1733-1836). Poder naval, explotación forestal y resistencia popular en la España del Antiguo Régimen*, Universidad de Murcia, Murcia.

Sánchez Martínez, José Domingo (1998), *La política forestal en la provincia de Jaén: una interpretación de la actuación pública durante la etapa de administración centralizada (1940-1984)*, Universidad de Jaén, Jaén.

Sánchez Martínez, José Domingo y Araque Jiménez, Eduardo (2005), «El parque natural de la sierra de Castril y su área de influencia socioeconómica», *Nimbus*, 15-16, Universidad de Almería, Almería, pp. 161-188.

Sánchez Martínez, José Domingo, Araque Jiménez, Eduardo y Moya García, Egidio (2012), «El turismo en el parque natural de las sierras de Cazorla, Segura y Las Villas: signos de agotamiento y planes de recualificación», *Pasos*, vol. 10 (1), Universidad de La Laguna, La Laguna, pp. 31-45.

4. Antropología histórica de los comunales pastoriles de Castril, Santiago de la Espada y Pontones

ADRIÀ PEÑA ENGUIX (AMU/UAB)

Introducción

El propósito de este capítulo es el de aportar una perspectiva antropológica de la historia de los comunales pastoriles de Castril, Santiago de la Espada y Pontones (en adelante, CSP) identificando aquellos procesos que han intervenido en su modulación y configuración actual a lo largo del tiempo. A través del trabajo bibliográfico realizado, así como las consultas llevadas a cabo en distintos archivos locales y regionales, se busca comprender su devenir pastoril, dar una visión global a nivel histórico de esta zona de estudio, y haciendo énfasis, énfasis, siempre que se ha podido, en aquellas personas que nunca salen en la Historia –como ejemplifica la obra de Algarra Bascón (2015). Por tanto, aunque la idea principal era realizar una etnografía del archivo en el sentido más profundo propuesto por Stoler y Sierra (2010), por razones que explicaremos más abajo, las consultas de archivos han sido apoyadas por una amplia revisión bibliográfica, con el objetivo de aportar la máxima información posible para un periodo de estudio tan amplio, sin perder el rigor histórico.

Todo esto, no obstante, ha tenido lugar con ciertas dificultades, por distintos motivos. Uno de los más relevantes es la amplitud del periodo de estudio. Como punto de partida se ha escogido un momento clave para los comunales de CSP, la etapa de la conquista por parte de la Corona de Castilla; ésta se manifestó en temporalidades distintas según la zona: en el siglo XIII para Santiago de la Espada y Pontones y a finales del siglo

XV para Castril. Posteriormente enlazaremos con distintos episodios históricos que han sido relevantes en el devenir de los comunales, como lo fue la declaración de la Sierra de Segura como Provincia Marítima (1748-1836), y seguidamente abordaremos la Ley de Desamortización General de Pascual Madoz del año 1855 hasta llegar, finalmente, al periodo de repoblaciones forestales iniciado en la primera mitad del siglo XX, que ya han sido tratadas en el capítulo precedente. Como se aprecia, se trata de un periodo muy extenso con lo que esto supone para las consultas de archivos que son de tipos muy diferentes. Esto implica un proceso largo y tedioso para lograr caracterizar a las comunidades locales en su contexto temporal, lo que no siempre ha sido del todo fructífero.

Estas dificultades, por otra parte, son también productivas, pues pueden aportar información sobre las motivaciones de aquellas personas que reunieron o custodiaron (o lo dejaron de hacer) la documentación que daría pie a los propios archivos y, al mismo tiempo, comprender los hechos ocurridos durante el periodo de estudio. Se ejemplificará esto mismo con un par de casos. En el primero, para Castril, se realizaron consultas en el archivo municipal, pero se comprobó que gran parte de la documentación disponible no fue recopilada hasta el siglo XX. Para indagar del porqué de la falta de textos anteriores, cabe remontarse hasta la invasión napoleónica del 1810. Durante aquel evento, buena parte de los archivos de la villa fueron incendiados, como puede apreciarse en la siguiente cita del autor Pulido Castillo (2004:44):

> La madrugada del 26 de junio de 1810, cuando entró en ésta la tropa del Ejército Imperial, quemó y extravió cuantos papeles se hallaban dentro del Pósito; lo mismo sucedió con los archivos de esta villa, casas capitulares y edificios más principales, que fueron incendiados, sin excluir la iglesia parroquial, que en el día de hoy permanece arruinada

El segundo caso tiene que ver con el archivo municipal de Santiago-Pontones. Las visitas a los archivos realizadas a inicios del 2023 se hicieron en unas condiciones algo particulares, con tiempos para la consulta de no más de una hora y, a la vez, bajo la atenta mirada de la policía local que supervisaba la documentación consultada. En aquella ocasión, la documentación hallada fue escasa, exceptuando algunas carpetas referidas a la época de la Segunda República y a la postguerra.

La razón de tan exigua presencia de documentación en el archivo municipal la obtuve gracias al trabajo etnográfico que estaba llevando a cabo en la zona y gracias a informantes locales: según decían, los documentos que estaba buscando no se iban a localizar, pues muchos de ellos fueron apropiados por parte del mismo vecindario tal y como también señalan las *Actas del Congreso de Historia. 440 aniversario de la firma de las ordenanzas del común de segura* (2021):

> El archivo municipal de Santiago sufrió una pérdida irreparable al ser vendido al peso a un trapero de la localidad, pero el hecho de que esta copia sea anterior a la que encargó el ayuntamiento en 1745 nos hace pensar que ya se encontraba en manos privadas por aquella fecha.

Por otra parte, cuando iniciamos un estudio histórico sobre los comunales pastoriles de CSP, debemos tomar en consideración la complejidad de su definición, que ha permanecido a través del tiempo y el espacio. Por ello, aunque de forma muy sucinta, proponemos partir de las siguientes tipologías de comunales, que encontraremos en el presente caso de estudio sobre CSP: i) los bienes comunales que pueden ser utilizados por los vecinos de una comunidad ii) los bienes de propios que formarían parte del patrimonio municipal pero que pueden ser «enajenados» temporalmente para sacar un beneficio para las arcas municipales ya sea mediante la instauración de rentas o a través del su alquiler a particulares iii) y los baldíos o realengos donde la propiedad recae sobre la corona pero el uso sigue siendo colectivo (Lana y Iriarte-Goñi, 2015; Serna, 1993). Los autores destacan que pueden existir confusiones entre las definiciones de los distintos términos mencionados. Una aclaración de lo que son los bienes comunales que puede resultar bien compleja ya que se consideran múltiples aspectos como puede ser la tipología de propiedad asociada al bien común o a su uso, que permiten definirlos (Bernal, 2009). Más allá del obstáculo que puede suponer su descripción, su origen también puede sugerir un debate profundo, aunque existe cierto consenso que tras la conquista del Reino Nazarí por parte de la Corona de Castilla se desarrollaron nuevas formas de estructurar la propiedad, entre las cuales pudieron aparecer los derechos comunales (como se verá más adelante, no tienen por qué coincidir los derechos de uso con la titularidad de la propiedad), sin descartar que previamente ya pudiera existir esta tipología de derechos (Montesinos, 2013). Estas nuevas formas de estructurar la propiedad que surgieron tras la conquista refuerzan el argumento para tomar como punto de partida este periodo histórico para abordar el texto que se presenta a continuación.

Conquista de la Corona de Castilla

Castril

En los límites administrativos actuales encontramos el comunal de Castril perteneciente a la provincia de Granada y los comunales de Santiago-Pontones pertenecientes a la provincia de Jaén. En el periodo de conquista los tres comunales se localizaban en un territorio fronterizo entre ambos reinos, donde prevalecía la inestabilidad y el movimiento continuo de la línea fronteriza (Alfaro Baena, 1993). En Santiago-Pontones el periodo de conquista se remonta al siglo XIII mientras que para Castril, empieza a finales del siglo XV.

En Castril, destaca en esta etapa la figura de Hernando de Zafra. Proveniente de una familia humilde de Extremadura, Zafra fue abriéndose paso entre la oligarquía andaluza. Destacó sobre todo por ser un apoyo de los Reyes Católicos en aspectos tan relevantes como la negociación para la rendición de Granada en 1492, y la consecuente salida del último Rey Nazarí, Muhammad XI, también llamado por los cristianos Boabdil el *Rey Chico* de la ciudad de Granada. Por estas negociaciones Hernando de Zafra obtuvo importantes beneficios, algunos directamente ligados a nuestra zona de estudio, como veremos más abajo en el caso de la villa de Castril. Otro de los aspectos a destacar fue su participación en el sofoco de la Revuelta Mudéjar en Granada y la Alpujarra en los años 1499 y 1500 (Historia Hispánica, (s.f.)) y, sobre todo, la supervisión de la colonización de las tierras conquistadas. Esta fue una solución habitual de los Reyes Católicos, por la cual, mediante la donación de señoríos se permitió poblar una zona fronteriza con tal de evitar la inestabilidad generada por la guerra (Alfaro Baena, 1993; López de Coca, (s.f.)), y, al mismo tiempo, consolidar el poder político en aquellas zonas donde aún no estaba afianzado (Propiedad de la tierra: realengo y señorío (s.f.)). Así, gracias al servicio proporcionado a los Reyes Católicos, éstos recompensaron a Zafra con una serie de bienes: desde propiedades en Granada (ej: la Casa de Zafra), pasando por la posesión de fincas en Marbella, Málaga, Vélez Málaga y Guadix, hasta la que fue la posesión más importante para Zafra, el Señorío de Castril. Tal y como apunta Miguel A. Ladero Quesada en su obra (2018), una de las máximas aspiraciones de Zafra fue la obtención de la jurisdicción de un señorío, una práctica habitual entre la nobleza, aunque en el caso de Zafra fue finalmente de forma más bien modesta, ya que Castril era considerada como un señorío menor.

El Señorío de Castril se localizaba en una zona muy poco poblada pero que antes de la caída de Granada era frecuentada por ganaderos de ambos reinos (Corona de Castilla y Reino Nazarí) independientemente de la ubicación de la frontera, que era muy móvil, dependiendo de cada momento determinado (Alfaro, 1998), lo cual hacía que la población local fuese en sus inicios mayoritariamente musulmana. En dicho contexto, en el momento de su adquisición, Hernando de Zafra estableció una carta puebla[44] para repoblar la zona con doscientos colonos, pero sin expulsar a las poblaciones mudéjares. Los nuevos pobladores venían de otras partes del reino, principalmente del norte peninsular, y se les ofreció tierras, tanto de secano como de regadío, así como casas o solares para poder construirlas (Alfaro, 1998). A cambio, debían proporcionar a Hernando de Zafra un diezmo (una décima parte) de los productos generados durante los primeros cuatro años y, a partir del quinto año, una quinta parte. Asimismo, desde un buen inicio y debido a los beneficios que reportaba, Zafra alquiló los pastos de la Sierra de Castril a ganaderos de Úbeda y Baeza que, como veremos más adelante (y aunque no imposibilitaba completamente el acceso de las comunidades locales a los pastos de altitud), fue motivo de tensiones entre los mismos vecinos del pueblo y los propietarios del Señorío.

El Repartimiento de Castril

Tras el fallecimiento de Zafra en 1507 surgieron tensiones entre sus herederos por la existencia de un hijo ilegítimo, que al percatarse de los beneficios que aportaba el alquiler de los pastos a ganaderos foráneos, quiso obtener los bienes que dejó su padre en herencia. Para resolver el conflicto, en el año 1527 se redactó el llamado Repartimiento de Castril, que cerró, no solamente los conflictos surgidos por la herencia de Zafra (Girón, 2018), sino también aquellos que había entre la población y el Señorío debido al alquiler de los pastos a los ganaderos de otras zonas. De este modo se pudieron esclarecer los tipos de aprovechamiento que poseían los vecinos y los deberes y beneficios que podían obtener.

Un aspecto importante, que menciona Concepción Alfaro Baena en su obra (1998) es que, en el mismo Repartimiento de Castril se establecían

44 Una carta puebla es aquel documento establecido por reyes, condes y señores, entre otros, que otorga derechos y deberes a los nuevos pobladores de un territorio.

una serie de cláusulas para que no se pudiera especular con los bienes recibidos y venderlos posteriormente. Por otra parte, también existían cláusulas de vecindad para el aprovechamiento de los recursos del municipio, que vinculaban incluso el acceso a este beneficio con el requisito de contraer matrimonio con una persona del pueblo. Aunque se trata de un Señorío y toda su extensión pertenece a los herederos de Zafra, con estas cláusulas se bloquea el uso de dichos recursos a aquellos que no sean de Castril y se garantiza a los vecinos el acceso a los mismos.

El repartimiento trajo consigo una serie de cambios en Castril. En el ámbito agrario, se roturaron parcelas de monte para adaptarlo a cultivo de cereales, pero también frutales y plantas textiles. Esto generó un cambio en el paisaje ya que los nuevos colonos no estaban familiarizados para labrar las tierras de regadío, por lo que adaptaron las tierras a extensos cultivos de secano, llegando a talar árboles propios de bosque mediterráneo para plantar viñas y cereales (Alfaro Baena, 1998:121), adecuando así el territorio a su nueva economía.

Tras la conquista, aunque se estableció una carta puebla en Castril, ya existían comunidades mudéjares (musulmanes que residen en territorio ya conquistado por cristianos) que se dedicaban a la ganadería. A raíz de los nuevos modos de trabajar la tierra, la agricultura de la zona fue cada vez más relevante, aunque seguía siendo la ganadería la que aportaba buenos beneficios al Señorío de Castril (Girón, 2018).

En cuanto a la ganadería, Alfaro Baena (1998) cuenta en su obra que, pese a que en época musulmana fue una actividad de gran importancia, en el Repartimiento de Castril no se hacen prácticamente referencias a ella. En cambio, encontramos documentación del siglo XV y XVI que habla de la ganadería y de los problemas surgidos tras la llegada de los castellanos para el aprovechamiento de los pastos, donde se señala que eran aprovechados por las villas del reino de Jaén.

Santiago de la Espada y Pontones

Las Ordenanzas del Común de Segura

La conquista de Santiago-Pontones por parte de la Orden de Santiago tuvo lugar en el siglo XIII, donde las villas pertenecientes a Segura de la Sierra pasaron a manos cristianas y se incorporaron a la Corona de Castilla mediante el mencionado señorío (Barros, 2018). En este contexto surgieron las Ordenanzas del Común de la Villa de Segura y su Tierra en el 1580. A través de estas ordenanzas se gestionaba la vida política, económica y social de la Sierra de Segura y las villas que la componían, regulando principalmente el acceso a los recursos que ofrecía. Es respecto a estos usos que en las ordenanzas se dice lo siguiente: *el derecho al aprovechamiento de los campos, con sus frutos, maderas y pastos, por siempre jamás*. De este modo se destaca de una forma clara el uso imprescriptible de los recursos que fue otorgado a los nuevos colonos provenientes de otras zonas de la Corona de Castilla.

Por otro lado, sabemos que existía en la zona una mancomunidad de pastos. Es decir, los ganaderos podían realizar su aprovechamiento entre las diferentes villas que estaban regidas a través de las ordenanzas (De la Cruz, 1980). Estas mancomunidades de pasto aparecen en la baja Edad Media (siglos XIV y XV) en la Corona de Castilla (Mangas, 1981). También, puede tratarse de una norma de herencia musulmana nombrada *comunidad de pastos*, caracterizada por no ser necesario establecer una delimitación de los lugares donde podía pastar el ganado (Alfaro Baena, 1993). Las comunidades de pastos toparon tras la conquista con una reestructuración, tanto económica como social, que condicionó su modo de hacer, sobre todo tras las nuevas delimitaciones que establecieron los poderes cristianos. En contraste, aunque no hay constancia de la existencia de la comunidad de pastos en Castril, el cambio de reino originó una serie de pleitos entre el mismo Castril y villas aledañas, donde, debido a que la delimitación de los municipios no era clara tras la conquista, había pastores que utilizaban los pastos de villas aledañas, generando ciertas tensiones entre ellas (Alfaro Baena, 1997).

El Catastro de Ensenada, la Provincia Marítima y la Desamortización de Madoz del 1855

Tras el recorrido realizado entre los siglos XIII y XV donde se establecen las bases para los aprovechamientos colectivos de CSP explicados arriba, que perduraron relativamente estables durante los siglos XVI y XVII, el control de los usos evolucionó entre la mitad del siglo XVIII y la mitad del siglo XIX. En este espacio de tiempo el Estado empieza a tener un control directo sobre los comunales a través del Catastro de Ensenada (1753), la declaración de la Sierra de Segura como Provincia Marítima (1748-1836) y a través de la legislación llevada a cabo en 1855 con la Ley de Desamortización General de Madoz. A continuación, nos detendremos en estas regulaciones para tener una visión general de cómo eran las comunidades de CSP.

Catastro del Marqués de Ensenada

El Marqués de Ensenada fue el encargado de realizar el que fue llamado *Catastro de Ensenada* y que consistió en la realización de una encuesta en las 22 provincias (Respuestas Generales. Catastro de Ensenada (s.f.)) que componían la Corona de Castilla, a partir del año 1753. La finalidad de este catastro fue obtener una visión general acerca de la estructura económica y social de cada villa de la Corona de Castilla y así poder establecer una recaudación de fondos mediante una política fiscal por parte de Hacienda a través de la implantación de una contribución única (Gila, 1998).

Algunos de los datos obtenidos a través de la encuesta *Respuestas Generales del Catastro de Ensenada* indicaban quién era el propietario del municipio, qué productos podía ofrecer, la tipología de impuestos establecidos, el número de casas, hospitales o panaderías, entre muchos otros datos e incluso informando del *número de pobres* que existía en cada villa. Por otra parte, también se incluían preguntas referentes a la tipología de ganados que se podían encontrar.

En Castril, por ejemplo, respecto a la pregunta número dos, sobre si la villa es de Realengo o de Señorío, se dice que ésta es de Señorío, volviendo a confirmar más adelante que el Rey no posee otra tipología de rentas. El número de vecinos que se dice que habitan en Castril es de 250, especificando que otros 36 viven en cortijos. También, preguntando sobre si Castril tiene o no bienes de propios, se dice que Castril no posee ningún bien de esta tipología. En referencia a los ganados que se pueden encontrar, se explicitan sobre todo hatos de cabras y ovejas. En las respuestas recogidas, se detalla que hay hasta 3200 cabezas e incluso se menciona el tamaño de los rebaños. Aparecen 2 hatos de cabras con más de 800 cabezas de ganado. El resto de los rebaños que hay oscilan entre 15, 30, 45 y algo más de 100 cabezas de ganado[45].

En cambio, en Pontones, no se llevó a cabo la encuesta de forma particularizada, ya que en ese momento las aldeas de Pontón de Arriba

45 Archivo Histórico Provincial de Granada: Catastro del Marqués de Ensenada (1752-1753). Legajo 1140: Autos, respuestas generales y estados de Castril.

y Pontón de Abajo pertenecían a la villa de Segura de la Sierra, de forma que habría que revisar las respuestas particulares. En Santiago de la Espada, que en ese momento se denominaba Villa de Santiago, sí que se procedió a responder la encuesta y entre las respuestas se señala que era una villa realenga, perteneciente a *su majestad*. En ese momento, habitaban la villa un total de 300 *vecinos* (cabezas de familia), lo cual significaría que unas 1 800 personas habitaban la villa de Santiago de la Espada[46]. De esos 300 hogares, se dice que 39 de ellos vivían en el campo, lo cual hace referencia a cortijos independientes (casas acomodadas para guardar ganado) o cortijadas (conjunción de varios cortijos) dispersados a través del monte.

En referencia a si se poseían o no bienes de propios, se apunta que solamente un monte de matorrales y carrascas, especificando que no hay utilidad alguna para dicho monte *por ser comunero a sus vezinos*. Respecto al ganado, se dice que *no viene ganado alguno al esquileo y de este término cada uno lo esquila en su casa*. Se menciona también una larga tipología de especies de ganados existentes en la zona, aunque no se hace referencia al número de cabezas de ganado existentes, mencionando en un caso que *podranse recoger de diezmos de lana dozientas cabeças de todo ganado poco mas o menos*, haciendo referencia a los impuestos recogidos por el esquileo de 200 cabezas de ganado. Por último, aunque se trata de una villa de realengo, se dice que el Rey no posee ni fincas ni rentas de las que pueda sacar provecho.

Provincia Marítima (1748-1836)

En el año 1758, sobre las mismas fechas en que se empezó a desplegar el Catastro del Marqués de Ensenada, se establece la zona que comprendía la Sierra de Segura principalmente como Provincia Marítima, mediante la Ordenanza de Montes de Marina. De esta forma la Sierra

46 En este contexto, el término vecinos hace referencia a los varones (o también hogares) que eran cabeza de familia en una unidad familiar. Este número de vecinos multiplicado por un factor que puede variar entre 4 y 6, da como resultado el número de habitantes (en este caso llamados almas, como se verá más adelante) de una misma unidad familiar y que podría rondar los 1 800 vecinos. Según el lugar y la época el número de miembros de la estructura familiar podía variar, con lo cual, la utilización de un coeficiente para su estimación siempre ha sido un tema controvertido (Diario Digital de Arriondas).

de Segura quedó bajo la jurisdicción de Marina. El motivo de incluir en esta ordenanza una zona tan alejada al mar, como dice Emilio de la Cruz (1981), hay que buscarlo en su orografía, pues en ella se encuentran dos cabeceras de ríos importantes que permitían el transporte de madera a través de su caudal para proporcionar a los astilleros de Cádiz y Cartagena material para la construcción de la flota naval. También, el control de los recursos sirvió para abastecer la construcción de la Fábrica de Tabacos de Sevilla entre otras obras (Gila, 1998).

Se reconoció así la región como Provincia Marítima de Segura de la Sierra. Aunque posteriormente se decidió incluir a municipios como Castril o Huéscar, se descartó finalmente realizar su aprovechamiento debido al estado pobre en que se encontraban sus montes. Concretamente, el caso de Castril se descartó debido al aprovechamiento y esquilmo de sus bosques que se había llevado a cabo durante siglos para abastecer a los hornos para la fabricación de vidrio (Pozo, 2021). Por tanto, vemos como el Estado realiza una primera incursión en la zona para realizar un aprovechamiento intensivo de los montes, que chocará con los usos tradicionales de las poblaciones.

Ley de Desamortización de Pascual Madoz (1855-1924)

La Ley de Desamortización General de Madoz del año 1855[47] fue un punto de inflexión en la relación de las comunidades locales, de la administración pública y de los particulares, con los montes. A través de esta ley se pretendió poner en venta distintos bienes que, debido a su condición jurídica, no podían ser enajenados antes de las desamortizaciones, como los bienes del Estado, del Clero y de las Ordenes Militares, además de las entidades locales; entre ellos, los ayuntamientos, los bienes de propios y los bienes comunales, y cualesquiera otros pertenecientes a manos muertas[48], ya estén o no mandados vender por leyes anteriores.

Sin embargo, localmente, la Ley de Desamortización afectó principalmente a los montes en propiedad de los municipios (De la Cruz, 1977), pues los bienes reconocidos por aquel entonces como comunales, quedaban en la mayor parte de los casos exceptuados de la venta, según

47 «Gaceta de Madrid» núm. 852, de 3 de mayo de 1855.

48 Manos muertas: se trata de aquellas propiedades que no podían transferirse ni enajenarse y que principalmente correspondían a bienes que poseía la Iglesia.

el caso 9º del artículo 2 de la ley. Así pues, según el artículo 53 de la Instrucción de 31 de mayo de 1855, numerosos montes se consideraron como de aprovechamiento libre y comunal de los vecinos y que se debía reconocer si se había mantenido así en los últimos 20 años, sin arrendamiento de sus aprovechamientos.

Sea como fuere, tras la implantación de la Ley de Desamortización se privatizaron algunos otros montes que acabaron siendo vendidos y arrendados para su aprovechamiento. Aunque tras su implantación no se ha podido demostrar la existencia de una estructura organizativa entre los ganaderos, a la apropiación de estos montes, lo más a menudo montes del Estado Santiago de la Espada y Pontones, podían acceder solamente los grandes ganaderos que podían permitirse su arrendamiento, a la vez que estos mismos notables locales también hacían uso de los otros pastos comunales que utilizaban el resto de los miembros menos adinerados (Araque et al. 2000). Así pues, a partir de las desamortizaciones, estos inversores con más capacidad adquisitiva y las distintas administraciones, empezaron a sacar más provecho a los recursos del monte, desde una perspectiva mercantil en un contexto de transición del antiguo régimen al nuevo estado liberal.

Antes de observar la influencia de esta ley en los comunales de CSP, y del mismo modo que con el Catastro de la Ensenada, realizaremos una breve caracterización de CSP gracias al Diccionario geográfico-estadístico-histórico de España y sus posesiones de ultramar, realizado por Pascual Madoz durante la primera mitad del siglo XIX, pocos años antes de la publicación de la ley desamortizadora también instigada por el mismo Madoz. En este diccionario se describen todas las poblaciones de España, considerando distintos aspectos geográficos, económicos, e históricos, entre muchos otros.

Diccionario de Madoz - Castril

Tras situar geográficamente a Castril como continuación de la Sierra de Cazorla y Segura, el diccionario de Madoz informa que existen un total de 350 casas, que fue fundada tras la conquista de Granada por los Reyes Católicos y que posee un total de 405 vecinos y 840 almas.

Señala, también, que existen valles en los que abundan los cereales y hay abundantes pastos, haciendo referencia a que buena parte de los vecinos se dedican al oficio de ganadero. Sin embargo, no se hace mención alguna de aquellos ganaderos que pudieran estar instalados en la misma sierra de Castril. Sí que se menciona no obstante que, al obtener Hernando de Zafra el señorío de Castril fue él mismo quien se reservó el dominio útil y directo de los montes y pastos, añadiendo que sus sucesores continuaban con los mismos derechos.

Diccionario de Madoz - Santiago de la Espada

De Santiago de la Espada, el diccionario hace un minucioso repaso histórico sobre los orígenes de la villa, pasando a describir también con la misma profundidad la tipología de árboles y plantas aromáticas que ofrece el monte. Respecto al número de habitantes, reporta 1 067 vecinos y 4 335 almas. En términos ganaderos, ofrece datos más precisos que en Castril, aportando información sobre la tipología y cantidad de cabezas de ganado. En el listado se encuentran cerdos, mulos, asnos, pero también vacas, con un total de 1 386 cabezas. También señala que hay 30 152 cabezas de ganado entre ovejas y cabras, destacando que las labores de campo y ganadería son los principales trabajos de la villa.

Diccionario de Madoz - Pontones

De Pontones el diccionario de Madoz apunta que fue declarada villa en el 1837, habiendo pertenecido con anterioridad a la jurisdicción de Segura de la Sierra. Menciona buena parte de las aldeas que conforman Pontones y, aunque no habla del número de habitantes, explica que el Pontón Bajo es la aldea más habitada, llegando a tener hasta 50 casas y detalla alrededor de 300 en todas las cortijadas. Destaca que los montes están poblados de pinos y carrasca además de existir zonas de vid y olivares, y menciona también la cría de ganado vacuno, lanar y cabrío, pero sin aportar más información sobre la tipología ni las cantidades de cabezas de ganado existentes.

Periodo desamortizador - Castril

Durante el periodo de aplicación de la ley desamortizadora, en Castril, los herederos de Hernando de Zafra continuaban poseyendo la titularidad privada de los montes de Castril debido a la abolición de los señoríos durante la primera mitad del siglo XIX. En la práctica, el paso del Antiguo Régimen al nuevo estado liberal no hizo cambiar de manos las tierras de Castril, sino que simplemente mutó el tipo de titularidad, deviniendo plena e individual.

En este contexto, cabe mencionar que desde décadas atrás venían sucediéndose conflictos entre los vecinos de Castril, los herederos de Zafra y las autoridades locales. Un ejemplo es el que se da a finales del siglo XVIII entre los vecinos y ganaderos de Castril que reclaman, a través de la justicia local, el cese del arriendo de los pastos por parte del Señorío a los ganaderos foráneos:

> […] en esta villa se ha experimentado en algunos años el que se han arrendado los que son propios de sus vecinos personal forastera quienes facultativamente los han acotado y cerrado en perjuicio de los ganados de aquellos […][49]

Estos conflictos no cesaron y los vecinos seguían estando molestos ya que los propietarios de los montes continuaban sacando beneficios por alquilar los pastos a ganaderos foráneos. Todo ello acabó cristalizando en continuas protestas por parte de los ganaderos locales. Para resolver dichos conflictos se llegó a la llamada Escritura de Concordia en el año 1893, donde se reconocieron los derechos de uso de los vecinos de Castril y donde se promulgaba la creación y legalización de una estructura organizativa entre los mismos ganaderos que estableciera la reglamentación y gestión de los pastos, fijándose lo siguiente:

> Los ganaderos y hacendados formarán un Sindicato á cuyo cargo esté el registro de ganados, garantía de pago, policía, vigilancia, reglas de salubridad, aislamiento de los contagiados, y reglamentación de todo cuanto se relaciona con este aprovechamiento […]. Esta asociación se regirá por sus acuerdos y estatutos, y cualquiera que se considere perjudicado, acudirá en defensa de sus derechos á la jurisdicción ordinaria […].[50]

49 Archivo Real Chancillería de Granada. Fondo Real Audiencia. Caja nº 12063, plaza 06, legajo 375, 1787-1793.

50 Copia de la Escritura de Transacción otorgada en 10 de noviembre de 1893 entre los actuales dueños de los bienes procedentes del antiguo Señorío de la Villa de Castril y hacendados y vecinos de la misma villa (1895), Imprenta de la Vda. e

A su vez, en la Escritura de Concordia se reafirma que la propiedad de los montes seguía perteneciendo a la Señora Marquesa de Arenales, reconociendo, al mismo tiempo, el derecho a uso y aprovechamiento de éstos por parte de los vecinos y hacendados del pueblo. Como vemos, entraron en conflicto dos modos de aprovechamiento del monte. El primero, por parte de los vecinos, que, basándose en el uso consuetudinario de los montes, podían disfrutar de su aprovechamiento. Por otro lado, la Marquesa de Arenales y el resto de los herederos de la jurisdicción del Señorío, los herederos de Zafra, que sacaban rédito del monte mediante el alquiler de pastos a ganaderos foráneos.

Como vemos, las desamortizaciones de Madoz en Castril no tuvieron incidencia en el municipio, debido a que se trataba de montes privados, por lo que no influyeron ni los procesos desamortizadores ni los de clasificación para el catálogo de montes públicos. Previamente, los montes de Castril habían pasado a formar parte de la Provincia Marítima, pero el Estado finalmente descartó la posibilidad de aprovechamiento de sus montes debido a que los mismos ya habían sido explotados a conciencia durante varios siglos, como se mencionó anteriormente, para la producción de vidrio (Pozo, 2021). No es hasta bien entrado el siglo XX cuando una parte de los montes, a través de distintos procesos de negociación y compraventa, pasan a formar parte o del Estado o del Ayuntamiento. Uno de estos procesos se dio entre la Sociedad Anónima La Redentora, los herederos del antiguo señorío de Castril y el municipio. Aunque aún no se ha logrado indagar sobre sus motivaciones, fue la misma Sociedad la que cedió los bienes que poseía al Ayuntamiento de Castril en el año 1944. A su vez, esta Sociedad los adquirió a través de la Señora María Mercedes Carvajal y Ossorio, sucesora de la Señora Marquesa de Arenales, mediante una escritura de compraventa en el 1920[51]. Años más tarde, en el 1971 y tras un proceso de transacción y compraventa similar entre particulares, Ayuntamiento y la Hermandad de Labradores y Ganaderos de Castril[52], el monte Nido del Buitre pasó a manos del Ayuntamiento[53].

Hijos de P. V. Sabatel, Granada. Copia proporcionada por el Ayuntamiento de Castril.

51 Archivo Municipal de Castril. Serie Actividades Forestales. Legajo 37, pieza 9.

52 Las Hermandades de Labradores y Ganaderos eran sindicatos a nivel estatal y creadas durante el Franquismo a partir del 1939, siendo la antesala de las futuras Cámaras Agrarias (Gómez-Herráez, 2008).

53 Copia de la Escritura de 9 de febrero de 1971 de cumplimiento de transacción y compraventa, otorgada de una parte, Don Carlos José Domínguez Valdivieso, en representación de Doña Consuelo Monzón Marín, y de otra, el Ayuntamiento

Periodo desamortizador - Santiago de la Espada y Pontones

Más adelante, el establecimiento de las Desamortizaciones de Madoz supuso cambios importantes para los comunales de Santiago de la Espada y Pontones. Surgieron problemas entre los actores que estaban en pugna por el control y el aprovechamiento de los montes. Por una parte, el cambio hacia el nuevo Estado liberal propulsó a la reciente administración forestal a interesarse por su aprovechamiento. La creación del Cuerpo de Ingenieros de Montes en el comienzo de la segunda mitad del siglo XIX mostró la importancia de que los montes exceptuados (es decir, aquellos que no podían ser vendidos) quedaran en manos del Estado. Estos montes en manos del Estado evitarían que se degradasen por una aproximación maderera-extractivista del capital privado que no se preocuparía por una extracción sostenible sino por obtener el máximo dinero en el mínimo tiempo posible, dejando tras de sí montes pelados sin ninguna protección contra la erosión. Por ello, la gestión pública de los montes geológicamente estratégicos que permitiesen un freno a la erosión, las inundaciones, las coladas y los riesgos de derrumbamientos entre otros (como las cabeceras de los grandes ríos), fueron considerados como necesarios de preservar para el interés general. Así se aplicó en muchas partes de España, también en CSP, considerada cabecera de grandes ríos, de manera que no todos los montes públicos salieron a subasta. De esta manera los comunales de Santiago-Pontones pudieron seguir existiendo dentro del marco de la propiedad del Estado, que aun si imponiendo siempre una creciente presión sobre los comunales, evitó lo que sucedió con muchos otros comunales en España, que fueron subastados y vendidos a manos privadas, y que cambiaron completamente los usos tradicionales por la imposición de otras lógicas de explotación mucho más verticales, expoliadoras y definitivas (Pemán *et al.*, 2017).

En dicho contexto, se redactaron los Catálogos de los Montes Públicos que, en sus distintas versiones –la primera del año 1859, seguida de la versión del 1862 hasta llegar a la última publicada en 1901–, establecían una serie de criterios en función de la superficie y tipología de vegetación para clasificar los montes. Con estas clasificaciones se diferenciaron aquellos montes que podían ser vendidos y aquellos que no.

---

de Castril, representado por su Alcalde-Presidente, Don Joaquín Perales Sánchez. Copia proporcionada por el Ayuntamiento de Castril.

El deslinde[54] de los montes exceptuados generó conflictividad entre el Estado y los Ayuntamientos. Por un lado, el Estado encontró la manera de consolidar su patrimonialización, es decir, de encontrar la forma para que, en el caso de una parte de los montes públicos de Santiago de la Espada y Pontones, estos quedaran bien delimitados y protegidos de su apropiación por parte de particulares. Por otro lado, los Ayuntamientos de Santiago de la Espada y Pontones no querían perder la capacidad de utilización y de apropiación de sus propios montes. El Estado, en su primera versión del Catálogo de Montes Públicos, exceptuó la gran mayoría de los montes de Santiago de la Espada y Pontones. Pero posteriormente, para la publicación del segundo Catálogo de Montes Públicos del 1862, se endurecieron los criterios para exceptuar los montes, como era que sumaran más de 100 hectáreas, norma promovida por el Ministerio de Hacienda. El Ministerio priorizó la venta de los montes para contrarrestar el déficit financiero de la economía española y se desamortizaron más montes públicos de los previstos inicialmente con el primer catálogo publicado en el 1859 (Araque, 1993).

Estas tensiones también se dieron entre municipios que, tras la nueva configuración municipal, trataron de deslindar los montes en su favor (Barros, 2018). Con la construcción del nuevo territorio mediante la delimitación de los municipios, se eliminaron muchas mancomunidades de pastos con la finalidad de que fueran los mismos ayuntamientos los que poseyeran el control de los recursos que traían beneficios para las haciendas locales (Ortega, 2002). En Santiago de la Espada y en Pontones surgieron continuas tensiones al respecto y en el 1874, desde Santiago de la Espada se solicitó a la Diputación Provincial de Jaén la separación de la mancomunidad de pastos[55].

Repoblaciones en los comunales de Castril, Santiago de la Espada y Pontones

Después de la Guerra Civil, en un periodo marcado por la autarquía nacional, y con la finalidad de establecer una nueva ordenación del

54 Deslinde: el término hace referencia a la delimitación de una superficie determinada, en este caso, la de los municipios.

55 Archivo Diputación Provincial de Jaén. Área Secretaría General. Legajo 3558/11.

territorio adaptada a sus necesidades y fines de autoabastecimiento, el Estado franquista implantó una política de aprovechamiento de sus montes públicos no exenta de polémica. Con la reestructuración del Patrimonio Forestal del Estado en el año 1940 (en adelante PFE), se iniciaron procesos de repoblación de montes pensando que esto contribuiría a luchar contra la despoblación rural, a un aumento del trabajo y, al mismo tiempo, a un aumento de las rentas del Estado que vino dado, sobre todo, por el aprovechamiento maderero de los bosques de pinos previos a las repoblaciones. Todo esto estuvo ligado a una mecanización del campo que se inició a mediados de los 50, eliminando como consecuencia mano de obra y rentabilizando otras actividades agrarias (Araque y Sánchez, 1994).

Los ganaderos, que estaban organizados entorno a las llamadas Hermandades de Labradores y Ganaderos, vieron que las nuevas masas de montes reducían la superficie pastable para los rebaños, priorizando un uso mercantil del monte a través del aprovechamiento de su riqueza maderera por parte del estado y con el abandono de cultivos y pastos (gramíneos o matorrales) (Sánchez, 1998). Se constata que la nueva administración forestal intentó colaborar con los ganaderos de la zona para reducir los conflictos y compatibilizar la ganadería con las repoblaciones forestales mediante la regulación de la ganadería por parte del PFE.

Esta confrontación iniciada en la segunda mitad del siglo XIX perduró hasta la primera mitad del XX, cuando a raíz de las primeras repoblaciones en los inicios de la década de los años 1940s, volvieron a surgir las tensiones entre el Estado, que reclamaba ciertas superficies, los particulares y las comunidades ganaderas. El descontento era tal entre la población rural que se hicieron roturaciones intencionadas en zonas de replantación de pinos (Araque y Sánchez 1997), y en la comunidad ganadera hubo reapropiación de las zonas repobladas mediante la introducción de los ganados. Las protestas llevadas a cabo a nivel local se manifestaron con el aprovechamiento de los recursos que ofrecían las zonas repobladas, el destrozo de su parcelación, escritos a representantes institucionales a todos los niveles, quejas, amenazas (Ayuntamiento de Santiago de la Espada, 1961) y otras infracciones que culminaron con detenciones de ganaderos en Santiago de la Espada y Pontones, que fueron llevados en autocar hasta dependencias policiales de Orcera (De la Cruz, 1977). Como se menciona en el informe referido (1961), se observa el momento de necesidad que pasaban muchos vecinos y se explicitan también peticiones de la comunidad de ganaderos al PFE para permitirles el uso de las zonas repobladas. A raíz de estas problemáticas, se destaca cierta comprensión por parte de la Administración Forestal ante estos hechos, al mencionar que se trata de una comunidad aislada y pobre, donde el Estado no había sido capaz de aplicar sus políticas.

La segunda mitad del siglo XX viene marcada por la instauración del Coto Nacional de Caza en las Sierras de Segura y Cazorla, en el año 1960, motivada por la alta variedad de especies cinegéticas en la zona, como lo son el jabalí, el ciervo, el gamo o el muflón, especies que estaban destinadas para la caza mayor. Además de proteger y fomentar estas especies, la instauración del Coto Nacional de Caza sirvió también para fomentar la zona como destino turístico (Araque, 1988), como se explica en el capítulo anterior. Sin embargo, esta situación generó en Santiago-Pontones la expropiación forzosa de muchos vecinos que vivían en aldeas y cortijadas, algunas de ellas con numerosos habitantes como la de Las Canalejas, teniendo que ser realojados en otras aldeas del mismo municipio. A su vez, en términos ganaderos, la instauración del Coto Nacional podía concebirse como una competencia para el uso de los recursos del monte, entre animales silvestres y domesticados.

La década de los ochenta trajo consigo la instauración de diversas figuras de protección en la zona. Por un lado, la UNESCO declaró la Reserva de la Biosfera Sierras de Cazorla Segura y las Villas en el 1983. Seguidamente, en el 1986 y propiciado por la declaración de la reserva anterior, se instaura el Parque Natural de las Sierras de Cazorla, Segura y Las Villas[56]. Finalmente, en el 1989, se declara el Parque Natural de la Sierra de Castril[57]. Como vemos, estos fueron los principales entes de protección de la naturaleza que se declararon en la zona y que sirvieron para fomentar e instaurar el turismo donde se preveía, sobre todo en el Parque Natural de Cazorla, Segura y Las Villas, un fuerte impacto socioeconómico en los años venideros (Araque, 2016). En términos ganaderos, estas figuras reconocieron recientemente las prácticas tradicionales que los ganaderos ya venían realizando en la zona desde tiempos inmemoriales. Tras cierto recelo inicial, como nos comentaron algunos ganaderos durante el desarrollo de trabajo de campo en CSP, la instauración de los respectivos parques fue bien aceptada en el curso de los años.

56 Decreto 10/1986, de 5 febrero, por el que se declara el Parque Natural de las Sierras de Cazorla, Segura y Las Villas. BOJA de 15 de marzo de 1986.

57 Ley 2/1989 de 18 de julio. BOJA de 27 de julio de 1989.

Paralelamente a estas figuras de protección, los ganaderos de CSP se organizaron bajo la estructura jurídica de las Sociedades Agrarias de Transformación (en adelante, SAT). Así, durante la década de los 80 se sucedió la creación de las distintas SAT de CSP. En Santiago de la Espada se creó la SAT Sierra de Segura. Valga recordar que hay indicios de organización ganadera previa, durante la primera mitad del siglo XX, donde el llamado Grupo Ganadero de Santiago de la Espada actuó como rematante en la subasta del coto de Mala mujer[58]; en Pontones se creó la SAT Pastos de Pontones, aunque no se han encontrado referencias de una estructura ganadera anterior a la SAT; finalmente, en Castril se instauró la SAT bajo el nombre «Sociedad Virgen del Rosario de Castril, SAT». Con anterioridad a esta SAT, hacia la segunda mitad del siglo XX, fueron activas las Hermandades de Labradores y Ganaderos, como muestra la denuncia que presentó dicha asociación ante el pastoreo clandestino por parte de un particular[59]. Bajo estas estructuras, que se han mantenido hasta la actualidad, los ganaderos gestionaron (y gestionan) de forma colectiva el acceso a los pastos, así como del mantenimiento de sus infraestructuras ganaderas, además de otros aspectos burocráticos y sanitarios.

Así, las prácticas ganaderas han logrado mantenerse ante un contexto de cambios en los usos y aprovechamientos del monte, como lo fue en su momento la aparición del Coto Nacional de Caza y, paulatinamente, la implementación de los Parques Naturales, que trajo consigo un incremento de la actividad turística en CSP.

Consideraciones finales

El recorrido realizado desde la conquista cristiana que tuvo lugar en Santiago de la Espada y Pontones a finales del siglo XIII y en Castril a finales del siglo XV, hasta el impacto de las desamortizaciones de Madoz (1855) y de las repoblaciones de primera mitad del siglo XX, nos permite plantear las siguientes reflexiones en relación con la historia de los comunales de CSP.

58 Archivo Histórico Provincial de Jaén. Fondo Distrito Forestal: Santiago de la Espada. Legajo 83912: Expediente subasta coto Mala Mujer (1940-1952).

59 Archivo Municipal de Castril. Serie Actividades Agrícolas y Ganaderas. Legajo 5, pieza 18.

Por una parte, destaca la importancia del estudio de los procesos históricos que han incidido en el devenir de estos comunales. Es decir, su evolución ha sido condicionada principalmente por las múltiples tensiones generadas entre los distintos actores que forman parte de las comunidades estudiadas, desde los actores privados, los agentes municipales y estatales (a través de la administración forestal principalmente), hasta las comunidades ganadera y campesinas en general.

Una expresión que define los cambios continuos que han afrontado los comunales de CSP, es la de una «desarticulación de los comunales» que propone Antonio Ortega (2002), en referencia a la degradación que han sufrido los sistemas comunales en España. La desarticulación ha consistido en un proceso complejo en el que han participado los diferentes actores que componen una comunidad, cada cual con sus intereses y motivaciones particulares y que, en su conjunto, han conducido a la reducción de los comunales en España. Una reducción producida por estímulos externos y reacciones internas de los distintos miembros del comunal, fenómeno que también se observa muy claramente en otros casos actuales como el del comunal pastoril del Yagur en Marruecos (Dominguez y Benessaiah, 2017).

Este proceso de desarticulación en España se ha llevado a cabo a través de tres vías distintas, que en mayor o menor medida se han podido identificar en este estudio de caso también. Por una parte, la vía jurídica, a través de la Ley de Desamortización General de Pascual Madoz (1855) que, como hemos visto, supuso la puesta en venta de distintos bienes municipales, estatales, y eclesiásticos, entre otros. Además de esta ley, durante este periodo se conformaron las delimitaciones actuales de los municipios, y estos procesos de deslinde permitieron la formación del nuevo territorio resultado de la implantación del nuevo Estado Liberal y, como consecuencia, supuso la municipalización y estatalización de los terrenos comunales. Estos procesos no quedaron exentos de conflictos y algunos de estos terrenos comunales fueron apropiados por particulares, algunos de los cuales formaban parte de la oligarquía municipal, a través de las subastas de montes que se realizaban (Propiedad de la tierra: realengo y señorío (s.f.)). Se subastaron aquellos montes que se vieron afectados por la ley desamortizadora y que podían ser vendidos mediante un sistema de subastas para ser finalmente privatizados. El proceso desamortizador, como hemos visto, afectó a Santiago de la Espada y Pontones mientras que, en Castril, al ser herencia de un Señorío, los montes se mantuvieron privados; allí la desarticulación se produjo a través de distintos procesos de compraventa de los montes tras los conflictos internos entre las comunidades locales, los herederos del Señorío y los intereses de los ganaderos foráneos. Finalmente, fue el propio Ayuntamiento el que acabó atribuyéndose la propiedad de una parte mayoritaria de los montes.

Por otra parte, tenemos la vía productiva, por la cual el propio Estado se introdujo en el territorio, en épocas diferentes, para obtener un aprovechamiento de las masas forestales de CSP. Como hemos visto, esta penetración se empezó a consolidar con la declaración de Provincia Marítima a mitad del siglo XVIII (que afectó a Santiago de la Espada y Pontones y en menor medida a Castril, dado que la inclusión de este último se descartó debido al mal estado de los montes por su larga explotación). Más adelante, tras la ley desamortizadora y tras la delimitación de los montes que quedaron finalmente en propiedad del Estado, éste inició las primeras repoblaciones de pinos desde mediados del siglo XX, para su aprovechamiento forestal.

Mediante sus instituciones forestales, el Estado siguió incrementando su presencia en la zona con planes de aprovechamiento, aumentando la planificación territorial, los catálogos forestales y su explotación. Mediante ésta se proponía garantizar el control de los recursos de una forma racional y rentable, obviando las capacidades y usos tradicionales de las comunidades locales.

Estos aprovechamientos, del mismo modo que la vía jurídica, influyeron en mayor o menor medida en el desarrollo de las comunidades locales, que vieron cómo la implantación de la administración forestal controlaba, a partir de criterios técnicos, el aprovechamiento tradicional de los montes. En esta confrontación de dos modos de aprovechamiento del monte, tenemos la vía de la resistencia local, tanto social como ambiental, donde las comunidades rurales que realizaban un uso del monte según sus necesidades, y mediante prácticas tradicionales, contrarias a dichos procesos de redefinición de la propiedad, protestaron con distintas acciones. Una de ellas, pujando los mismos vecinos en las subastas para no perder el control del monte (González, 2000); o, en el caso de CSP, se materializó a través de protestas o intentando también exceptuar montes con el apoyo de las autoridades municipales[60] (en este caso fue el Ayuntamiento de Santiago de la Espada quien solicitó al Gobierno Civil de la Provincia de Jaén la exención de ventas de todos los bienes de propios del municipio), hecho que hizo relucir posiblemente la heterogeneidad dentro

60 Archivo Diputación Provincial de Jaén. Área Secretaría General. Legajo 2903/1.

de las mismas comunidades ganaderas. El trasfondo de dichas protestas era el mantenimiento del uso tradicional del monte (González y Ortega, 2000), basado en una economía eminentemente circular donde una mayoría de los inputs y outputs del sistema se mantenían dentro del monte (González, 2000), en oposición a una visión mercantilizada del mismo para el aprovechamiento de sus recursos (Ortega, 2001).

Es destacable remarcar que las prácticas tradicionales, mediante una gestión colectiva del monte, han logrado mantenerse vivas en CSP a pesar de los numerosos contratiempos, obstáculos, presiones y mutaciones observados a través de las Ordenanzas del Común de Segura de 1580, el Repartimiento de Castril de 1527 o la Escritura de la Concordia de Castril de 1893; son regulaciones cuyo objeto iba más allá del aprovechamiento de los pastos por parte de los ganaderos, incluyendo aprovechamientos de agua, o madera, entre otros. Sin embargo, como también se ha observado, los aprovechamientos colectivos se han visto crecientemente reducidos y limitados a los aprovechamientos de pastos.

El hecho que aún hoy en día se consiga mantener esta tipología de aprovechamientos colectivos a través de las asociaciones de ganaderos, materializadas actualmente en las SAT, nos habla de la capacidad de adaptación de las comunidades ante los múltiples y diversos procesos mencionados en el texto, desde la aplicación de leyes que iban en contra de los aprovechamientos comunales, con la incursión y apropiación por parte del Estado de los recursos naturales y de sus usos a través de la Administración Forestal o mediante los Ayuntamientos y particulares, los cuales, cada uno con sus propios intereses, sacaban rédito del espacio comunal en detrimento de este hasta llegar a un estado actual en claro declive con respecto a los comunales de los siglos XVI y XVII; y sin embargo, aún se mantienen vigentes los derechos de uso de los pastos.

Esta capacidad de adaptación no es exclusiva de las comunidades ganaderas, pues otros actores que entre sí luchaban por el acceso a los recursos del monte, reconocían, aunque quizá de forma implícita y siempre gracias a la constante contestación por parte de las comunidades locales, estas prácticas tradicionales.

Bibliografía

Alfaro Baena, Concepción (1993), «La Hoya de Baza: transformación de la frontera tras la conquista cristiana», *Revista del Centro de Estudios Históricos de Granada y su Reino*, Centro de Estudios Históricos de Granada y su Reino, Granada, pp. 41-66.

(1997), «Castril: de hisn frontero a señorío bajomedieval. *Anales De La Universidad De Alicante. Historia Medieval*», (11), pp. 553-563, en <https://doi.org/10.14198/medieval.1996-1997.11.35>.

— (1998), *El Repartimiento de Castril. La formación de un señorío en el Reino de Granada*, Grupo de Investigación «Toponimia, Historia y Arqueología del Reino de Granada», Granada.

Algarra Bascón, David (2015), *El Comú Català. La història dels que no surten a la història*, Potlatch Ediciones, Vilanova del Camí (Barcelona).

Araque Jiménez, Eduardo (1988), «*La Sierra de Segura: Contribución al estudio de la crisis de la montaña andaluza*» [Tesis de Doctorado, Universidad de Granada], Repositorio Institucional – Universidad de Granada, Granada.

— (1993), «El declive superficial de los montes públicos giennenses durante el siglo XIX. Una aproximación introductoria (1)», *Boletín del Instituto de Estudios Giennenses*, 150, Diputación Provincial de Jaén, Jaén, pp. 411-438.

— (2016), *El Parque Natural de las Sierras de Cazorla, Segura y Las Villas. Treinta años después*, Diputación Provincial de Jaén. Consejo Económico y Social de la Provincia de Jaén, Jaén.

Araque Jiménez, Eduardo, Sánchez Martínez, José Domingo (1994), «Ingenieros de Montes en las Sierras de Segura y Cazorla durante los años cuarenta», *Boletín del Instituto de Estudios Giennenses*, 153(2), Diputación Provincial de Jaén, Jaén, pp. 617-632.

— (1997), «Ingenieros de Montes en las Sierras de Segura y Cazorla durante los años sesenta», *Boletín del Instituto de Estudios Giennenses*, 166, Diputación Provincial de Jaén, Jaén, pp. 213-232.

Araque Jiménez, Eduardo, Sánchez Martínez, José Domingo, Moya García, Egidio, Pulido Mérida, Rafael, Mesa Garrido, Miguel Ángel (2000), *Jaén en llamas. Presencia histórica de los incendios forestales en los montes provinciales*, Diputación Provincial de Jaén, Jaén.

Ayuntamiento de Santiago de la Espada (1961), *Informe sobre dificultades existentes entre el Patrimonio Forestal del Estado y el vecindario de este término municipal y sus posibles soluciones*, original mecanografiado.

Barros, Lara (2018), *Informe histórico-documental sobre la naturaleza jurídica de la propiedad de los comunales pastoriles de Castril y Santiago-Pontones* (Informe interno proyecto EXPLORA).

Bernal Rodríguez, Antonio-Miguel (2009), «La tierra comunal en Andalucía durante la Edad Moderna», *Studia Historica: Historia Moderna*, 16(1), Ediciones Universidad de Salamanca, Salamanca, pp. 101-127.

De la Cruz Aguilar, Emilio (1977), *Régimen de montes de Segura, (siglos XIII al XIX)* [tesis de doctorado], Repositorio Institucional, Universidad Complutense de Madrid, Madrid.

— (1980), *Ordenanzas del común de la Villa de Segura y su tierra de 1580*, Instituto de Estudios Giennenses, Jaén.

— (1981), «La provincia marítima de Segura de la Sierra», *Boletín del Instituto de Estudios Giennenses*, 107, Diputación Provincial de Jaén, Jaén, pp. 51-84.

Diario Digital de Arriondas y su Concejo (s.f.), «De vecinos, almas y conciliaciones», en <https://www.arriondas.com/2014/02/de-vecinos-almas-y-conciliaciones/>.

Dominguez, Pablo y Benessaiah, Nejm (2017), «Multi-agentive transformations of rural livelihoods in Mountain ICCAs», *Quaternary International*, 437, International Union for Quaternary Research (INQUA), Italia, pp. 165-175.

Gila Real, Juan Antonio (1998), «La Sierra de Segura en el Catastro del Marqués de la Ensenada», *Boletín del Instituto de Estudios Giennenses*, 168, Diputación Provincial de Jaén, Jaén, pp. 191-366.

Girón Pascual, Rafael M (2018), «Rentas, herencia y patrimonio en el reino de Granada: Los Zafra, señores de Castril (1490-1814)» en Bermúdez López, Jesús y cols (eds.), *El Conde de Tendilla y su tiempo, Patronato de la Alhambra y el Generalife,* Universidad de Granada, Granada.

Gómez Herráez, José María (2008), «Las Hermandades Sindicales de Labradores y Ganaderos (1942-1977)», *Historia Agraria. Revista de agricultura e historia rural*, 44, SEHA, Murcia, pp. 119-155.

González De Molina, Manuel Luís (2000), «La crisis del Antiguo Régimen desde una perspectiva socioambiental: El caso del Reino de Granada», *Brocar. Cuadernos de Investigación Histórica*, 24, Universidad de la Rioja, La Rioja, pp. 213-242.

González De Molina, Manuel Luís, Ortega Santos, Antonio (2000), «Bienes comunes y conflictos por los recursos en las sociedades rurales, siglos XIX y XX», *Historia Social,* 38, Fundación Instituto de Historia Social, Valencia, pp. 95-116.

Hernando de Zafra. *Señor de Castril.* (s.f.), «Real Academia de la Historia. Historia Hispánica», en <https://historia-hispanica.rah.es/biografias/45943-hernando de-zafra> [consultado el 24 de septiembre de 2024].

Ladero Quesada, Miguel Ángel (2018), *Hernando de Zafra, secretario de los Reyes Católicos,* Editorial Dykinson, Madrid.

Lana, José Miguel y Iriarte-Goñi, Iñaki (2015), «Commons and the legacy of the past. Regulation and uses of common lands in twentieth century Spain», *International Journal of the Commons*, 9(2), Ubiquity Press, London, pp. 510-532.

López de Coca Castañer, José Enrique (s.f.), «Hernando de Zafra», Real Academia de la Historia, en <https://dbe.rah.es/biografias/17092/hernando-de-zafra> [consultado el 3 de octubre de 2024].

Mangas Navas, José Manuel (1981), *El régimen comunal agrario de los concejos de Castilla*, Ministerio de Agricultura, Servicio de Publicaciones Agrarias, Madrid.

Montesinos Llinares, Lidia (2013), *IRALIKU'K La confrontación de los comunales. Etnografía e historia de las relaciones de propiedad en Goizueta* [tesis de doctorado], Universitat de Barcelona, Barcelona.

Ortega Santos, Antonio (2001), «La desarticulación de la propiedad comunal en España, siglos XVIII-XX: una aproximación multicausal y socioambiental a la historia de los montes públicos», *Ayer. Revista de Historia Contemporánea,* 42, Asociación de Historia Contemporánea y Marcial Pons Ediciones de Historia, Madrid, pp. 191-212.

— (2002), *La tragedia de los cerramientos. Desarticulación de la comunalidad en la provincia de Granada,* Fundación Instituto de Historia Social, Valencia.

Portal de archivos españoles (PARES) (s.f.), «Respuestas Generales. Catastro de Ensenada», en <https://pares.mcu.es/Catastro/servlets/ServletController?accion=2&opcion=10> [consultado el 13 de enero de 2025].

Pascual Madoz (1845-1850), *Diccionario geográfico-estadístico-histórico de España y sus posesiones de ultramar*, Est. Literario-Tipográfico de P. Madoz y L. Sagasti, Madrid.

Pemán García, Jesús; Iriarte Goñi, Iñaki y Lario Leza, Francisco José (2017), *La restauración forestal de España: 75 años de una ilusión.* Ministerio de Agricultura y Pesca, Alimentación y Medio Ambiente, España.

Pozo Felguera, Gabriel (2021), «Desaparición del arbolado histórico en el noreste de Granada. La muerte del bosque infinito», *El independiente de Granada*, en <https://elindependientedegranada.es/cultura/muerte-bosque-infinito> [19 de septiembre de 2024].

Propiedad de la tierra: realengo y señorío (siglo xviii) (s.f.), «Identidad e Imagen de Andalucía en la Edad Moderna», en <https://www2.ual.es/ideimand/propiedad-de-la-tierra-realengo-y-senorio-siglo-xvii/> [consultado el 6 de octubre de 2024].

Pulido Castillo, Gonzalo (2004), «La Hermandad del Santísimo Sacramento de Castril: algunos datos para su historia», *Boletín del Centro de Estudios Pedro Suárez: Estudios sobre las Comarcas de Guadix, Baza y Huéscar*, 17, Centro de Estudios «Pedro Suárez», Guadix (Granada), pp. 37-76.

Rodríguez Tauste, Sergio (coord.) y López Arandia, María Amparo (coord.) (2021), *Actas del Congreso de Historia. 440 Aniversario de la firma de las Ordenanzas del Común de Segura*, Diputación de Jaén, Instituto de Estudios Giennenses, Jaén.

Sánchez Martínez, José Domingo (1998), *La política forestal en la provincia de Jaén: una interpretación de la actuación pública durante la etapa de administración centralizada (1940-1984)*, Diputación Provincial de Jaén, Jaén.

Serna Vallejo, Margarita (1993), «Estudio histórico-jurídico sobre los bienes comunes», *Revista Aragonesa de Administración Pública*, 3, Gobierno de Aragón. Departamento de Hacienda y Administración Pública, Zaragoza, pp. 207-229.

Stoler, Ann Laura y Sierra, Josué (2010), «Archivos coloniales y el arte de gobernar», *Revista Colombiana de Antropología*, 46(2), Instituto Colombiano de Antropología e Historia (ICANH), Bogotá, pp. 465-496.

5.
Postpastoralismo
Políticas agrarias y mercados globales en la realidad pastoril local

PAU SANOSA COLS (UAB)

Introducción

Los papeles son importantes, como acostumbran a mencionar los pastores de Santiago-Pontones[61]. Con esta expresión, se refieren al conjunto de trámites que deben realizar, no solo para mantener su explotación ganadera dentro de los marcos normativos, sino también porque dependen económicamente de ello.

Esta influencia, externa, no es un fenómeno reciente, puesto que gran parte de la configuración del actual pastoralismo en la Sierra se debe a demandas de mercado y políticas agroambientales, manifiestas durante décadas e incluso siglos. Desde la declaración de Provincia Marítima en el año 1748 para la extracción de madera de la Sierra (Martínez González, 2014), las políticas de reforestación de finales del siglo XIX e inicios del XX (Araque Jiménez, 2013), hasta las cambiantes demandas de mercado más recientes, son diversos los factores que han orientado la producción de carne, leche o lana (Araque Jiménez, 1989) junto a las dinámicas socioculturales locales. Y si tenemos que identificar cuáles condicionan y orientan estas relaciones hoy en día, sin duda la

61 A lo largo del capítulo me refiero a los ganaderos como pastores, pues ellos mismos se identifican como tales. Además de «poseer» los rebaños, la gran mayoría gestionan su explotación, guardan y cuidan los animales del rebaño y los acompañan en los desplazamientos.

Política Agraria Comunitaria de la Unión Europea (PAC, en adelante), representa el principal factor a considerar. Desde su diseño y aplicación, a inicios de la década de 1960, a través de incentivos a la producción, pasando por una posterior garantía a las rentas de productores en la década de 1990, para finalmente acercarse progresivamente a objetivos ambientales y de desarrollo rural, ha adquirido un creciente peso en el balance económico de las explotaciones ganaderas (Ciaian *et al.*, 2010).

El peso que tiene la PAC en el pastoralismo actual es absolutamente relevante para su mantenimiento y, sin embargo, se expresa con una serie de disyuntivas que amenazan su supervivencia. Por una parte, la PAC ha contribuido a la industrialización de la ganadería en España sin un aumento significativo en número de animales, pero por la otra ha significado una disminución de ganaderos y ganaderas, especialmente en áreas pastoriles (Manzano & Casas, 2010) como es el caso de Santiago-Pontones, aunque oficialmente apoya de forma activa al pastoralismo (Kerven & Behnke, 2011).

Desde un punto de vista productivo, las sociedades pastoriles se ven inmersas en la gobernanza global de cuestiones relativas a la alimentación, en la circulación internacional de productos alimentarios y en la expansión de corporaciones basadas en alimentos (Phillips, 2006). Los intercambios a larga distancia y la conexión con mercados e intercambios a larga distancia posibilita los modos de vida pastoriles (Scoones, 2020), pero suponen también una fuente de incertidumbre para los pastores, dado que la variabilidad de estos mercados queda fuera de su control (Simula, 2023). Paralelamente, en el contexto de la Unión Europea y especialmente desde la década de 1990, se aprecia una estrecha relación entre determinadas manifestaciones de las políticas agrarias y procesos a múltiples escalas de los mercados (Salguero, 2019), con claras repercusiones en sus formas de producción, en la gestión de los territorios de pasto (Galán *et al.*, 2022) y en la organización comunitaria de los grupos pastoriles (Reid *et al.*, 2014).

Así, mediante la influencia de las políticas agrarias y la integración en economías de mercado globales, en la realidad pastoril de Santiago-Pontones los territorios se valoran en función del subsidio que su uso permite recibir; las ovejas y las cabras tienen más valor por los derechos de pago[62] que llevan asociados que por su capacidad reproductiva; y los pastores

62 Fórmula adoptada para calcular la cantidad de subsidios que una determinada explotación puede percibir. Estos derechos de pago se calculan en base a los

pasan cada vez más tiempo realizando trámites y gestiones administrativas, mientras ven cómo sus modos de producción se desvalorizan. En este capítulo[63] haremos un repaso de la evolución y efectos de la PAC y los mercados globales en el pastoralismo de Santiago-Pontones.

De este modo, el pastoralismo no es tan sólo un modo de vida basado en el cuidado de animales para la obtención de recursos, que en el caso de Santiago-Pontones se da a través de un uso extensivo del territorio con una gran movilidad estacional, sino que de un modo creciente se convierte en un constructo político-administrativo; un entramado en el que los pastores, aquellos que antaño no se separaban del rebaño, deben manejar un conjunto de elementos que impactan en los animales domésticos y dirigen en gran medida el sentido de su actividad y forma de vida, tanto en el plano individual y familiar como en los procesos colectivos de toma de decisiones.

La PAC como agente en el pastoralismo actual en la Sierra

Las políticas agrarias comunitarias de la Unión Europea implican, para los pastores de Santiago-Pontones, un cambio de perspectiva a la hora de entender sus modos de vida, tanto por el efecto que tiene en las prácticas como por las relaciones con animales y territorios, además de entre personas. Normativas y programas que llegan a esta realidad local de un modo sobrevenido, que los pastores perciben como de necesaria aplicación para mantener sus modos de vida, y que establecen el marco al que deben adaptar sus modos de producción, pero también por los ingresos económicos que conllevan. Así, por ejemplo, los pastores asumen una nueva tarea dentro de la práctica del pastoralismo, destinada

tamaños de rebaño de un período de referencia (años 1989-1991) y así se desvinculan de cambios en el número de animales de las explotaciones.

63 Los datos que se exponen en este capítulo son fruto de un trabajo de campo realizado a lo largo de 13 meses entre los años 2017 y 2022 en el marco de los proyectos ADAPTAL (CSO2016-78827-R), AGATA (AXA research fund) y EXPLORA (CSO2015-72607-EXP), expuestos y analizados en el segundo capítulo de este libro y en detalle en la tesis doctoral titulada Giros colectivos: Pastoralismo y Gobernanza socioambiental en Santiago-Pontones (Sanosa-Cols, 2024). Deseo agradecer la acogida y colaboración de los pastores de Santiago-Pontones y del conjunto de actores e instituciones locales, así como a las instituciones cofinanciadoras de mi investigación.

a resolver las cuestiones y necesidades que plantean estas políticas y programas. «Hacer papeles», sin embargo, no es una actividad más, sino que es de capital importancia para la viabilidad económica de la explotación ganadera y llega a reordenar las otras; además, es una actividad que realizar de la que los pastores no acaban de comprender razones ni procesos.

La PAC incide en el balance económico de las explotaciones ganaderas y en tareas añadidas que deben realizar los pastores. Asimismo, se integra de tal modo en las realidades pastoriles locales que su consideración se hace necesaria para comprender ciertos aspectos tanto de las relaciones entre pastores, como con animales del rebaño y territorios de pasto, a la vez que es relevante para comprender los actuales modos de producción.

Aunque la PAC entra en las vidas de los pastores en el momento de la integración de España en la Unión Europea, su incidencia es resultado de un proceso de evolución tanto de las propias políticas como de la forma en que los pastores han respondido a ellas. La PAC se muestra de una forma inherentemente cambiante, hecho que añade incertidumbre a la, ya de por sí, complejidad de encaje.

Es cierto que encontramos otras tipologías de políticas que afectan a la vida pastoril actual, como las políticas ambientales o las sanitarias. Inciden de forma tan clara como el hecho de condicionar la fecha de movilidad para los rebaños trashumantes, limitar y supervisar la cantidad de antibióticos administrados a los animales o prohibir a los pastores que corten ramas de árboles y arbustos para alimentar los rebaños en estaciones de escasez de pasto. No obstante, los pastores no sitúan estas normativas al mismo nivel que el de las políticas agrarias por dos principales razones: no se vehiculan a través de subsidios, por lo que la viabilidad económica de la explotación no está tan sujeta a ellas; y se mantienen poco variables en el tiempo, por lo que los pastores tienen claros los marcos de actuación.

En este punto, cabe añadir que los ingresos derivados de los programas de subsidios van estrechamente relacionados con la pérdida de valor del cordero en el mercado, que tal y como lo percibe este grupo de pastores se ha mantenido fijo a lo largo de los últimos 35 años. El balance global acaba resultando en una compensación de esta devaluación del valor de la producción en relación con los costes asociados, nivelando la relación ingresos-gastos, pero creando, a la vez, una situación de dependencia respecto de estos subsidios.

La aparición de las «ayudas». Un antes y un después

Es desde las últimas décadas del siglo xx, cuando España se integró a la Unión Europea (concretamente en 1986) y se asumió su marco de funcionamiento administrativo, cuando la PAC empezó a repercutir en los modos de producción locales (Clar *et al.*, 2018) y se posicionó como el principal eje alrededor del cual se articulan agricultura y ganadería (Herrera *et al.*, 2014). Para los pastores, la PAC se tradujo, en aquel momento, en «empezar a cobrar algo de ayudas», como expresan los informantes de mayor edad, e iniciar una serie de cambios en su gestión y en las relaciones de compraventa de productos ganaderos que han tendido hacia una mayor dependencia de las mismas subvenciones. Hasta entonces, las familias ganaderas dependían directamente de la venta de productos de los animales, y su subsistencia dependía de la viabilidad de la explotación.

Estos subsidios llegaron al nivel local ya a inicios de la década de 1990. Sin embargo, los pastores no logran precisar la forma en que los empezaron a recibir ni concretar los motivos ni la cuantía de la percepción, seguramente por tratarse de subsidios por aquel entonces muy limitados (Ríos-Núñez *et al.*, 2013). Sea como sea, los primeros subsidios que llegaron a la Sierra se obtuvieron en función del tamaño del rebaño. El objetivo de la PAC, en aquel momento, era garantizar directamente la renta de agricultores y ganaderos con un pago vinculado al tamaño de la explotación (Comisión Europea, 2012). Se pasó así de una forma de ejercer el pastoralismo que dependía totalmente de su producción a una en la que ésta fue cediendo importancia a la justificación del número de animales de la explotación ganadera, que de por sí garantizaba una entrada de dinero, incentivando tamaños de rebaño progresivamente mayores que precisaban de mayores extensiones de terreno para pastar, así como otras formas de manejo del rebaño, a la vez que se incrementaba el consumo de forrajes y pienso asociados. El incremento en el tamaño de las explotaciones fue un fenómeno generalizado en esta última década del siglo xx (M. Nori, 2022).

Los modelos de explotación habituales en la zona, basados en rebaños de entre 50 y 200 ovejas hasta la década de 1980, pasaron a tamaños de rebaño de unas 600 cabezas de media, con casos puntuales de más de 1000 animales en el momento de realización del trabajo de campo (2017-2019). Y paralelamente a este aumento en el tamaño de las explotaciones, se disoció el ingreso monetario producto de la actividad ganadera: ya no dependía exclusivamente del producto material a comercializar (cordero, lana o leche) sino que emergía un ingreso dictaminado (y garantizado) por la PAC. Los animales del rebaño entonces, además de un valor por su capacidad de producción, adquirieron una valoración económica en sí mismos.

Evolución y complejidad del entramado

El nuevo siglo trajo una serie de cambios diseñados en el seno de la Unión Europea, orientados a garantizar rentas a agricultores y ganaderos y a fomentar el desarrollo rural. A la vez, se distinguieron las ayudas en función de si representaban un apoyo directo a productores, que en el caso de la ganadería extensiva se concretó a través de la superficie pastoreada y del mantenimiento de pastos permanentes[64], o de si se trataba de medidas de apoyo al desarrollo rural, tales como la producción ecológica, la incorporación de personas jóvenes a la actividad, o situar la explotación en zonas montañosas (UE, 1999).

Las propias características de los pastos de Santiago-Pontones, dentro de un Parque Natural, junto con la forma de practicar el pastoralismo, han facilitado la justificación de gran parte de los subsidios, pero los ganaderos han tenido que adaptar parte sus prácticas y sobre todo aprender a elaborar una justificación administrativa para percibirlos.

En conjunto, esta orientación de las subvenciones planteó (y sigue planteando) a los pastores un escenario relativamente contradictorio en los modos productivos de la ganadería. Si bien se incentivan prácticas consideradas positivas para la conservación del territorio como usos no intensivos de los pastos, movilidad estacional o pastoreo en zonas montañosas, la principal razón de este modo de vida, las prácticas de aprovechamiento de productos de los animales domesticados, se ve ignorada y apartada de los procesos de valorización de estas políticas. Bajo el paradigma de la PAC, los pastores no perciben subsidios por producir, sino por demostrar unas prácticas de uso del territorio, a la vez que deben asumir ciertos compromisos en sus modos de vida (Tabla 1). Pero

64 La definición de pastos permanentes en la PAC es la de tierras utilizadas para el cultivo de gramíneas u otros forrajes herbáceos, ya sean naturales (espontáneos) o cultivados (sembrados) y que no hayan sido incluidas en la rotación de cultivos de la explotación durante cinco años o más (Beaufoy *et al.*, 2011).

a ojos de los pastores, esto no basta para premiar o incentivar lo que ellos consideran buenas prácticas ganaderas, dirigidas básicamente al cuidado del rebaño. No bastaría con incentivar una vigilancia o gestión ambiental, sino que los pastores entenderían mejor unas políticas dirigidas a la mejora de la rentabilidad de las explotaciones, como también señala Lasanta (2010).

De este modo, los ganaderos pasan directamente de cobrar en función de las cabezas de ganado a verse sujetos a una diversificación de los motivos y requisitos para percibir subvenciones. A esta evidente y progresiva complejidad de las formas de percibir subvenciones se le añade la normativa creada para regular las formas de acceder a ellas, que complejizan la comprensión de procederes a los pastores e infunden la sensación de tener la PAC como el principal reto a abordar. Y a la vez, desde el propio marco político de la Unión europea, se enfatiza la necesidad de preservar los sistemas pastoriles presentes en la región (M. Nori, 2022), por lo que la situación se vuelve más incongruente todavía para los pastores, que reciben mensajes a favor de su actividad, pero se

Fotografía 1: Grupo de ovejas de Pontones pastoreando en una zona mixta de pasto, arbusto y árboles, con una zona rocosa de mayor pendiente. Autor: Pau Sanosa Cols.

sienten desamparados frente a las formas de funcionamiento de estos programas. La siguiente reforma de la PAC, aprobada en 2022, se ha orientado hacia una mayor integración de objetivos climáticos y de conservación de la biodiversidad (Comisión Europea, 2023), pero sin cambiar las principales formas de pago vinculadas a la superficie, por lo que los pastores no ven premiadas sus prácticas frente a formas de ganadería más sedentarias y sobre todo frente a terratenientes.

La canalización de la percepción de subsidios a través de la superficie pastoreada trajo consigo un factor de corrección, el coeficiente de admisibilidad de pastos (CAP en adelante), introducido para diferenciar las zonas de pasto que pueden ser plenamente pastoreadas de las zonas de pasto que, por motivos de pendiente, falta de suelo o vegetación, no lo son (Ruiz *et al.*, 2017). Así, una zona de gran pendiente o con escasa cubierta de vegetación se considera, desde la lógica de la PAC y a través de este coeficiente, como no apta para ser pastoreada, aunque ovejas y cabras efectivamente puedan pastorear allí (fotografía 1 y figura 1), como sucede frecuentemente en los pastos de Santiago-Pontones. Según informan algunos miembros del personal técnico de la Oficina Comarcal Agraria local, la aplicación de este coeficiente redujo entre un 35 y un 40 % la superficie que los pastores de Santiago-Pontones podían declarar como aprovechada para percibir los subsidios correspondientes.

Los pastores, así, se ven obligados a arrendar más fincas de pasto de las que finalmente sus rebaños necesitan para alimentarse, simplemente para sumar la superficie que deben declarar para la percepción de subvenciones. Y además deben hacerlo conjuntamente, por el hecho de situar los rebaños en pastos comunales y que por otro lado no son de su propiedad. De este modo a través de la PAC emerge un nuevo recurso a captar o aprovechar, al margen del propio pasto para los rebaños (Galán *et al.*, 2022).

En este punto la organización colectiva toma gran relevancia ya que, independientemente de la zona concreta de pasto, las SAT persiguen garantizar que cada explotación perciba la subvención correspondiente al tamaño de rebaño. A la vez, se crea una disociación entre los pastos donde se sitúa cada rebaño para alimentarse y los que se declaran como aprovechados por cada explotación en particular para igualar la cantidad de animales de un determinado rebaño con la superficie que, bajo las estimaciones técnico-administrativas, debe pastorear y consecuentemente contabilizar para la percepción de subsidios. Con todo, existe entre los pastores una sensación de amenaza

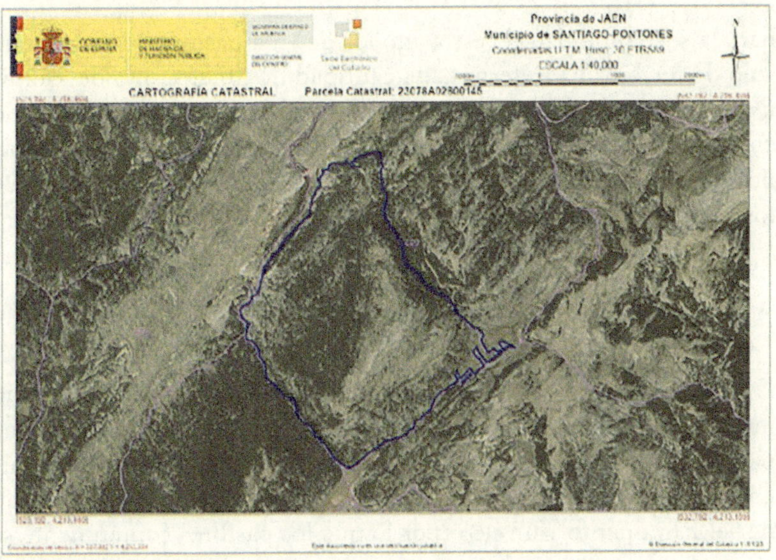

Figura 1: Fragmento de pastos de Pontones a través del visor SIGPAC (2022). El territorio, dividido en parcelas, es caracterizado en función de la pendiente, cobertura vegetal y tipo de vegetación para determinar la superficie disponible para cada uso. Fuente: sede electrónica del Catastro y SIGPAC.

Tabla 1: Resumen de datos de la parcela mostrada en la figura 1 (para el año 2022). Fuente: sede electrónica del Catastro y SIGPAC.

Usos	Supercifie Total (ha)	Superficie Adminisble en pastos (ha)
Viales	0,0551	-
Forestal	224,5801	-
Pasto con arbolado	58,1377	46,2045
Pasto arbustivo	202,6545	148,3479
Pastizal	210,5699	161,3747
Superficie Total	**695,9973**	**255,9271**

para la sostenibilidad de estos modos de vida pastoriles. No se trata solo de recibir una determinada cantidad de dinero, sino de asumir unos compromisos que los pastores no acaban de comprender cómo encajar en sus tareas pastoriles. Complejidad, ineficacia y vulnerabilidad son calificativos estrechamente relacionados en el imaginario de los pastores en el contexto actual.

Actores intermediarios clave

Este diálogo o interrelación entre políticas y pastores no se da de un modo directo, desde la normativa a lo inmediatamente local, sino que pasa por una serie de niveles, encargados de operar a escalas determinadas. El diseño del programa de políticas de la PAC fue aprobado por el Parlamento Europeo (por lo que los pastores comúnmente se refieren a que «esto se decide en Bruselas»). Pero la aplicación y traslado a realidades más concretas corresponde a los Estados y, particularmente para el caso de España, a las Comunidades Autónomas, que si bien en un contexto definido por decisiones europeas, tienen cierto margen de maniobra (Ríos-Núñez *et al.*, 2013). Por tanto, es la administración pública autonómica y sus técnicos quienes acaban definiendo las formas de aplicar las directrices de la PAC en aspectos tan particulares, pero totalmente relevantes, como el coeficiente de admisibilidad de pastos. Este salto de escala, aun acercando el diálogo a un nivel regional, no es suficiente para que los pastores sientan comprendida su realidad.

Efectos de las políticas agrarias en las relaciones locales

Dentro de los objetivos de la PAC figura el de apoyar a jóvenes agricultores y ganaderos, pero este es de hecho uno de los puntos donde se pueden apreciar las contradicciones que este sistema de ayudas supone para los pastores: por un lado, un gran aporte económico dirigido a mantener estos modos de vida, incluso con líneas específicas para incentivar el establecimiento de nuevas explotaciones ganaderas; pero por otro lado, una muy baja tasa de establecimiento de jóvenes pastores debido a la dificultad para cumplir los requisitos para percibir estos subsidios identificados como fundamentales para la viabilidad económica. Los problemas de relevo generacional afectan a explotaciones de ganadería extensiva a lo largo de Europa (Scoones, 2020), resultado en parte de estas inconsistencias políticas y la incertidumbre asociada que conlleva (M. Nori, 2022). En otras palabras, el traslado del cálculo de las subvenciones a la percepción desde el tamaño del rebaño a la superficie pastoreada se ha convertido en una trampa para los pastores. Además, esto ha sido un problema retroalimentado a nivel local, para el caso concreto de Santiago-Pontones, al repartir toda la superficie disponible entre los rebaños presentes y no contemplar una necesidad futura de más superficie de pasto. El diseño de las políticas, pensadas a nivel de explotación, fomenta así el individualismo dentro del colectivo pastoril.

Sin embargo, cabe mencionar que, en 2020, los pastores de Santiago-Pontones con la ayuda de personal de la OCA lograron demostrar coeficientes de admisibilidad de pastos de determinadas zonas de pasto superiores a lo inicialmente definido, ampliando así una superficie admisible para formalizar el pago básico a nuevas explotaciones que hasta entonces se consideraba saturada. Por lo tanto, esta dimensión administrativa lejos de ser fija a través del tiempo se demuestra alterable, si bien a base de informes de justificación que de ningún modo pueden desarrollar los pastores por sus propios medios.

En un sentido similar, otra derivada de la disociación de la ganadería propiciada por estas políticas agrarias, entre aspectos biofísicos y administrativos, es la otorgación de titularidad de explotaciones a personas que de hecho no realizan tareas pastoriles. Repasando los listados de titulares de explotaciones en la zona, además de hijos de pastores figuran parejas e hijas que, en caso de participar de la actividad pastoril, hasta ahora lo hacían de un modo invisible, con tareas de apoyo no siempre reconocidas.

En este sentido, la consideración de las mujeres dentro del colectivo pastoril toma relevancia en un plano administrativo, pero no se traduce en un papel activo en los procesos de toma de decisiones o en una emancipación a la hora de conformar una explotación ganadera propia. A pesar de que los programas de desarrollo rural a nivel europeo contemplan crecientemente potenciar la igualdad entre hombres y mujeres (Kovačićek & Franić, 2019), estos son claramente insuficientes para el presente caso de estudio, donde la PAC no contribuye de un modo palpable a reducir las desigualdades de género establecidas dentro de este grupo.

La PAC y la relación de los pastores con el territorio y los animales

El conjunto de normas y requisitos para mantener explotaciones ganaderas y, en definitiva, para llevar a cabo modos de vida pastoriles, se acopla a las formas de relacionarse con el propio trabajo, además de con los animales y los territorios. No obstante, lejos de integrarse de un modo directo, y de adecuarse a lógicas locales, estas políticas no siempre son consideradas coherentes por los pastores. Al percibir una parte de las subvenciones por la superficie pastoreada y no por lo que puedan producir o por el tamaño de su rebaño, los pastores se encuentran en una situación de mayor dependencia de factores externos y, por ende, de vulnerabilidad frente a cambios, como también apuntan Galán y otros (2022). Particularmente para el caso de los pastos de Santiago-Pontones, donde coexisten diferentes formas de propiedad de la tierra donde pastan los rebaños y donde se vinculan administrativamente las explotaciones para declarar una superficie asociada, esta dependencia es conocida y aprovechada por parte de las personas titulares de fincas, cuestión que se da de manera generalizada en el conjunto del estado español, pero no se replica en otros países de la Unión Europea (Ciaian *et al.*, 2010). Los pastores asumen que podrían prescindir de algunas de estas fincas si tuviesen que limitarse a alimentar los rebaños. Pero al necesitar una determinada superficie de pastos para justificar el cobro del pago básico, se ven empujados a integrarlas en su manejo colectivo de pastos, más por una necesidad administrativa que biofísica.

De hecho, asociaciones de pastores y organizaciones en su defensa ponen de manifiesto que, a lo largo de Europa, grandes extensiones de zonas pastoriles quedan descartadas para la percepción de subsidios debido al CAP (S. Nori & Gemini, 2011). Para el caso concreto de Santiago-Pontones, se observa una resignificación de los territorios pastoriles de la Sierra. Las zonas de pasto ya no se catalogan solo en función de su productividad o la calidad del pasto, sino que se interpretan también con una mirada condicionada por este coeficiente.

En cuanto al tiempo dedicado a las tareas pastoriles, ya hemos señalado que llevar a cabo los trámites administrativos para estar al corriente de las directrices de estas políticas y poder optar a percibir estos subsidios requiere de una dedicación nada desdeñable. Diferentes informantes sitúan a inicios de los años 2000 el momento en que se empieza a incrementar notablemente la cantidad de tiempo necesario para atender estas tareas, tiempo que se resta de otras prácticas y que implica a la vez otras perspectivas y conocimientos necesarios para encajarlas en las lógicas pastoriles locales. Desde incorporar la visión de «derechos de pago» asociados a las ovejas o el CAP, hasta saber rellenar formularios donde indicar datos de la explotación, estas nuevas formas se presentan de manera desigual entre los pastores. Aunque por lo general se perciben siempre complejas, son los pastores de generaciones mayores los que muestran una mayor incomprensión respecto a estas políticas agrarias y las maneras en que contribuyen a su forma de vida. Las generaciones más jóvenes, por bien que entienden el funcionamiento de las políticas, afrontan con desidia sus exigencias burocráticas. Con todo, asumen el beneficio económico (y la dependencia) de entrar en su lógica, pero, a la vez, los pastores vinculan sus perspectivas de futuro, tanto a nivel de explotación ganadera como de colectivo pastoril, a la dirección que tomen nuevas políticas agrarias.

Resumiendo, con un origen centrado en el incentivo de la productividad agraria, la PAC ha evolucionado y lo sigue haciendo hacia un mayor interés en las formas en cómo se producen productos alimentarios y no tanto en el volumen de estos (M. Nori, 2022). Esta desvinculación de la PAC respecto a la productividad es uno de los principales puntos débiles que identifican los pastores ya que, desde su perspectiva, sería mejor percibir subvención por cordero vendido, más que por una superficie determinada o por el número de animales del rebaño. Un planteamiento que resulta plausible a la escala local, pero que desde perspectivas más globales ha quedado superado (Comisión Europea, 2012).

Por otro lado, la forma de percepción de subsidios acentúa el interés por la organización colectiva en cuanto al acceso y el uso de pastos. Considerando que los pastores de Santiago-Pontones no son propietarios de los territorios de pasto, a la vez que necesitan vincular su explotación ganadera a una determinada superficie pastoreada, la existencia y funcionamiento de instituciones como las SAT es absolutamente relevante. Su papel no ya solo para posibilitar un aprovechamiento comunal de pastos, sino también porque un reparto de la correspondiente superficie a cada explotación es vital para su viabilidad económica.

Las realidades pastoriles locales en un contexto de mercado

Apartando la mirada de la PAC y dirigiéndola a los mercados, vemos cómo el comercio de productos de la ganadería –ya sea la carne de crías, la lana de ovejas o la leche de ovejas y cabras–, ha orientado la producción y por tanto las tipologías de rebaño y manejo, y los requerimientos del mercado han sido relevantes durante siglos en la Sierra (Araque Jiménez, 1989). No obstante, el comercio tenía lugar en un esquema de complementariedad agroganadera, mientras que desde finales de siglo XX se plantea como el principal modo de economía familiar, ahora orientada claramente al mercado.

Entre los modos de vida de Santiago-Pontones, la cría de corderos ha representado, durante generaciones, una de las principales formas de ingreso monetario en unas economías familiares basadas en gran parte en el autoabastecimiento y el intercambio. El incremento del tamaño de los rebaños, el aumento de los períodos de reproducción y productividad de los rebaños y el incremento consecuente de los insumos en forma de alimento para los animales se vinculan directamente con el hecho de procurar sacar un mayor rendimiento al trabajo realizado, desplazando la dimensión agraria y de intercambio de la economía familiar, para centrarse en un modelo ganadero y de economía de mercado. Los requerimientos y necesidades, definidos por los consumidores más allá de la Sierra y de los territorios pastoriles, han sido relevantes hasta el punto de definir la composición del rebaño, los periodos de producción y las características de los animales, en pro siempre de una mayor rentabilidad en cada momento.

Sin embargo, la globalización de los mercados, que incorporan corderos (de calidad muy variable, a juicio de los pastores) a precios muy por debajo de sus costes de producción en la Sierra, son también una amenaza a la pervivencia, puesto que los pastores de Santiago-Pontones compiten con otros territorios y modos de producción que muy poco tienen que ver con el pastoralismo en la Sierra, tal como lo perciben también ellos mismos.

Pero a la vez, gracias al consumo de carne de cordero de otros países, existe una demanda de cordero que puede absorber toda la producción local. Por lo general, la comercialización de corderos no se lleva a cabo de una forma diferenciada y separada de otros sistemas de producción de corderos (ya sean pastoriles o intensivos), sino que entran en una cadena productiva que puede catalogarse propiamente industrial y que poco o nada tienen que ver con la ganadería extensiva (Porcher, 2021). Existen tímidas excepciones que reconocen el origen del cordero, como veremos a través de la certificación y la comercialización local, aunque no constituyen alternativas comparables al principal esquema de venta a mercados globales.

Productos pastoriles, ¿productos de mercado?

Actualmente el cordero es el único producto con valor de mercado, tanto para la transformación como para el consumo de su carne. Ni la lana ni la leche de oveja segureña, en el contexto pastoril de Santiago-Pontones, no son productos con los que los ganaderos pueden comerciar (Figura 2).

A grandes rasgos, considerando que en la zona de estudio hay unas 50.000 ovejas y que la tasa de productividad anual promedio es de 1,2 crías por oveja, anualmente en Santiago-Pontones se producen unos 60.000 corderos que se introducen en el mercado por diferentes vías y a diferentes escalas territoriales. Es complejo realizar un seguimiento de las rutas comerciales seguidas por los corderos producidos por los rebaños de Santiago-Pontones, pues la gran mayoría se comercializan por canales convencionales. Sin embargo, para aportar una referencia de los posibles destinos podemos considerar los datos de la Subdirección General de Producciones Ganaderas y Cinegéticas, Dirección General de Producciones y Mercados Agrarios, según los cuales el año 2023 el 76 % de la carne de ovino exportada tuvo como destino la UE, principalmente Francia, Italia, Portugal, Reino Unido y Dinamarca. Solo un 23 % de las partidas traspasaron las fronteras de la UE, llegando a Qatar, Israel, Arabia Saudí y Omán entre otros (MAPA, 2023). Es relevante

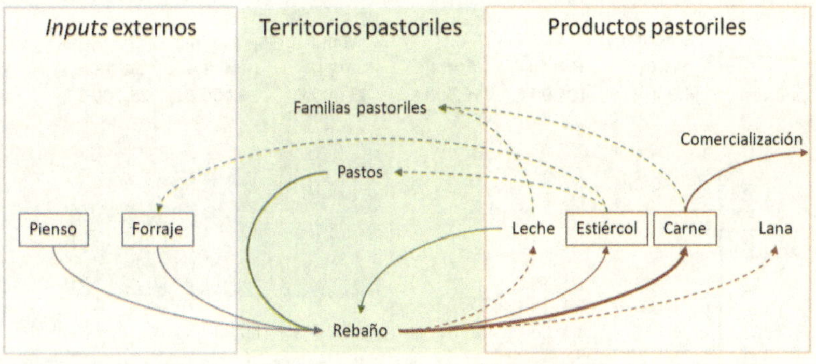

Figura 2: Representación esquemática de los flujos materiales de alimento y producción pastoril en Santiago-Pontones. Del conjunto de productos pastoriles, la carne es la única que entra en los circuitos de mercado globales y la que orienta las formas de producción actuales. Salvo la lana, otros subproductos son aprovechados a nivel local o en forma de intercambio, como sucede con el estiércol. Elaboración: Pau Sanosa Cols.

mencionar que estos valores fluctúan manifiestamente año a año, dando cuenta de la variabilidad que conlleva la incorporación a mercados internacionales. Así, el pastoralismo se ve inmerso en unas lógicas mercantiles que comprenden procesos (e intereses) que trascienden las realidades locales, pero con los que los pastores se ven obligados a interactuar. Se convierte, de este modo, en una actividad que progresivamente debilita la conexión con las realidades agrarias y se integra en un modelo internacional basado en la industrialización de la cadena agroalimentaria (Clar *et al.*, 2018).

A nivel de economía local, la introducción de corderos en estos sistemas de comercialización implica que, en promedio, estos se paguen a unos 60 euros por unidad. Considerando una explotación tipo de 600 ovejas, equivalente a una producción de 720 corderos, que a un precio de venta medio

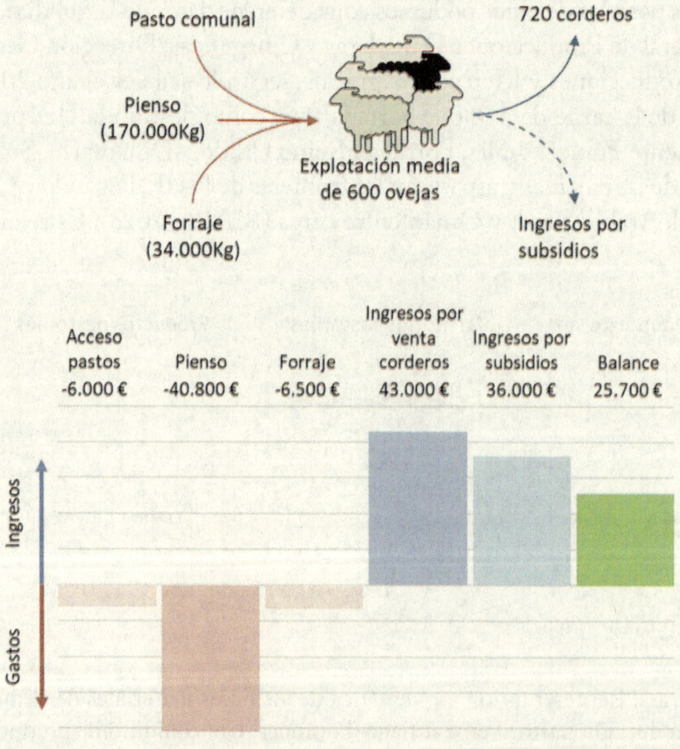

Figura 3: Balance material y económico alrededor de una explotación media de 600 ovejas. Elaboración: Pau Sanosa Cols.

de 60 euros por cordero (precio que se mueve entre los 55-70 euros, en función del momento del año en que se venden), representa unos 43 000 euros anuales. A pesar de ser una cantidad notable de dinero, no es suficiente para compensar los costes de producción ni el trabajo invertido por las personas que desempeñan un papel activo en la explotación. Siguiendo con el ejemplo de la explotación tipo, esta puede requerir entre 30 000 y 38 000 kilogramos de forraje al año, lo que se traduce en unos 6 500 euros, y unos 170 000 kilogramos de pienso que representan unos 40 800 euros, a fecha de trabajo de campo (2019). Por lo tanto, los costes anuales aproximados de adquisición de pienso y forraje estarían alrededor de los 50 000 euros, por encima de los beneficios de la venta de corderos a precios actuales y sin considerar el pago por los pastos, unos 6 000 euros, lo que convierte los ingresos por subsidios en absolutamente necesarios (Figura 3).

Con una lectura general de las interconexiones entre producción, políticas agrarias y comercialización, se puede plantear que la presencia de subvenciones y las mismas políticas agrarias posibilitan (y promueven) esta insuficiente valorización económica de los productos de la ganadería. A grandes rasgos, los pastores calculan que deberían vender el cordero a unos 120-150 euros para compensar los costes de producción y obtener un sueldo, pero actualmente los venden a estos 60 euros de media, muy por debajo del precio de coste y, como hemos señalado, sólo compensando esta diferencia con las subvenciones que reciben.

Cambios relevantes en la venta de corderos

Por otro lado, es relevante contextualizar la percepción de una constancia en los precios en relación con la venta de corderos que tienen los pastores respecto al valor de venta de inicios de la década de los 1990. Asumiendo una equivalencia de precios y por tanto una pérdida del valor de venta del cordero con el paso de los años, se obvia sin embargo que los corderos se venden progresivamente más jóvenes (con menos peso), pasando un tiempo en cebaderos que anteriormente tenía lugar en la explotación ganadera de origen.

Cabe aclarar aquí que los marchantes ya no son comerciantes solamente, sino que han desarrollado toda una técnica e infraestructura para adquirir corderos entre los 15 kilogramos y los 20 kilogramos y engordarlos en cebaderos hasta sacrificarlos con 30 kilogramos. Lo que antaño hacían los pastores a nivel individual lo desarrollan ahora los marchantes. Este fenómeno tiene otra consecuencia negativa para los pastores y su práctica ganadera, y es que los corderos resultantes son indistinguibles de otras formas de producción más intensivas. Cualquier característica que pudiera significar una diferencia valorable a nivel de mercado, como carne de ganadería extensiva o ecológica, queda desdibujada en el momento en que los corderos pasan los últimos meses antes de ser sacrificados encerrados dentro de naves y alimentándose a base de piensos convencionales.

Hay que entender que este cambio en los actores que capitalizan el crecimiento final del cordero antes de su sacrificio y venta de carne se debe a la incapacidad de los pastores de realizarlo en el nuevo contexto de mayores rebaños y complejidad de las tareas. Rebaños mayores y periodos de reproducción más frecuentes hacen incompatible la realización de tareas relativas al cuidado del propio rebaño y la crianza de corderos durante meses para su venta. A los pastores les estresa e incomoda estar pendientes de los corderos para vender por este solapamiento entre tener que cuidar a los animales del rebaño y procurar que el máximo número de crías lleguen en buenas condiciones a la fecha de venta. A su parecer, cuanto antes llegue este momento, mejor.

Podemos afirmar que el modo en que se venden los corderos ha cambiado a lo largo de estas últimas tres décadas y que por tanto la comparación de precios debe considerarlo. Pero, aun así, el estancamiento y la clara devaluación del precio del cordero son un fenómeno real por cuanto se han multiplicado los costes de producción. Sin considerar las inversiones en materiales y herramientas, combustible y otros insumos necesarios para el desarrollo de la actividad ganadera tal y como la practican los pastores de Santiago-Pontones, la creciente dependencia de piensos y forrajes ha conducido a los pastores a asumir los incrementos en su precio. No obstante, los pastores no repercuten el incremento experimentado de los precios en los piensos y forrajes, en el precio de venta de los corderos. Y, por otro lado, esta dependencia de piensos y forrajes sitúa a los pastores de Santiago-Pontones en competencia con otros agricultores y ganaderos, además de exponerlos a la variabilidad y disponibilidad de otros recursos, sujetos a sus propios condicionantes socioambientales.

Vender el cordero… ¿a quién?

En este contexto de comercialización de corderos, los marchantes desempeñan un papel sumamente relevante en tanto que no son meros intermediarios entre los diferentes pasos de crianza y posterior engorde y sacrificio de los animales, sino que su objetivo es adquirir los corderos al menor precio posible, y desarrollan así diferentes estrategias para lograrlo. Son los propios marchantes los que fijan (o por lo menos proponen) el precio de venta de los corderos, no los pastores, en una relación que podría ser más equilibrada, pero en la que los pastores han cedido y los marchantes lo han aprovechado. Esto les sitúa en una posición de poder en estas relaciones comerciales de los productos pastoriles, con capacidad de maniobrar sobre los precios y fechas concretas de adquisición de corderos.

Para el caso de Santiago-Pontones, el reducido número de marchantes que acuden a comprar corderos es determinante para esta coordinación, que les coloca en una gran capacidad para mantener precios de compra bajos. Estas relaciones pastores-marchantes deben entenderse en un contexto global de producción de alimentos (Robinson, 2018), donde los modos de producción de otros territorios sirven de justificación a esta presión recibida por los pastores. Sin embargo, también hay que decir que por lo general los pastores no se consideran buenos comerciantes. Manifiestan abiertamente que lo que les gusta es criar y cuidar los animales del rebaño y en varias ocasiones el poder de decisión sobre la venta que manifiestan los marchantes es aceptado sin demasiada oposición, pese a tener pleno conocimiento de que no han sacado el máximo beneficio económico. De hecho, en la zona ha habido varios intentos de formalizar una cooperativa, apoyada en un centro de tipificación de cordero segureño, para controlar el proceso hasta el último eslabón de la cadena de comercialización, pero nunca han llegado a término. Más allá de la desidia que la mayoría de los pastores muestran en estos temas, los marchantes han operado para que esto no ocurriera y mantener así una situación que les resulta altamente beneficiosa.

La forma habitual en que los marchantes compran los corderos es pactando un precio unitario por animal, independientemente de su peso, adquiriendo el conjunto de animales que el pastor quiera vender. Se venden a ojo, como dicen los pastores, porque hacen una estimación del peso del cordero mirándolo y en base al peso aproximado acuerdan un precio propuesto, recordemos, por los marchantes, quienes toman como referencia precios establecidos en lonjas cercanas como la de Albacete o Murcia. De este modo, por ejemplo, se paga lo mismo por un conjunto de animales, grandes y pequeños, siempre y cuando sean suficientemente mayores como para alimentarse solo a base de pienso y poder así ser engordados antes de su sacrificio.

Esta forma de acuerdo satisface a los pastores, que al vender los corderos así, se quitan una preocupación de encima, acentuada en los periodos fríos del año, cuando los corderos corren más riesgo de enfermar o morir. Pero sin duda beneficia a los marchantes, que partiendo de precios ya de por sí bajos considerando los costes de producción, aprovechan este contexto para intentar cerrar tratos todavía más favorables.

Además de realizar el trato comercial a partir de un precio unitario, se contempla también otra forma de vender los corderos. Esta considera directamente el peso del animal, tal y como se establece en lonjas de referencia. En este caso, corderos o cabritos se pesan y se pagan al último precio definido en lonja. Este proceder es muy minoritario, hasta el punto de que lo practicaban solo tres pastores en 2022. A estos les resulta beneficioso porque venden los corderos más grandes, los crían durante más tiempo y esto lleva a que paguen un mayor precio por ellos. Deducen, a la vez, que a los marchantes les sigue saliendo a cuenta, pues al fin y al cabo se los compran. Al resto de pastores, comentan, les parece que este modo de vender los corderos no les compensa el tiempo extra que tienen que mantener los corderos respecto a la otra forma de venta, con el consumo de pienso y forraje y cuidados que conlleva.

Además de esta comercialización a través de marchantes, existen otras vías de comercialización que, si bien mantienen ciertos rasgos de las características del cordero segureño de cara a su venta y consumo, son residuales. La más significativa hasta el momento es la desarrollada por la Asociación Nacional de Criadores de Ovino Segureño (ANCOS), que pretende englobar todas las explotaciones basadas en ovejas segureñas. Recordemos que la raza se extiende más allá de la propia Sierra de Segura, encontrándose también en regiones cercanas como Castilla la Mancha, Murcia y la colindante Sierra de Castril y altiplano de Baza, que de hecho es donde ha cristalizado más la iniciativa. Así, ANCOS adquiere los distintivos de Indicación Geográfica Protegida y de raza autóctona, a través de los cuales puede comercializar carne de cordero segureño de forma certificada. La certificación es reconocida como una de las formas de incremento del valor añadido de los productos pastoriles (Manzano, 2007), y en este caso se desarrolla un esquema muy similar al descrito anteriormente: ANCOS adquiere corderos de explotaciones asociadas para alimentarlos en un cebadero hasta que alcanzan el peso determinado para su sacrificio. De este modo, se certifica la distribución e identificación de cordero segureño (inviable a través de los canales mayoritarios), pero no se elimina, una vez más, la diferencia entre los modos de producción, no se distingue un cordero proveniente de un rebaño trashumante de uno proveniente de una explotación intensiva. A la vez, solo unas pocas explotaciones de Santiago-Pontones (tan solo cuatro de las más de 70 contactadas, en el momento de trabajo de campo), les venden sus corderos. Ser miembro de ANCOS conlleva ciertos compromisos que los pastores de Santiago-Pontones no han asumido o han abandonado progresivamente, como el de llevar un control de las características de los animales nacidos en cada paridera, para determinar ramas genéticas más o menos productivas.

Por otro lado, a una escala mucho más reducida considerando la cantidad de corderos producidos, estos también son adquiridos por carniceros locales, que se encargan de comprarlo a los pastores, acabar de engordarlos, llevarlos al matadero para ser sacrificados y venderlos en tienda o distribuirlos a establecimientos hosteleros locales.

Esta venta en tienda para consumo local no se limita solo a la población de la Sierra, sino que se realiza de un modo mayoritario y creciente destinada a visitantes, que consumen cordero en bares y restaurantes. Sin embargo, ni las carnicerías ni los establecimientos hosteleros pueden vender este cordero como si fuera certificado segureño, en caso de no comprarlo a ANCOS o a explotaciones adheridas. Aun así, lo indican como cordero segureño y valoran que sea cordero nacido en la propia Sierra.

La paradoja de la producción ecológica

Para cerrar el capítulo, veremos un ejemplo de interacción entre PAC y mercados que deja constancia de las incoherencias en las que estos agentes se concretan en Santiago-Pontones. De las diferentes líneas consideradas por la PAC, la correspondiente a la certificación ecológica es la que incide de un modo más evidente en los modos de producción y de hecho tiene unas repercusiones notables en la alimentación del rebaño y la crianza de corderos. Desde su instauración, la mayor parte de explotaciones ganaderas de Santiago-Pontones han sido certificadas como ecológicas. No obstante, a la hora de comercializar el producto, los pastores se encuentran con una aparente incompatibilidad: no existen vías activas a su abasto para comercializar corderos con certificación ecológica y desarrollarla no resulta un proceso sencillo.

Uno de los principales puntales de los modos de producción pastoriles, basados en la calidad de su alimentación, se ve anulado al pasar los

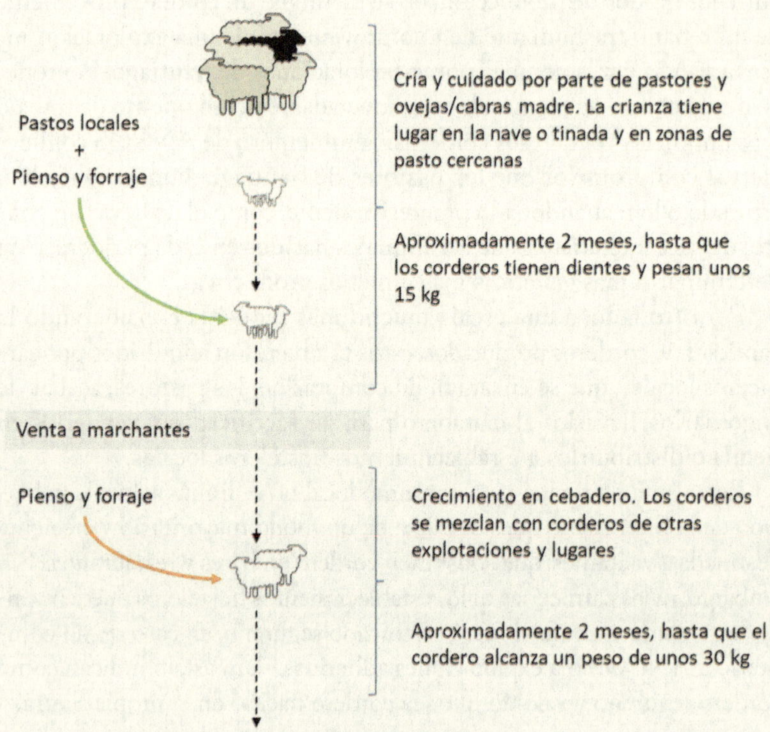

Figura 4: Esquema de producción de corderos para su comercialización y procesamiento para consumo de carne. Elaboración: Pau Sanosa Cols.

corderos a manos de los marchantes (Figura 4). La alimentación de las crías a base de leche materna y pasto, pienso y forraje certificado ecológico, deja paso a una alimentación a base de pienso compuesto a partir de diferentes cereales, harinas y aceite de girasol.

Para el caso de Santiago-Pontones, esta desconfianza a certificar no es espontánea de los pastores. Los marchantes han desempeñado un papel desestabilizador, según opinan diferentes informantes, infundiendo dudas para seguir operando con las formas convencionales. Los pastores, por su parte, han tenido sus propios temores y han preferido seguir con formas convencionales de comercio, pese a ser menos rentables y con menor capacidad de decisión y gestión, que aventurarse a arriesgar en unas relaciones comerciales nuevas e inciertas para ellos. Sea como sea, los pastores no están convencidos de producir en ecológico, sino que lo hacen para justificar la percepción de la ayuda. En esta línea, es recurrente una desconfianza de los sistemas de certificados estandarizados y su potencial para incrementar los ingresos económicos y favorecer la continuidad de modos de vida agroganaderos a escala regional (Homs Ramírez de la Piscina & Martínez Álvarez, 2021).

La operatividad de las lógicas comerciales y de mercado aparece estrechamente relacionada con las políticas agrarias, aunque en este caso, los pastores se sienten en un absurdo más acentuado. Aceptan la certificación ecológica para obtener un complemento económico a su actividad y compensar la pérdida de valor de su producto, pero esta certificación se diluye en el momento en que venden sus corderos para ir a cebaderos y de hecho pierden parte del potencial valor que tendría una comercialización bajo esta certificación.

Síntesis

A lo largo de las vidas de los pastores de Santiago-Pontones, la PAC ha pasado de ser un único subsidio en apoyo a sus explotaciones a diversificarse en una multiplicidad de tipologías y sus justificaciones, orientadas a cuestiones definidas bajo el paraguas de la conservación de la naturaleza y del desarrollo rural. Y a la vez, los ingresos percibidos por la venta de corderos han ido en claro descenso, restando progresivamente valor y potencial de los corderos como producto de consumo.

La PAC incide en las relaciones mercantiles hasta el extremo de restar relevancia económica a la venta de corderos, que se reduce a la mitad de los ingresos anuales correspondientes a las explotaciones ganaderas. Su viabilidad económica se ve más sujeta a los designios (variables e inciertos) de la PAC que a la propia valorización y comercialización de su producción.

Su aplicación ha representado un gran salto a nivel de estabilidad económica familiar y ha facilitado que se abandonen actividades económicas complementarias y secundarias, desarrolladas antaño por otras personas del entorno familiar. La ganadería ha pasado, así, a ser la única actividad económica para la mayor parte de familias de pastores, en gran parte debido a la PAC. Pero no tan solo ha representado un gran impacto para las formas de vida pastoriles locales a nivel monetario. Tal es el nivel de dependencia de la PAC que, en el imaginario actual, la práctica pastoril se ha vuelto inconcebible sin este sistema de subvenciones.

Por otro lado, esta dependencia económica y sus formas de proceder generan incertidumbre entre los pastores, siendo una percepción generalizada en Europa (M. Nori, 2019). Los pastores no acaban de entender los objetivos de la PAC e incluso algunos, con suspicacia, apuntan a que pretende dificultar los modos de vida pastoril. Por lo general, expresan su deseo de no depender de programas de ayudas y subvenciones y percibir un precio justo por la venta de cordero, perspectivas que recogen también otros estudios a nivel regional (Palomo-Campesino *et al.*, 2018) y nacional (Homs Ramírez de la Piscina & Martínez Álvarez, 2021).

No obstante, aparte de reclamar un precio más justo para su producto, los pastores no se posicionan en contra de las cadenas de distribución nacionales e internacionales, a pesar de mezclar indistintamente, así, animales concebidos en modos de producción intensivos. Esto no es exclusivo de la forma de producir de los pastores de Santiago-Pontones y de hecho es la dinámica habitual en muchos contextos de producción, que se integran en mecanismos de distribución de corporaciones globales (Beriss, 2019).

En conjunto, la disposición de las actuales políticas agrarias y las dinámicas de mercado no reflejan debidamente las prácticas pastoriles, en un desajuste que los pastores aducen que no les corresponde a ellos equilibrar y que igualmente es identificado así en otros contextos agrícolas y pastoriles europeos, donde se apunta a una necesaria intervención normativa (Ragkos & Nori, 2016).

En el plano colectivo, PAC y mercados globales se manifiestan de formas ambivalentes. Mientras la organización colectiva se vuelve indispensable para justificar gran parte de los subsidios a percibir –y así las SAT se erigen como institución clave en este sentido–, los intereses mercantiles desestabilizan la posible coordinación y las explotaciones ganaderas se insieren en estas relaciones internacionales de un modo individual. En suma, el binomio de políticas agrarias y mercados globales parece claramente incoherente respecto a la realidad pastoril local y a su vez los pastores, sin buscar el reconocimiento o la promoción de su especificidad segureña, integran los requerimientos de las PAC reconfigurando los modos de producción y de relación con los territorios de pasto, precisamente para procurar mantener sus modos de vida.

Bibliografía

Araque Jiménez, Eduardo (1989), *La Sierra de Segura: crisis y perspectivas de futuro de la montaña andaluza,* Junta de Andalucía, Sevilla.

Araque Jiménez, Eduardo (2013), «Evolución de los paisajes forestales del Arco Prebético. El caso de las Sierras de Segura y Cazorla», *Revista de Estudios Regionales,* 96, pp. 321-344.

Beaufoy, Guy; Jones, Gwyn y Kazakova, Yanka. (2011), Permanent Pastures and Meadows Under the CAP: The Situation in 6 Countries. *European Forum on Nature Conservation and Pastoralism.*

Beriss, David (2019), «Food: Location, Location, Location», *Annual Review of Anthropology, 48*, pp. 61-75.

Ciaian, Pavel; Kancs, d'Artis y Swinnen, Johan (2010), *EU Land Markets and the Common Agricultural Policy,* Centre for European Policy Studies, Bruselas.

Clar, Ernesto; Martín-Retortillo, Miguel y Pinilla, Vicente (2018), «The Spanish path of agrarian change, 1950-2005: From authoritarian to export-oriented productivism», *Journal of Agrarian Change, 18*(2), pp. 324-347.

Comisión Europea (2012), *La política agrícola común. La historia continúa* (Unión Europea).

— (2023), *Summary of CAP Strategic Plans for 2023-2027: joint effort and collective ambition*, Report from the Commission to the European Parliament and the Council, Bruselas.

Galán, Elena; Garmendia, Eneko y García, Oihana (2022), «The contribution of the commons to the persistence of mountain grazing systems under the Common Agricultural Policy», *Land Use Policy*, 117, pp. 1-8.

Herrera, Pedro; Davies, Jonathan y Manzano Baena, Pablo (2014), *The Governance of Rangelands: Collective action for sustainable pastoralism*, Routledge, London.

Homs Ramírez de la Piscina, Patricia y Martínez Álvarez, Bibiana (2021), «Dignity and just prices: The moral economies of farming in the age of agro-industry», *Disparidades. Revista de Antropologia, 76*(1), pp. 2013-2018.

Kerven, Carol y Behnke, Roy (2011). «Policies and practices of pastoralism in Europe», *Pastoralism: Research, Policy and Practice, 1*(28), pp. 1-5.

Kovačićek, Tihana y Franić, Ramona. (2019). The professional status of rural women in the EU. *European Parliament: Policy Department for Citizens' Rights and Constitutional Affairs: Directorate General for Internal Policies of the Union*, 1–70.

Lasanta, Teodoro (2010), «Pastoreo en áreas de montaña: Estrategias e impactos en el territorio», *Estudios Geograficos*, *71*(268), pp. 203-233.

Manzano, Pablo (2007). *Valoración económica del pastoralismo en España*, UICN.

Manzano, Pablo y Casas, Raquel (2010), «Past, present and future of Transhumancia in Spain: Nomadism in a developed country». *Pastoralism: Research, Policy and Practice*, *1*(1), pp.72-90.

MAPA (2023), *Caracterización del sector ovino y caprino de carne en España,* Subdirección General de Producciones Ganaderas y Cinegéticas Dirección General de Producciones y Mercados Agrarios Ministerio de Agricultura, Pesca y Alimentación, Madrid.

Nori, Michele (2019) *Herding Through Uncertainties – Regional Perspectives. Exploring the interfaces of pastoralists and uncertainty. Results from a literature review*, European University Institute, Fiesole.

— (2022). Assessing the policy frame in pastoral areas of Europe, *Global Governance Programme*, European University Institute, Fiesole.

Nori, Silvia y Gemini, Michele (2011), «The Common Agricultural Policy vis-à-vis European pastoralists: principles and practices», *Pastoralism*, 1(1), pp. 1-8.

Palomo-Campesino, Sara; Ravera, Federica y González, José. A (2018), «Exploring Current and Future Situation of Mediterranean Silvopastoral Systems: Case Study in Southern Spain», *Rangeland Ecology & Management*, *71*, pp. 578-591.

Phillips, Lynne (2006), «Food and globalization», *Annual Review of Anthropology*, *35*, pp. 37-57.

Porcher, Jocelyne (2021), *Vivir con los animales. Contra la ganadería industrial y la «liberación animal»*, (1ª edición), Ediciones El Salmón.

Ragkos, Athanasios y Nori, Michele (2016), «The multifunctional pastoral systems in the Mediterranean EU and impact on the workforce», *Options Méditerranéennes*, *114*, pp. 325-328.

Ríos-Núñez, Sandra. M; Coq-Huelva, Daniel y García-Trujillo, Roberto (2013), «The Spanish livestock model: A coevolutionary analysis», *Ecological Economics*, *93*, pp. 342-350.

Robinson, Guy M. (2018), «Globalization of Agriculture». *Annual Review of Resource Economics*, *10*, pp. 133-160.

Ruiz, Jabier; Herrera, Pedro. M y Barba, Rubén (2017), *Situación de la ganadería extensiva en España (I): Definición y caracterización de la extensividad en las explotaciones ganaderas en España.* Ministerio de Agricultura y Pesca, Alimentación y Medio Ambiente.

Sanosa-Cols, Pau (2024) *Giros colectivos: pastoralismo y gobernanza socioambiental en Santiago-Pontones,* Tesis Doctoral, Universitat Autònoma de Barcelona.

Scoones, Ian (2020), «Pastoralists and peasants: perspectives on agrarian change», *The Journal of Peasant Studies*, 48, pp. 1-47.

Simula, Giulia (2023), «Uncertainty, markets, and pastoralism in Sardinia, Italy», en Scoones, Ian, *Pastorlaism, Uncertainity* pp. 65-78.

UE (1999), Reglamento (CE) núm. 1257/1999 del Consejo de 17 de mayo de 1999 sobre la ayuda al desarrollo rural a cargo del Fondo Europeo de Orientación y de Garantía Agrícola (FEOGA) y por el que se modifican y derogan determinados Reglamentos, *Diario Oficial de Las Comunidades Europeas*, 8, 160/80-160/102.

6. Configuración del paisaje y patrimonio en los comunales de Castril, Santiago de la Espada y Pontones

Alternativas de patrimonialización biocultural[65]

FRANCISCO GODOY SEPÚLVEDA (UAB)

Introducción

Las Sierras de Segura (provincia de Jaén), y de Castril (provincia de Granada), presentan características orográficas, climáticas y de biodiversidad que dan lugar a paisajes muy particulares. En la configuración de éstos, los aprovechamientos tradicionales han jugado un importante rol, si bien con valoraciones disímiles, con lo que es posible plantear que los paisajes de estas sierras conforman un verdadero patrimonio biocultural. En efecto, en el último tercio del siglo XX esto se ha recogido en la declaración de distintas figuras de conservación de la naturaleza, ya tratadas en algunos capítulos precedentes, que se han constituido como interesantes polos de atracción turística en la zona.

Entre estas figuras de conservación cabe mencionar, como antecedente, la creación del Coto Nacional de Caza en 1960, hoy Reserva

65 Este texto deriva de la tesis doctoral del autor, realizada bajo el marco del proyecto EXPLORA y con financiamiento de una Beca Chile para Estudios de Doctorado en el Extranjero, de la Agencia Nacional de Investigación y Desarrollo de Chile (ANID). La investigación implicó múltiples campañas de trabajo de campo etnográfico que suman unos diez meses de estadía en Castril y Santiago-Pontones entre los años 2018 y 2019, con visitas posteriores en 2022 y 2024. Junto con procurar entender las formas de gobernanza y organización de los tres comunales y comprender los principales cambios en el paisaje y sus vectores, se realizaron diversas entrevistas con actores locales y búsquedas bibliográficas en las bibliotecas y librerías locales.

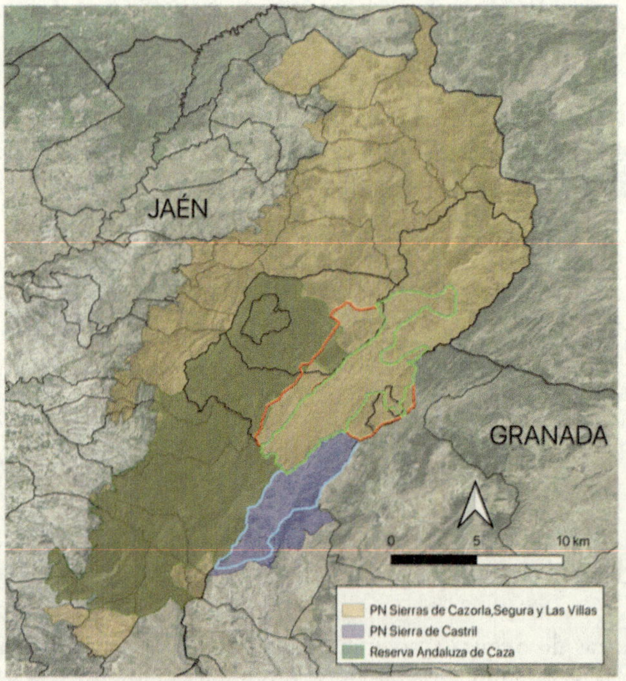

Figura 1. Parques Naturales y Reserva Nacional de Caza en zona de estudio. Fuente: Elaboración propia.

Andaluza de Caza (RAC), que implicó una significativa intervención sobre el territorio. Luego, la Reserva de la Biosfera de las Sierras de Cazorla, Segura y Las Villas fue declarada como tal por el Consejo Internacional del Programa *Man & the Biosphere* (MaB) de UNESCO en 1983[66]. En 1986, sobre la misma superficie, se declara el Parque Natural homónimo, mientras que en 1989 se declara el Parque Natural de la Sierra de Castril, en la provincia de Granada. Posteriormente se declararon en ambas provincias, coincidiendo con los límites de ambos parques naturales, Zonas Especiales de Conservación (ZEC) y Zonas de Especial Protección para las Aves (ZEPA), pertenecientes a la Red

66 Actualmente se rige por los intrumentos de planificación del parque natural, se vincula primordialmente a la investigación y educación ambiental. Cuenta con una zonificación tripartita, que incluye zonas núcleo (destinadas a investigación y conservación), zona tampón (donde se admiten otros usos, incluidos aprovechamientos tradicionales) y una zona de transición (donde se encuentra la mayoría de la población).

Natura 2000 de la Unión Europea[67]. Entre estas figuras de conservación, las más preponderantes en términos de gestión son los Parques Naturales, pues sus respectivos instrumentos de planificación –Plan de Ordenación de los Recursos Naturales (PORN) y Plan Rector de Uso y Gestión (PRUG)–, periódicamente actualizados, fungen como instrumentos para las respectivas ZEC y ZEPA, así como para la Reserva de la Biosfera en el lado jiennense.

A continuación, analizamos cómo la presencia de estas figuras de conservación junto a los aprovechamientos tradicionales –enfocándonos especialmente en el pastoralismo– han configurado el paisaje de diversas formas, al tiempo que han dado lugar a formas diversas y algunas veces contrapuestas de valorización del patrimonio biocultural de estas sierras.

Las sierras y sus habitantes (humanos y más que humanos)

Emplazadas en el dominio Prebético de la Cordillera Bética, estas sierras están conformadas por roca sedimentaria de tipo calizo, muy solubles con el agua, lo que ha contribuido a formar paisajes kársticos en las zonas altas, con lapiaces y dolinas (Pérez *et al.*, 2014). El mejor ejemplo de aquellos son los Campos de Hernán Perea, en la Sierra de Segura, lindando con Castril, que a su vez presentan pronunciadas pendientes (cerradas y farellones), mientras que en los valles de menor altura muestran materiales más blandos, como las margas.

El paisaje kárstico de las alturas también se expresa a nivel subterráneo, con múltiples cavidades y galerías que transportan y almacenan agua, dando origen a dos ríos de vital importancia para la biodiversidad y las actividades económicas que se desarrollan en el territorio: el río

67 Creada mediante la Directiva Hábitats (92/43/CEE), es la principal iniciativa de conservación de la biodiversidad en Europa y una de las principales del mundo (Evans, 2012; Blicharska et al. 2016). Las ZEC son áreas donde existen tipos de hábitat naturales o especies de valor especial dentro de la Unión Europea, mientras que las ZEPA albergan aves silvestres que la UE ha estimado deben ser conservadas. La Red Natura 2000 cubre cerca de un quinto de la superficie de la Unión Europea, y de hecho España contribuye con 17 % del total, con 1467 ZEC y 657 ZEPA, totalizando 1863 espacios protegidos, de los cuales 251 son a la vez ZEC y ZEPA. https://www.miteco.gob.es/content/dam/miteco/es/biodiversidad/temas/espacios-protegidos/infografia_tecnica_es_2021_tcm30-517365.pdf.

Figura 2a. Los Campos de Hernán Perea desde Las Empanadas.
Figura 2b. La zona del Pino Julián, en Castril.
Fotos: F. Godoy-Sepúlveda. Año: 2019 y 2022.

Segura y el río Castril, los cuales emergen a través de atractivos manantiales kársticos. De hecho, en la adyacente Sierra de Cazorla, tiene su nacimiento el río Guadalquivir (del cuál el Castril es un afluente), dando así un alto valor en términos hidrogeológicos a esta área. Por tales motivos, es también una zona en que se han realizado importantes obras para la regulación de caudales y generación hidroeléctrica, como los embalses de Anchuricas-Miller (1957) en Santiago-Pontones y El Portillo (1999) en Castril.

Se trata de una zona de altas precipitaciones en el contexto del sur ibérico, rondando como media los 700 mm anuales, concentradas particularmente en la zona de Segura durante otoño y primavera bajo la forma de nieve, lo que implica que durante la mayor parte del invierno las cubre un manto blanco que las hace inaccesibles. Debido a que las

Figura 3. Vegetación de alta montaña en a) Santiago-Pontones y b) Castril. Fotos: F. Godoy Sepúlveda. Año: 2022 y 2019.

nubes suelen provenir del Atlántico, al precipitar del lado segureño (vertiente noroeste), por el lado de Castril (vertiente sureste) se presenta un viento más cálido y seco (Pérez *et al.*, 2014). En efecto, si la temperatura media anual en ambas sierras ronda los 10 a 12,5ºC, en las zonas altas estas temperaturas son inferiores, (del rango 7,5 a 10ºC) mientras que en las partes bajas de le vega castrileña se aprecian medias más altas (12,5 a 15ºC) (AEMET, 2018). Estas características orográficas y climáticas explican parcialmente la mayor vocación agrícola de las partes bajas del territorio castrileño. Pero, de la misma manera, también explican parcialmente la disponibilidad de suelos que permiten el crecimiento de hierbas y pastos en primavera y verano, aptas para el herbivorismo.

Estas características proveen también condiciones muy favorables para diversas especies y hábitats, entre ellos endemismos ibéricos, andaluces y locales, como la *Viola cazorlensis* y *Castrilanthemum debauxii*. En las zonas altas, coincidiendo con la localización de la mayoría de los pastos comunales de aprovechamiento estival, predominan los bosques de coníferas, como pino salgareño (*Pinus nigra* y *Pinus nigra salzmanni) y* pino carrasco (*Pinus halepensis)*, y matorrales como piornales (*Cytisus oromediterraneus*) y sabina rastrera (*Juniperus sabina*). En los valles de las zonas bajas, con temperaturas más altas y mayor disponibilidad hídrica, se encuentran encinas (*Quercus ilex*) y quejigos (*Quercus faginea*), enebro común (*Juniperus communis*) y miera (*Juniperus oxycedrus*), entre otros.

Respecto a la fauna, destaca –especialmente en el lado jiennense, próxima al antiguo Coto Nacional de Caza y actual Reserva Andaluza de Caza– la fauna de interés cinegético como la cabra montesa (*Capra pirenaica*), muflón (*Ovis musimom*), gamo (*Dama dama*), ciervo (*Cervus elaphus*) y jabalí (*Sus scrofa*), así como aves carroñeras como el buitre negro (*Aegypius monachus*) y leonado (*Gyps fulvus*), y el quebrantahuesos (*Gypaetus barbatus*); éste último cuenta con un programa de reintroducción desde 1996. Así también, se encuentran presentes animales de menor envergadura, donde resalta la lagartija de Valverde, y en Castril –en el embalse del Portillo, cercano al núcleo urbano– la trucha común. Ciertamente, cabe aludir a las especies domésticas: en particular la oveja segureña, así como las cabras (blanca andaluza y celtibérica) y las vacas que forman parte de la cabaña ganadera de estas sierras.

Las sierras que conforman nuestro foco de estudio han estado habitadas por seres humanos desde hace siglos. Se han realizado labores de cultivo en aquellos lugares donde resultaba viable, así como también aprovechamientos de pastos y forestales en las zonas más altas y de más pendiente. En su gestión han intervenido no solo actores locales sino también extra-locales, como se expone en el capítulo 4, tales como la Corona de Castilla (en los siglos XVIII y XIX) y, posteriormente, el Estado español y la Junta de Andalucía (Martínez, 2014). Empero, las últimas décadas han visto una merma sostenida en la población local[68], y con ello un abandono paulatino de las prácticas tradicionales, aunque la ganadería mantiene un lugar importante en la economía de Castril y, sobre todo, de Santiago-Pontones. Por lo demás, la presencia de las áreas protegidas antes mencionadas ha supuesto un cambio de vocación progresivo hacia el turismo rural y el ecoturismo (Junta de Andalucía, 2022, 2006).

Como se puede advertir en esta breve descripción, al igual que en muchas otras latitudes, no ha sido solo la *naturaleza*, sino también la acción humana –de distinto tipo y escala–, la que ha contribuido a configurar estos paisajes, los que se encuentran en un constante proceso de transformación. De esta manera, más que entenderlos como paisajes naturales o culturales, cabe entenderlos como verdaderas configuraciones socionaturales, resultado de múltiples ensamblajes entre actores humanos y no humanos, así como de prácticas locales y foráneas.

Por otra parte, si bien podemos plantear que la actividad humana en general y el pastoralismo en particular han sido reconocidos en los

68 Según datos del INE, en 1857 la población conjunta de los antiguos términos municipales de Santiago de la Espada y de Pontones alcanzaba a 7 825 personas, su peak se dio en torno a 1950, con 12 683 personas, teniendo un pronunciado declive hasta totalizar 2 729 en 2023. Entre tanto, en Castril estas cifras alcanzaban a 2 409 (1857), 5 673 (1950) y 1 992 (2023), mostrando una evolución similar.

planes que regulan el funcionamiento de los Parques Naturales locales[69], la gobernanza comunal de los recursos de estas sierras no ha sido propiamente visibilizada ni valorizada, ni han tenido tanta repercusión las visiones locales sobre el vínculo intrínseco entre los habitantes y los paisajes. Por tanto, intentamos contribuir a cerrar esta brecha, aportando argumentos para respaldar otras formas de patrimonialización.

A continuación, desarrollamos ciertos aspectos conceptuales que dan forma a nuestra perspectiva, y posteriormente planteamos la discusión sobre qué formas de configuración del paisaje han estado presentes en estas sierras, así como también distintas vías de valorización o patrimonialización de los mismos.

El paisaje, más allá de la naturaleza y la cultura

El concepto de paisaje es polisémico, resultado de múltiples usos en distintos lugares y momentos de la historia. En su concepción más contemporánea en antropología reúne distintos elementos, posibilitando trascender las obsolescentes distinciones ontológicas modernas –particularmente, naturaleza/cultura–, cuya universalidad queda en entredicho al contrastarlas con ontologías no occidentales (Descola, 2005; Latour, 2007, 2017; Haraway, 2019). Así, el concepto contemporáneo de paisaje, y que aquí describimos y propugnamos, *es* a la vez tanto social como natural, humano y no humano, material y simbólico (expresa representaciones, identidades), y puede comprenderse tanto fenomenológicamente como ser explicado en términos de relaciones de poder.

Cabe hacer un breve excurso por su evolución conceptual, no solo porque va de la mano de concepciones (*culturales*) referentes a la naturaleza, sino porque también atañe directamente a nuestros casos de estudio. Si bien ya los artistas romanos habían retratado la «segunda naturaleza» de la vida rural, escenas de la vida de pastores y labradores (Turner, 1996), la definición canónica de paisaje se origina simultáneamente en la pintura

69 Además del PORN y el PRUG de cada parque, en Andalucía las áreas protegidas cuentan con Programas de Desarrollo Sostenible orientados a «la dinamización de las estructuras socioeconómicas de los espacios naturales y sus áreas de influencia socioeconómica, salvaguardando la estabilidad ecológica medioambiental», sin una duración prestablecida. https://www.juntadeandalucia.es/medioambiente/portal/areas-tematicas/espacios-protegidos/gestion-espacios-protegidos/planes-desarrollo-sostenible-parques-nacionales-naturales.

flamenca e italiana en torno al siglo xvi, con el desarrollo de la técnica de perspectiva, contraviniendo el protagonismo de personajes de alta relevancia social de la época, como reyes, nobles, personajes de la literatura clásica y figuras bíblicas (Tsing, 2019; Antrop, 2013; Cosgrove, 1985). Hacia el siglo xvii, los motivos naturales –aún tratados como entorno–, se vuelven crecientemente relevantes en el norte de Italia, Países Bajos, Bélgica, Alemania y Austria, expandiéndose luego a Francia, Inglaterra y Estados Unidos (Turner, 1996).

Pero solo de la mano del Romanticismo, en el siglo xix, el paisaje en tanto que género pictórico adquiere preeminencia, particularmente con la escuela del Río Hudson (Estados Unidos) y la pintura de lo sublime. Lo sublime alude a las potencias incontrolables de la naturaleza, siendo a la vez bellas y peligrosas (Turner, 1996). En el curso de este trayecto, y también de la mano de la literatura, aparecen nuevos referentes, lo que Raffestin (2018) denomina «la invención de la montaña». En efecto, tras haber sido asociadas normalmente a caos y peligro, las montañas comenzaron a ser valoradas positivamente, vinculándolas a la pureza de las costumbres y la buena moral, teniendo como principal «imaginario de referencia» a los Alpes (Raffestin, 2018; Folch y Bru, 2017; Turner, 1996). Posteriormente, los imaginarios de referencia han proliferado, aún más de la mano de la fotografía. Así también, otros paisajes comienzan a aparecer, como los vinculados al abandono de instalaciones industriales o paisajes altamente perturbados por la acción humana (Tsing, 2019; Sala i Martí, 2018).

Como podemos apreciar, ha existido un vaivén entre concepciones y representaciones más y menos antropizadas de los paisajes, lo que expresa también distintos vínculos con la naturaleza, yendo de los entornos rurales, esa naturaleza claramente antropizada, hasta las alejadas montañas de belleza sublime, presuntamente salvajes, poco intervenidas por la acción humana (Bujis *et al.*, 2006). Todo esto se combina de manera paradójica en las Sierras de Segura y Castril, donde la naturaleza sublime –pero creada y conservada por y para los seres humanos– se encuentra y solapa con la «segunda naturaleza» rural, que se expresa en múltiples instalaciones ganaderas y agrícolas, pero que en muchas ocasiones se encuentran abandonadas o derruidas (Araque, 2017).

Por otra parte, la concepción de paisaje que defendemos incorpora no solamente aspectos visuales, sino también las acciones de distintos tipos de agentes o actores, que han contribuido a conformar tales paisajes. Esto se ha desarrollado desde la concepción germánica del paisaje, sobre todo en geografía e inspirada por von Humboldt (difundido posteriormente por Carl Sauer), quien empleó el concepto para aludir al «carácter total de una región de la tierra» (Antrop, 2013). En efecto, el término *landschaft* y otros similares (*landscape, landschap, landskap*) refieren de cierto modo a una acción y una reivindicación sobre la tierra, implicando de este modo, «la organización de un grupo de habitantes usando la tierra» (Bujis *et al.*, 2006: 386)[70].

Existe una clara proximidad entre esta noción y el concepto de territorio, sin embargo, este último posee más connotaciones jurídicas y políticas, las que lo relacionan al control y apropiación por parte de un colectivo de los recursos de una región geográfica (Solana, 2016; Raffestin, 2018). En efecto, existe una «coincidencia objetiva» (Zoido, 2010: 100), pues ambos poseen la misma base física, pero mientras territorio alude más directamente al control sobre la tierra y los recursos, el paisaje releva más las actitudes sociales y la valoración de tal base física en tanto que espacio vivido.

Por otra parte, cabe considerar el concepto de *taskscape* (Ingold, 2000), que refiere al conjunto interrelacionado de tareas o prácticas (clareo de bosque, cultivos en terrazas, desvío de cuerpos de agua, etc.) que tienen lugar en una determinada área, que son la expresión además de las distintas formas de habitar un territorio. La propuesta de Ingold (2000) es que *landscape* y *taskscape* son en realidad lo mismo, pues el segundo está inscrito en el primero, lo que da cuenta de su temporalidad y mutabilidad. Esta temporalidad puede reflejarse durante el año con el ciclo agrícola (en entornos rurales), pero también puede ser de mediano y largo plazo, expresando por cierto los distintos tipos de usos de suelo, pero también prácticas e interacciones específicas que van configurando los paisajes.

Atendiendo a esta idea, añadimos que la configuración de los paisajes no obedece únicamente a factores locales ni de corto plazo, sino que se enmarca en procesos de mayor escala y rango temporal, por ejemplo, políticas públicas y dinámicas de mercado, que generan incentivos y/o desincentivos para la realización de ciertas tareas. Así también, la naturaleza tiene su propia agencia, sean especies vegetales o animales o también el clima, que obviamente generan cambios en el paisaje, de modo

70 Esto no es tan distinto de lo que ocurre en las lenguas latinas, donde términos como *paessaggio, paysage, paisatge* o paisaje aluden a un territorio delimitado e identificable, pues la raíz latina *pagus* refiere a una porción de tierra cultivada, de lo que se derivan otros términos como país, paisano o *pagès* (campesino, en catalán) (Folch y Bru, 2017; Tesser, 2000; Di Giminiani y Fonck, 2015).

que los paisajes resultan ser ensamblajes socio-naturales que combinan la interacción –no siempre armónica– de diferentes actores y actantes, con rasgos que pueden resultar más predominantes que otros, así como más o menos estables. Este tipo de dinámica buscamos presentar en relación con los casos de Castril, Santiago de la Espada y Pontones.

Discursos patrimoniales

En las últimas décadas existe un interés creciente por los paisajes desde la esfera patrimonial (Farina, 2000), como lo expresa la idea y la figura patrimonial de Paisaje Cultural (reconocido por UNESCO en 2008), así como el Convenio del Paisaje de la Unión Europea de 2004. A ello cabe agregar también el concepto más amplio de patrimonio biocultural (que apela desde especies de cultivos domesticados a los sistemas de producción y manejo tradicional de los mismos) y la figura de Sistemas Importantes del Patrimonio Agrícola Mundial (SIPAM en castellano, GIAHS en inglés) de la FAO, que reconoce la relevancia de destacar y proteger ciertos sistemas tradicionales de producción alimentaria[71] (Maffi, 2005; UNESCO, 2008; Boege, 2015; Ellison, 2020).

En estas iniciativas se observa la superación paulatina de la paradigmática distinción entre patrimonio cultural y patrimonio natural, que estructuró por décadas los objetos patrimoniales reconocidos como patrimonio de la humanidad por parte de UNESCO (Smith, 2011). En este sentido, la identificación de elementos arquitectónicos o artísticos como patrimonio histórico (a nivel regional o nacional) hace aparecer, por contraposición, como ahistóricos aquellos sitios reconocidos como patrimonio natural. Lo anterior se vincula a la idea propia del siglo XIX de belleza sublime y de naturaleza salvaje (*wilderness*), que inspiró la creación de los Parques Nacionales de Yellowstone (1872) en Estados Unidos o incluso Covadonga (1917) en España (Castañón y Frochoso, 2007). De tal manera, estos enfoques recientes han contribuido a cerrar la brecha ontológica y epistemológica entre lo natural y lo cultural en el ámbito patrimonial, al mostrar que no se trata de dos esferas aisladas, sino de complejos ensamblajes de entrelazamientos múltiples.

La lógica patrimonial se funda sobre la idea y la voluntad de proteger y conservar en el tiempo un determinado conjunto de objetos, como un

71 https://www.fao.org/giahs/es/

legado que conecta presente, pasado y futuro (Davallon, 2014; Prats, 1997). Etimológicamente, patrimonio alude al legado que heredamos por vía paterna, incorporando la raíz latina *munus* también presente en términos como inmunidad y comunidad (Espósito, 2009), así como común (Laval y Dardot, 2015) y, por supuesto, comunal. Para Espósito (2009), *munus* alude a una deuda que reúne, un vínculo que, más que una presencia o una entidad, es una ausencia. Por otra parte, según Laval y Dardot (2015), derivado de su uso en las lenguas indoeuropeas, *munus* refiere simultáneamente a deuda y don, a deber y reconocimiento, que suponen co-obligaciones o el tener «cargos en común». Estos sentidos pueden apreciarse claramente en los conceptos de patrimonio y comunal, expresando tanto ese sentido de vínculo que reúne como de obligaciones recíprocas.

Por otra parte, el patrimonio apela a una forma de selección, porque no todo objeto potencialmente patrimonializable se constituye en tanto que objeto patrimonial. Los enfoques críticos en el estudio del patrimonio subrayan que se trata de construcciones sociales, por tanto, que han sido *fabricadas* (Davallon, 2002; Prats, 1997), apuntando a que existe un discurso patrimonial autorizado (Smith, 2011) que establece aquello que es digno de reconocimiento y protección y lo que no. Existen distintos discursos patrimoniales que configuran un campo simbólico en disputa, entre agentes con narraciones autoritativas y posiciones estructurales diferentes (Del Mármol, 2010).

Ciertamente, el actor que más tradicionalmente ha sido fundamental en el orden patrimonial ha sido el Estado nación y sus organizaciones, así como también la UNESCO (Van Geert y Roigé, 2016). No obstante, las formas y procesos de patrimonialización pueden ser generados desde otras posiciones estructurales, fungiendo como un recurso simbólico para actores subalternos que reivindican discursiva y simbólicamente la legitimidad de su diferencia (etnias, géneros) (Van Geert y Roigé, 2016). De este modo, existen distintas iniciativas de patrimonialización que emergen desde *lo local* y/o desde abajo, lo que incluye ámbitos como el patrimonio biocultural indígena, la memoria obrera y el *savoir-faire* campesino (Van Geert y Roigé, 2016).

La configuración de los paisajes serranos

Bajo esta tesitura, podemos preguntarnos entonces, de qué manera se han configurado estos paisajes serranos, y qué vías de patrimonialización biocultural existen o podrían ser consideradas. Respecto a lo primero, y atendiendo a la dimensión antrópica de la conformación del paisaje, ya que estos territorios de montaña se encuentran una buena parte del año cubiertos de nieve, no es de extrañar que se realizaran en ellos aprovechamientos forestales (maderables, pero también no maderables) y ganaderos, estos últimos especialmente en la temporada cálida, entre mayo y fines de diciembre. Como ocurre en otros territorios montañosos, desde antaño existía un aprovechamiento comunal no solo de pastos, sino también de otros recursos del monte (Alfaro, 1998; De la Cruz, 1980). Así también, hay zonas aptas para el cultivo (valles y vegas) y otras –así llamadas– roturaciones en las zonas de montaña, cuando existía más población en las zonas altas. Estos eran cultivos de subsistencia y también para generar forraje para los animales (Fernández, 2014; Martínez, 2014).

No obstante, estas mismas características atrajeron el interés de la Corona de Castilla y el Estado español, para hacer aprovechamientos forestales, particularmente con la Declaración de la Provincia Marítima de Segura de la Sierra (que incluye a la Sierra de Segura y otros territorios) a mediados del siglo XVIII, orientada a la producción de madera para la construcción naval, y que introduciría de forma clara la gestión exógena de estos montes (Martínez, 2014). Un siglo más tarde, tras las desamortizaciones efectuadas para organizar los recursos del Estado y generar ingresos vía impuestos, estos montes fueron exceptuados de venta. No obstante, pasaron a ser considerados –por sus características– como montes públicos y luego Montes de Utilidad Pública, lo que implica una vez más que su gestión no estaba en manos de sus habitantes (Martínez, 2014). Todo este proceso se ve acompañado de una serie de conflictos por la propiedad, y una serie de litigios entre los segureños y el Estado, que en el lado castrileño tuvo otro carácter por tratarse de tierras nobiliarias –desde la victoria castellana en Granada, a fines del siglo XV–, que se solucionaron con la Escritura de Concordia que en la práctica convirtió estos montes en municipales, y por tanto con menor injerencia desde el Estado.

El siglo XX vio la intervención del Patrimonio Forestal del Estado y sus campañas de repoblación forestal en pleno período dictatorial franquista, con el propósito de estabilizar cuencas próximas a los embalses que se estaban construyendo, pero también para regenerar suelos degradados. Intencionadamente o no, esto generó ciertos incentivos para que la población marchara, debido a la restricción temporal de acceso a los recursos del monte (Araque, 2017). Por lo demás, la creación del Coto Nacional de Cazorla y Segura en 1960 (*vid* Figura 1, *supra*), que implicó la expropiación de ciertas aldeas en el extremo sudoccidental de los antiguos términos municipales de Santiago de la Espada y sobre todo Pontones (así como Cazorla y lugares próximos), generó una herida profunda e indeleble en los habitantes de estos territorios (Martínez, 2014; Fernández, 2014; Crespo, 2007).

Hoy, tras estos procesos, la presencia de los Parques Naturales creados en la década de 1980 ha tenido otro cariz, por lo que la convivencia ha sido menos conflictiva pero no sin resquemores, como revisamos a continuación, específicamente respecto al pastoralismo local. En cualquier caso, este breve repaso da cuenta de los distintos procesos y actores que han participado históricamente en la configuración del paisaje de estas sierras, que hoy sigue cambiando en parte por los incentivos que introduce la PAC –analizados en el capítulo 5 y observados durante el trabajo de campo–, como por ejemplo el reemplazo de cultivos de cereal por cultivos leñosos, o sobre las áreas pastoreables y el número de cabezas de ganado presentes en ellas.

Pastoralismo y discursos patrimoniales en las sierras andaluzas

A partir de los documentos rectores de los Parques Naturales de la Sierra de Castril y de las Sierras de Cazorla, Segura y las Villas, podemos afirmar que existe una clara valorización del pastoralismo local, pero que es también un juego de luces y sombras donde aquél aparece, de una u otra forma, en entredicho. Por ejemplo, en el Plan de Ordenación de los Recursos Naturales (PORN) del Parque Natural de la Sierra de Castril, vigente desde 2005 pero actualmente en reelaboración, se parte de un enfoque más bien negativo, apuntando a la degradación histórica de los suelos serranos debido a la deforestación para la producción de vidrio, pero también se alude a las roturaciones y el sobrepastoreo. Ante ello, las repoblaciones forestales del siglo XX son consideradas exitosas, agregando que habrían contribuido a generar un paisaje característico de estas sierras (Junta de Andalucía, 2005).

En este marco, se apunta a problemas sobre la flora y la biodiversidad que serían derivados de la actividad ganadera, por ejemplo, «los cornicabrales están siendo utilizados como lugar de sesteo del ganado, con

Figura 4. Paisajes agrícolas en a) Fátima (Castril) y b) El Patronato (Santiago-Pontones). Fotos: F. Godoy Sepúlveda. Año: 2019 y 2022.

lo que se impide la aparición de comunidades de mayor desarrollo» (Junta de Andalucía, 2005: 104), algo que también se comenta respecto de los piornales. Aún más, la ganadería estaría favoreciendo los tomillares, comunidades que colonizan suelos decapitados con exposición soleada y representan una etapa de degradación de las series de vegetaciones: «Dado que es la ganadería la principal causa de degradación en este territorio, los tomillares más abundantes son los de menor valor ecológico, los tomillares nitrófilos» (Junta de Andalucía, 2005: 104).

Por contrapartida, el tono cambia cuando se subraya la contribución que han tenido la agricultura y la ganadería tradicionales en la formación del paisaje actual: «El uso agrícola y ganadero del espacio también ha transformado la imagen de este territorio hasta convertirlo en lo que es hoy día. Campos de almendros y olivares en laderas inclinadas, pequeñas huertas junto a plantaciones de chopos en las vegas del río y pastizales de alta montaña son elementos que hoy forman parte del paisaje de Castril» (Junta de Andalucía, 2005: 108).

Se agrega que los habitantes de estas tierras han establecido vínculos emocionales con este territorio y sus recursos, lo que se expresa también en cortijos y otras construcciones que, desafortunadamente, están en mal estado de conservación (dentro de las lindes del Parque Natural). En cuanto a la ganadería, se destaca que constituye la actividad más relevante en cuanto a la utilización de los recursos del Parque, y que además «el pastoreo ha modelado históricamente estos paisajes, e incluso su actual biodiversidad, siendo también decisiva su aportación a la cultura tradicional y la etnografía de la zona» (Junta de Andalucía, 2005: 110).

Empero, se subraya que una gestión ganadera deficiente puede producir riesgos ambientales de carácter localizado, que requieren ser atendidos: «La concentración del pastoreo en determinados puntos supone

Figura 5. Pastoralismo bajo diversas condiciones ambientales.
Fotos: F. Godoy Sepúlveda. Año: 2019.

un problema de cara a la regeneración natural del pasto, provocando la inclusión de especies nitrófilas y evitando el desarrollo del matorral, como piornos o espinares a mayor altura y arbustos como retamas, sabinas moras o enebros» (Junta de Andalucía, 2005: 110). Inmediatamente a continuación se hace una breve mención, una de las pocas que se realizan, a la gestión comunal de los pastos, que también adquiere un carácter agridulce pues vincula la posibilidad de pastoreo con la presencia de zonas de alto valor ecológico: «El carácter comunal de los pastos lleva a disponer de una gran superficie constituida por amplios pastizales desarbolados. En ellos destacan los pertenecientes a la alta montaña en el flanco más al norte, por su alto valor ecológico y por su interés ganadero» (Junta de Andalucía, 2005: 110).

Del otro lado de la frontera provincial, en el Parque Natural de Cazorla, Segura y las Villas, la situación es más positiva, aunque también se subrayan ciertos bemoles. Dado que, con sus más de 200 mil hectáreas, este Parque Natural es el más extenso de la Península Ibérica y el segundo más grande de Europa, cubriendo una veintena de términos municipales parcial o totalmente (entre estos últimos, Santiago-Pontones), en su territorio han tenido lugar y tienen muchas actividades primarias tradicionales.

En uno de los apartados del primer Plan de Desarrollo Sostenible del Parque Natural, del año 2001, se resaltan los usos tradicionalmente forestales y ganaderos de estos montes, y cómo esto incidió en que no fueran exceptuados de venta y pasaran a constituirse como montes públicos. Sin embargo, en la línea de confrontación de los antiguos ingenieros de montes respecto de las poblaciones locales, se indica: «de no haber sido así, el paso de estos predios a particulares se hubiera traducido, muy probablemente, en procesos de degradación de gran intensidad» (Junta de Andalucía, 2001:

27). Posteriormente agregan que a pesar de la intervención de la administración pública para evitar la roturación de la tierra y así su puesta en cultivo, no se pudo *impedir* que en estas sierras emergieran asentamientos reducidos con tierras cultivadas.

A pesar de lo anterior, la visión oficial respecto al pastoralismo es positiva, subrayando la necesidad de establecer parámetros para un aprovechamiento equilibrado. De esta manera, en el PORN del Parque Natural (de 2017) existe un reconocimiento de la labor de la ganadería y la agricultura tradicional en la formación de los paisajes serranos, por lo que es un elemento importante en las directrices de desarrollo sostenible: «Las actividades primarias tradicionales, vinculadas al aprovechamiento de los recursos naturales se consideran, con carácter general, elementos esenciales para garantizar la conservación de dichos recursos, siendo en muchos casos, el factor que ha modelado el paisaje y potenciado los valores naturales» (BOJA, 2017: 222).

Se enfatiza que esto implica compaginar las prácticas culturales tradicionales con sistemas contemporáneos que sean favorables a la conservación de los recursos naturales. Esto incluye el fomento de la ganadería extensiva, la trashumancia, el uso de razas autóctonas y el valor que todo esto supone en términos de prevención de incendios. Así también, uno de los 28 objetivos específicos del Plan Regulador de Uso y Gestión (PRUG) del Parque, plantea «Adecuar el aprovechamiento ganadero a la capacidad de carga del medio y fomentar la ganadería extensiva tradicional» (BOJA, 2017). Para esto, a diferencia de Castril, existe explícitamente un Plan de Aprovechamiento Ganadero desde 1993, diseñado originalmente en el estudio realizado para los montes de la Reserva Andaluza de Caza entre 1989 y 1991. Este fue extrapolado posteriormente a otros montes del Parque Natural, traduciéndose en la capacidad de carga asignada a los montes públicos subastados para aprovechamiento ganadero[72].

En el mismo PORN se subraya la necesidad de revisar este Plan, para actualizar datos y redefinir las cargas de acuerdo a factores como pasta-

72 En los pliegos de condiciones de las subastas de los montes públicos se indica el período de aprovechamiento (en años), el período de aprovechamiento anual (por ejemplo, 8 meses) y la carga ganadera admitida, expresada en Unidades de Ganado Mayor (UGM), así como el precio por UGM por mes, año y quinquenio. Según la Tabla de Equivalencias de la Junta de Andalucía, 1 UGM equivale a un bovino o equino de más de 12 meses, mientras que una oveja o cabra (hembra, mayor a 12 meses) equivale a 0,15 UGM. Por ejemplo, para 2023-2027 el monte Los Campos admite una «carga pastante» de 1 814,83 UGM.

deros existentes, estado de la vegetación, efectos del cambio climático, reorganización de los montes públicos, la cabaña cinegética y restricciones asociadas a la conservación, «todo ello con el objeto de garantizar que la carga ganadera se ajuste a la capacidad de carga actual y a la previsión futura para el espacio» (BOJA, 2017: 166). Se indica, además, que la baja rentabilidad que mostraba la carne bovina, estaría incentivando la ganadería caprina, la que no obstante se encuentra limitada a un dos por ciento del total de la cabaña ganadera en el Parque Natural (*Idem.*).

De esta manera, podemos rescatar que en ambos Parques existe un claro reconocimiento y valorización de las actividades tradicionales que han tenido lugar en estos territorios por siglos, apuntando tanto a sus valores *naturales* como *culturales*. Cabe agregar que esto opera no solo a nivel discursivo, sino que se expresa en acciones concretas realizadas desde los Parques Naturales, que van en favor de la ganadería. Entre ellas podemos mencionar, además de la visibilización y el reconocimiento de la actividad, la restitución de un elevado porcentaje del monto pagado a la Junta de Andalucía por alquiler de los montes públicos en Santiago-Pontones, para invertirlos en reparaciones de infraestructura ganadera (lo que es un beneficio para las visitantes del Parque también, suelen resaltar los ganaderos).

Por contrapartida, y dado que el discurso patrimonial que sustenta la creación de los Parques Naturales proviene del mundo de la conservación, tiende a dar prioridad a los valores naturales, donde la acción humana local no regulada –desde los organismos públicos– es potencialmente peligrosa. Pero podemos subrayar que esto no ocurre en sentido opuesto: digamos, *lo natural* no parece amenazar *lo cultural*. De este modo, quizás no es tan sorprendente leer en el Plan de Desarrollo Sostenible del Parque Natural de la Sierra de Castril que «el abandono progresivo de las actividades agrarias tradicionales [...] producirá un ambiente favorable para la extensión de las especies silvestres y la recuperación de un aspecto naturalizado». A ello se suma el progresivo deterioro de construcciones humanas como terrazas o acequias, así como también cortijos, los que pueden ser reconvertidos para el turismo rural, considerándose todos estos como efectos «de la apuesta por una gestión territorial que prima las funciones protectoras y recreativas sobre las productivas» (Junta de Andalucía, 2006: 32). Ciertamente, no cabe leer esto como palabras definitivas, pero éstas portan consigo un significado bastante claro.

Cambiando de frente, cabe mencionar que tanto Castril como Santiago-Pontones se encuentran dentro del territorio que cubre la Indicación

Geográfica Protegida (IGP) del Cordero Segureño, aprobada en territorio español en 2011 y a nivel europeo en 2013[73]. La indicación establece los criterios que hacen de la carne de cordero segureño, un *producto* particular, especialmente por sus características físicas, pero también el sistema de producción (extensivo o semiextensivo) y las características orográficas y climatológicas. De esta manera, como se lee en la solicitud de inscripción de la IGP (BOE, 2010), «Sólo serán admitidos los corderos de padre y madre de raza Segureña, considerado ecotipo configurado a partir del tronco "Entrefino" del ovino español y seleccionado, a partir del siglo XIII, en el abrupto y amplio nudo orográfico en donde convergen las provincias de Albacete, Almería, Granada, Jaén y Murcia». Se plantea también que «la raza presenta una gran rusticidad y adaptación a medios ecológicos abruptos e insuficientes».

Esta iniciativa, como otras formas de patrimonio alimentario (Bessiere y Tibère, 2022) –como las IGP y las Denominaciones de Origen Protegidas, DOP–, reconoce y salvaguarda los valores culturales y naturales incluidos en la producción alimentaria, en este caso carne de cordero segureño. No obstante, dado que se inserta en el ámbito de la comercialización, aun cuando opera de manera colectiva tiene un carácter privado, puesto que el acceso a la *patrimonialización* bajo la IGP es voluntario –y siempre que se cumplan los requisitos–. A partir de lo observado durante el trabajo de campo, se aprecia cierta resistencia a participar de esta indicación por parte de ganaderos de Santiago-Pontones, siendo más favorables en el lado castrileño.

Y, de hecho, en relación con los territorios del Parque Natural de Cazorla, Sergura y las Villas se plantea que se encuentra infrautilizada, pues si bien allí «es donde se aporta un mayor carácter distintivo a la carne, no existen empresas acreditadas en el ámbito territorial, tampoco existen puntos de venta oficiales de este producto y tampoco restaurantes que lo oferten de forma oficial a través del órgano de gestión» (Junta de Andalucía, 2022: 122). Durante la realización del trabajo de campo también pudimos observar que la promoción o búsqueda de otras marcas vinculadas al pastoralismo y a la trashumancia ya se encontraba sobre el tapete[74]. Sin embargo, aparentemente estas iniciativas no han logrado fructificar,

73 Información disponible en <https://www.igpcorderosegureno.com/reglamentacion/>.

74 Por ejemplo, en 2019 los ganaderos locales colaboraron con el proyecto BioHeritage, con financiamiento de la UE, orientado a la protección de las razas autóctonas. Consultar <http://bioheritage.eu> y <https://www.asajajaen.com/actualidad/

ligado en parte a la forma de comercialización que tienen los ganaderos, de carácter individual, y otras razones expuestas en el capítulo 5.

Alternativas de patrimonialización biocultural

Bajo este contexto, quisiéramos rescatar dos vías de patrimonialización o discursos patrimoniales vinculados a la valorización de la gestión comunal en estas sierras, y de la configuración tradicional de sus paisajes. Si bien tienen orígenes muy distintos, en conjunto creemos que nos permiten configurar una nueva propuesta patrimonial.

Reconocimiento Internacional de Territorios de Vida

En primer lugar, una forma alternativa de patrimonialización de carácter biocultural pero no propiamente subalterno la constituyen las Áreas de Conservación Comunitaria o Indígena (ICCAs), también denominadas Territorios de Vida, impulsadas desde una parte del movimiento conservacionista y la conservación comunitaria, particularmente por la ONG internacional ICCA Consortium[75]. Como ellos mismos describen en su sitio web, ICCA es una abreviación que sirve para ser empleado en una comunicación multicultural, pero que incluye realidades y conceptos muy variados, como *wilayah adat*, *himas*, *agdals*, territorios de vida, territorios del buen vivir, *tagal*, *qoroq-e bumi*, *yerli qorukh*, *faritra ifempivelomana*, *qoroq*, territorios autónomos comunitarios, entre otras denominaciones, donde podríamos incorporar sin problemas la noción de *comunal* usada en España, y denominaciones específicas como las comunidades de monte vecinal en mano común presentes en Galicia y Asturias.

Las ICCAs o Territorios de Vida apuntan al reconocimiento de la labor favorable que realizan comunidades a lo largo y ancho del globo, mediante la gobernanza y gestión de recursos naturales de manera sostenible, contribuyendo a la conservación de la biodiversidad. El

---

ganaderos-de-santiago-pontones-participan-en-un-proyecto-europeo-de-conservacion-de-razas-autoctonas>.

75 Información respecto a las ICCAs y al Consorcio TICCA (como es conocido en castellano) disponible en <https://www.iccaconsortium.org>.

reconocimiento de las ICCA's se basa en la presencia de tres pilares básicos: i) demostrar un vínculo fuerte entre una comunidad y un territorio con sus recursos; ii) que existe un órgano de gobernanza que toma decisiones de manera efectiva; y iii) que estas decisiones y las acciones concomitantes tienen resultados positivos tanto en términos de conservación como de bienestar para dicho grupo humano (Sajeva *et al.*, 2019).

Un elemento importante, que la distingue de formas tradicionales de patrimonialización, es que no se trata de una declaración oficial por parte de organismos estatales o gubernamentales, sino que se basa en el reconocimiento entre pares (otras comunidades, de características similares), para lo cual se han desarrollado pautas, como el Protocolo desarrollado en España por la Asociación iComunales, y bajo el cual ya han sido reconocidas seis ICCAs en territorio español (cinco comunidades de monte vecinal en mano común gallegas y una comunidad de regantes en Andalucía). Pero esta información no se remite a los límites de cada Estado-nación, pues existe un respaldo por parte de los organismos internacionales vinculados a la conservación, como el Centro Mundial para el Monitoreo de la Conservación vinculado al Programa de las Naciones Unidas para el Medio Ambiente (WCMC-UNEP), y la Base Mundial de Datos de Áreas Protegidas (WDPA), plataformas que gestionan los datos de las áreas protegidas a nivel mundial y donde las comunidades que hayan sido reconocidas como ICCAs pueden decidir si publicar o no sus datos[76].

Como podemos ver, las ICCAs reconocen al mismo tiempo los valores naturales y culturales de la gestión realizada por las comunidades en sus territorios, y se constituye así en una figura de patrimonialización biocultural que trasciende la distinción natural/cultural. A la vez, se plantea como crítica de los enfoques de *fortress conservation* y avanza hacia formas de conservación inclusiva o convivial (Farvar *et al.*, 2018; Iordachescu, 2022), alejándose a la vez de regímenes patrimoniales basados en declaraciones por parte de organismos estatales. Esto, no obstante, tiene pros y contras[77].

76 El rol de las redes entre ICCAs, así como de las organizaciones facilitadoras, a nivel nacional es fundamental, puesto que, si bien una candidata a ICCA puede enviar su documentación directamente a WCMC y WDPA, esta aparecerá como pendiente de revisión hasta que se constituya una red nacional de TICCAs o, en el fondo, hasta que sea posible el reconocimiento entre pares. Más información disponible en <https://www.iccaconsortium.org/register-your-icca-internationally/>.

77 Por ejemplo, no implica necesariamente una forma de protección legal ni financiamiento para las ICCAs registradas, salvo en casos donde existan legislaciones favorables, como ocurre en Filipinas <https://icca.ph/advocacies/icca-bill/>. Por

No obstante, cabe destacar que no cualquier comunal puede acceder a esta forma de reconocimiento, pues normalmente los niveles de organización y gobernanza no son óptimos, sobre todo debido a la despoblación del mundo rural español (iComunales, 2022). En el caso de las comunidades de Castril y de Santiago-Pontones, esta opción fue presentada por el equipo de investigadores a los ganaderos locales, en el marco del cierre del proyecto EXPLORA. No obstante, no generó mayor expectativa, probablemente por ser considerada como poco factible en el corto plazo, existiendo necesidades que requieren de atención urgente, vinculadas a la gestión de sus explotaciones. En efecto, un aspecto central en esta forma de patrimonialización es contar con la iniciativa explícita de las comunidades[78], pues este discurso patrimonial defiende la autogestión y promueve el empoderamiento comunitario. Por otra parte, si bien la gestión comunal que se hace de los pastos es evidente y eficiente (Godoy-Sepúlveda *et al.*, 2024), los conflictos históricos relativos a la propiedad de la tierra –que en sí mismo no es un requisito, pero claramente es condicionante– plantearían dificultades a la elaboración de una candidatura. En cualquier caso, avanzar hacia una forma de reconocimiento de la gobernanza comunal de los pastos en Castril, Santiago de la Espada y Pontones es un elemento que contribuiría a la protección y sostenibilidad de la actividad ganadera.

De guardianes y centinelas segureños

Por otra parte, y para acabar, cabe destacar otras formas de patrimonialización que corresponden a discursos de valorización locales, que destacan puntos de vista que no necesariamente coinciden o que directamente contradicen las perspectivas oficiales. Y en este sentido, la controvertida historia de la propiedad en la Sierra de Segura ha dado pie a una diversidad de discursos que defienden y realzan la acción cuasi milenaria de sus habitantes. Esto se puede constatar a nivel etnográfico, pues los habitantes de la Sierra, con mayor o menor labia, suelen hacer crítica de la intervención y aprovechamientos (especialmente forestales)

otra parte, debido a que, por diseño, existe una gran red a nivel nacional e internacional de comunidades y organizaciones, participar del proceso brinda una posibilidad importante de visibilización y establecimiento de alianzas.

78 Plasmada en una carta oficial de consentimiento previo, libre e informado.

realizados en estas sierras desde los centros de poder. No es que hayan tenido resultados catastróficos en todos los casos, pero subsiste una percepción de injusticia, de pérdida de autonomía en la decisión sobre el aprovechamiento de sus recursos. Así, Provincia Marítima, Coto de Caza y, sobre todo, Patrimonio Forestal del Estado son términos que se mencionan más de lo que podríamos pensar a primera vista.

En este marco, el discurso que se enarbola se orienta a defender y realzar la labor realizada por generaciones de serranos, segureños pero también castrileños, en la configuración del paisaje, el cuidado del monte. Estas voces sí son más patentes en el lado segureño, donde la intervención estatal ha sido más fuerte y sostenida, pues el hecho de que los montes del lado castrileño sean municipales, les da mayor capacidad de injerencia sobre los mismos. En cualquier caso, ante todo este tipo de situaciones, algunas más acuciantes y opresivas que otras, existe un fuerte discurso que enaltece el valor de los *habitantes autóctonos* en la configuración y preservación del monte, del paisaje serrano, tanto en sus facetas más antropogénicas (los pueblos, los cultivos, las acequias) como las más *salvajes* (los bosques).

Francisco Fernández[79] fue un autor local, ampliamente conocido en Santiago-Pontones –y sin duda muy querido en el Pontón Alto y Bajo–. Escribió diversos libros, financiados de sus propios bolsillos y acompañados con fotografías e ilustraciones propias y de sus hijos, algunos de los cuáles se pueden consultar en bibliotecas y bares de estas aldeas. Por lo demás, estudió por cuenta propia y trabajó en Correos, lo que le dio cierto conocimiento de estas tierras. Nació y se crio en el extremo suroccidental de Pontones, en la aldea de Las Canalejas, expropiada y hoy abandonada, que en parte es el motor para redactar sus distintas obras. Tuve el honor de conocerlo en persona hace algunos años, recibir de sus manos algunos de sus libros, e incluso ver con él un documental de ficción protagonizado por él mismo[80], lo que permite dimensionar su importante contribución a la valorización del pasado de estas sierras.

Como él mismo subraya, a partir de sus recuerdos recoge fragmentos de la historia de Las Canalejas y de otras aldeas abandonadas como Los Centenares o las Espumaredas, las que, aunque contaban con una reducida

79 Recientemente fallecido, con más de noventa años. Esta mención es también un homenaje a su esfuerzo de memoria y valorización de la vida en las aldeas perdidas de Pontones.

80 «Canalejas» (2016), de la Productora In_Direct_Film, dirigida por Joaquín Lisón. <https://pontones.es/pelicula-canalejas/>.

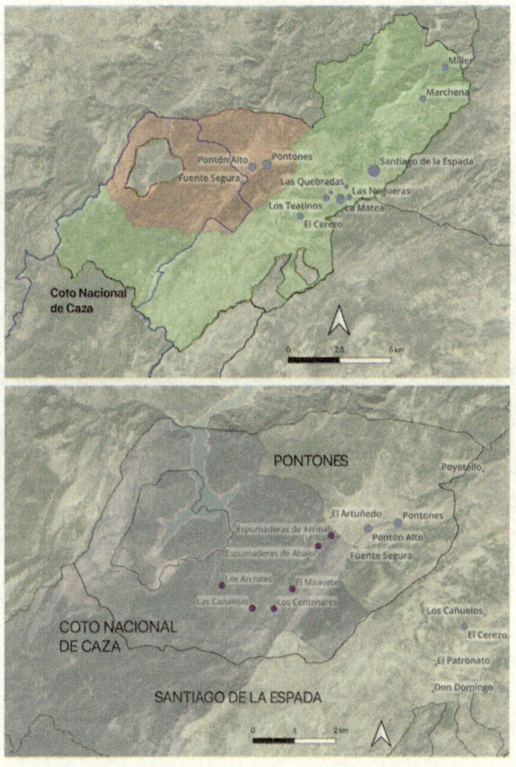

Figura 6a. Localización del Coto Nacional de Caza respecto a los antiguos términos municipales de Santiago de la Espada (en verde) y Pontones (en rojo). 6b. Ubicación de las aldeas perdidas de Pontones. Fuente: Elaboración propia.

cabaña ganadera, son relevantes todavía hoy para la población local: «Mi intención es que nuestra aldea no se olvide nunca, pues quiero, de alguna manera, darle vida al menos en el recuerdo. Quiero que toda la obra y actuación de nuestros antepasados dure siempre en la memoria. Quiero que se sepa que la aldea de Las Canalejas existió y lo que llegó a ser dentro de una zona llena de cortijos que también han desaparecido» (Fernández, 2014: 31).

En sus libros (Fernández, 2014, 2016, entre otros) defiende que los *serranos autóctonos*, «legítimos propietarios» y administradores de la Sierra y sus recursos, conocían la sierra detalladamente, y contribuían a conservarla y perfeccionarla, posibilitando «una gran biodiversidad y creación del hábitat para la existencia de muchas y diferentes especies,

Figura 7. Cortijo hundido en las proximidades de El Cerezo.
Fotos: F. Godoy Sepúlveda. Año: 2022.

tanto animales como vegetales» (Fernández, 2014: 5). Haciendo un juego de palabras con las políticas conservacionistas agrega que «la especie principal y benefactora, el serrano autóctono, casi se ha extinguido y los cortijos, verdaderos vigilantes para mantener el orden, proliferación y perfección, se han derrumbado o han sido demolidos» (Fernández, 2014: 6). A estos cortijos los considera centinelas del monte, con cuya presencia (marca, a su vez, de presencia humana) se mantenía el monte y su biodiversidad en estado óptimo. Como podemos ver, se trata de un discurso antropocéntrico, pero no genérico, pues no es cualquier ser humano el que puede favorecer estas sierras, sino justamente el serrano, una «especie autóctona», lo que de cierto modo lo funde con la naturaleza –al tiempo que lo distingue de los agentes del Estado–.

En segundo lugar, quisiera hacer mención a Ignacio Martínez. Nacido en Siles e hijo de un guarda forestal, estudió Derecho y tras un largo periplo, terminó resolviendo litigios de propiedad en la Sierra de Segura, lo cual relata notablemente en su *Introducción a la Segurología* (Martínez, 2015), una ácida crítica a las políticas –sobre todo, forestales– que han tenido lugar en estas sierras. En la dedicatoria del libro, alude «a todas las personas de la Sierra de Segura que no pudieron vivir tranquilamente en sus casas con sus familias, y se tuvieron que ir sin que les hiciera ninguna gracia ni le importara a nadie». En esta obra, el autor alude a la larga historia de la propiedad en la Sierra de Segura, desde antes de la llegada de la Orden de Santiago a la zona, que se complejiza con las desamortizaciones del siglo XIX, la declaración de los montes de utilidad pública, que consideraba como públicas muchas propiedades legítimamente adquiridas por el Estado –a través del Patrimonio Forestal del Estado–. Martínez también apunta, así como Fernández, a poner en valor la presencia humana en estos territorios, serranos que habitaron estos territorios y configuraron estos paisajes por generaciones bajo condiciones adversas, y que han debido enfrentar al Estado en más de una ocasión.

Es interesante observar cómo se hace referencia a los habitantes de estas sierras en tanto que especies nativas, prácticamente endémicas, reconociendo el estrecho vínculo que mantienen con su entorno, respecto del cual se perciben como cuidadores y responsables. Ciertamente, la creciente despoblación y la pérdida paulatina de las actividades tradicionales, económicas, pero también culturales, festivas (Fernández, 2014, describe con mucho detalle las fiestas de Las Canalejas), implica la pérdida de un estilo de vida que precisamente para ellos constituía su patrimonio, del cual ellos mismos fueron herederos y guardianes, hoy extintos.

Ambos constituyen una especie de contradiscurso respecto al discurso patrimonializador oficial ambivalente de los Parques Naturales sobre los *paisanos* de estas tierras. Y, desde nuestra perspectiva, se constituyen en tanto que discurso patrimonial en la medida que buscan poner en valor –si bien, careciendo del andamiaje institucional necesario– la labor secular realizada por los habitantes de las sierras. Esto se expresa en historias y registros gráficos de sus antiguos habitantes, de los cortijos, mapas y relatos de la cotidianeidad serrana.

Conclusiones

Los paisajes serranos que encontramos en Castril y Santiago-Pontones ciertamente son mutables: lo que vemos hoy era similar hace tres, siete o treinta años, pero sin duda ha cambiado, y seguirá cambiando. Y esto no solo se expresa en las especies vegetales más visibles, como los pinos carrascos y salgareños o –crecientemente– los olivos y los almendros, sino que se traduce en un conjunto de tareas y actividades (un *taskscape*) que es el que modela y remodela estos paisajes. Como hemos señalado, esto no solo implica las actividades tradicionales que han llevado a cabo los *serranos autóctonos*, sino también un conjunto de intervenciones exógenas que han modificado –de manera más o menos contundente– la gestión de los recursos de los montes.

En términos de patrimonialización, los Parques Naturales son las figuras más importantes en esta zona, debido a su extensión y por su relevancia en la vida cotidiana de las personas, particularmente en el lado jiennense. Sin lugar a dudas, su funcionamiento ha sido más benevolente y menos disruptivo que la Provincia Marítima o el accionar del Patrimonio Forestal del Estado, y reconocen abiertamente la contribución del pastoralismo y otras actividades tradicionales a la configuración del paisaje serrano. La regulación de las cargas ganaderas para evitar el sobrepastoreo en los montes públicos puede generar discrepancias; no obstante, tiene un claro sentido de conservación de la biodiversidad, y en esencia no difiere del principio que ha orientado la gobernanza comunal de los pastos en Castril, Santiago de la Espada y Pontones. Se puede discutir si esto se ha realizado con mayor o menor éxito, o con mayor presión en ciertos sitios que en otros, sin embargo, es necesario valorizar esta gobernanza comunal que hoy apenas aparece en los instrumentos rectores de los Parques Naturales.

La gobernanza comunal que se lleva a cabo en los meses estivales en los pastos de alta montaña es clave para la conservación de la biodiversidad y la configuración de los paisajes que vemos hoy, pero no aparecen como propiamente visibilizados. La gobernanza comunal es en sí misma un patrimonio biocultural, que se engarza con una larga historia sobre la que cabe ahondar aún más, y que actualmente involucra de manera colectiva a los ganaderos de ambos términos municipales en el aprovechamiento de los «recursos naturales» y también en la configuración del paisaje, siendo central para una gestión sostenible del territorio. Este patrimonio comunal, en sus dimensiones histórica y biocultural, debe ser adecuadamente visibilizado, ya sea en los instrumentos rectores de los Parques Naturales o mediante vías alternativas como los Territorios de Vida, antes comentados. Que esta gobernanza comunal esté estrechamente articulada con la alta presencia de rebaños trashumantes, particularmente en Pontones (Sanosa, 2024; Godoy-Sepúlveda *et al.*, 2024), es aún más relevante toda vez que el fichero de inscripción de la trashumancia como Patrimonio Cultural Inmaterial incluye desde diciembre de 2023 a España[81].

81 <https://ich.unesco.org/es/RL/la-trashumancia-desplazamiento-estacional-de-rebanos-01964>.

Finalmente, como vimos en el último apartado, pensamos que la recopilación y puesta en valor de la microhistoria local permite observar con mayor perspectiva los procesos acaecidos en las Sierras de Castril y de Segura. Por esto, resulta fundamental reconstruir esta historia biocultural local, en la voz de sus protagonistas. De este modo, mediante la memoria podemos entender que el pasado no es solo ruinas abandonadas en medio del monte, sino un complejo ensamblaje socionatural donde se arraiga el presente, que persiste, y que puede incluso proyectarse hacia el futuro.

Bibliografía

AEMET, (2018), *Mapas climáticos de España (1981-2010) y ETo (1996-2016)*, Ministerio para la Transición Ecológica, Madrid.

Alfaro Baena, Concepción (1998), *El repartimiento de Castril. La formación de un señorío en el Reino de Granada*, Ayuntamiento de Castril, Granada.

Antrop, Marc (2013), «A brief history of landscape research», en Howard, P., Thompson, I. & E. Waterton, *The Routledge Companion to Landscape Studies*, Routledge, London and New York.

Araque, Eduardo (2017), *Territorios y paisajes del Jaén desconocido: itineraries geográficos,* Universidad de Jaén, Jaén.

Bessiere, Jacinthe and Tibère, Laurence (2022), «Editorial: Patrimoines Alimentaires», *Anthropology of food* 8, en <http://journals.openedition.org/aof/6782>; DOI : <https://doi.org/10.4000/aof.6782

Blicharska, Malgorzata, Orlikowska, Ewa.; Roberge, Jean Michel y Malgorzata Grodzinska-Jurczak (2016), «Contribution of social science to large scale biodiversity conservation: A review of research about the Natura 2000 network». *Biological Conservartion* 199, pp. 110-122.

Boege, Eckart (2015), «Hacia una antropología ambiental para la apropiación social del patrimonio biocultural de los pueblos indígenas en América Latina», *Desenvolvimento e Meio Ambiente* 35, pp. 101-120.

Boletín Oficial del Estado (2010), *Publicación de la Resolución de 22 de julio de 2010, de la Dirección General de Industria y Mercados Alimentarios, por la que se da publicidad a la solicitud de registro de la Indicación Geográfica Protegida (IGP) «Cordero Segureño»*, 2 de septiembre, sec. V-B, pp. 96430-96435.

Bujis, Arjen; Pedroli, Bas y Luginbühl, Yves (2006), «From hiking through farmland to farming in a leisure landscape: changing social perceptions of the European landscape». *Landscape Ecology* 21, pp. 375-389.

Castañón, Juan Carlos y Frochoso, Manuel (2007), «La naturaleza del paisaje en el Parque Nacional de los Picos de Europa», en Martínez, E. (coord.), *La conservación del paisaje en los Parques Nacionales*, Universidad Autónoma de Madrid, Madrid, pp. 177-212.

Comisión Europea, (2000), *Convenio Europeo del Paisaje*, Comisión Europea, Florencia.

Cosgrove, Denis (1985), «Prospect, Perspective and the Evolution of the Landscape Idea», *Transactions of the Institute of British Geographers* 10 (1), pp. 45–62.

Crespo, José Manuel (2007), «Aprovechamientos cinegéticos en los montes andaluces. Orígenes del Coto Nacional de Caza de las Sierras de Cazorla y Segura (1912-1960)», en Araque, E. y Sánchez, J.D. (eds.), *Los montes andaluces y sus aprovechamientos: experiencias históricas y propuestas de futuro*, Universidad de Jaén, Jaén, pp. 205-251.

Davallon, Jean (2014), «El juego de la patrimonialización», en X. Roigé, J. Frigolé y C. del Mármol (eds.), *Construyendo el patrimonio cultural y natural. Parques, museos y patrimonio rural*, Germania, Valencia, pp. 47-76.

De la Cruz Aguilar, Emilio (1980), *Ordenanzas del Común de la Villa de Segura y su tierra de 1580*, Instituto de Estudios Giennenses, Diputación Provincial, CSIC, Jaén.

Del Mármol, Camila (2010), «Iglesias: de la liturgia a la exhibición. Los procesos de patrimonialización en un valle del Prepirineo catalán», en Del Mármol, C., Frigolé, J. y S. Narotzky (eds.), *Los lindes del patrimonio. Consumo y valores del pasado*, Icaria, Institut Català d'Antropologia, Barcelona.

Deccola, Philippe (2005), *Par-delà nature et culture*, Gallimard, Paris.

Di Giminiani, Piergiorgio y Fonck, Martín (2015), «El paisaje como proceso de vida: experiencias de domesticación del bosque en el sur de Chile», *Norte Grande* 61, pp. 7-24.

Ellison, Nicolas (2020), «ALTEPET/CHUCHUTSIPI: CosmopolíUca territorial totonaca-nahua y patrimonio biocultural en la Sierra Nororiental de Puebla, México», *Trace* 78, pp. 88-122.

Espósito, Roberto (2009), *Comunidad, inmunidad y biopolítica*, Herder, Barcelona.

Evans, Douglas (2012), «Building the European Union's Natura 2000 Network», *Nature Conservation* 1, pp. 11-26.

Farina, Almo (2000), «The cultural landscape as a model for the integration of ecology and economics», *BioScience*, 50(4), pp. 313-320.

Farvar, Taghi, Borrini-Feyeraben, Grazia, Campese, Jessica, Jaeger, Tilman, Jonas, Holly and Stan Stevens (2018), *Conservación inclusiva, ¿de quién? Informe de política del Consorcio TICCA no. 5.* Consorcio TICCA y CENESTA, Teherán.

Fernández, Francisco (2014), *La propiedad y los serranos*, Gráficas Minerva, Úbeda.

— (2016), *Algo sobre nuestra historia*, Gráficas Minerva, Úbeda.

Folch, Ramon y Bru, Josepa (2017), *Ambient, territori i paisatge. Valors i valoracions*. Editorial Barcino, Barcelona.

Godoy-Sepúlveda, Francisco (2025), *Comunales pastoriles, configuración del paisaje y patrimonialización biocultural en Castril, Santiago y Pontones*, Tesis Doctoral, Programa de Doctorado en Antropología Social y Cultural, Departamento de Antropología Social y Cultural, Universitat Autònoma de Barcelona.

Haraway, Donna (2019), *Seguir con el problema. Generar parentesco en el Chthuluceno*, Consonni, Bilbao.

Ingold, Tim (2000), «The temporality of the landscape», en Ingold, Tim, *The Perception of the Environment: Essays on Livelihood, Dwelling and Skill*, Routledge, Londres y Nueva York, pp. 234-258.

Iniciativa Comunales (2022), «Informe del Grupo de Trabajo en ICCAs y de Investigación». Informe de uso interno (inédito).

Iordachescu, George (2022), «Convivial conservation prospects in Europe—from wilderness protection to reclaiming the commons». *Conservation and Society*, 20 (2), pp. 156-166. ISSN 0972-4923.

Junta de Andalucía (2022), *II Plan de Desarrollo Sostenible del Parque Natural de las Sierras de Cazorla, Segura y las Villas.*

Junta de Andalucía (2017), *Plan de Ordenación de los Recursos Naturales del Parque Natural de las Sierras de Cazorla, Segura y las Villas.*

Junta de Andalucía (2006), *Plan de Desarrollo Sostenible del Parque Natural de la Sierra de Castril.*

Junta de Andalucía (2005), *Plan de Ordenación de los Recursos Naturales del Parque Natural de la Sierra de Castril.*

Junta de Andalucía (2001), *I Plan de Desarrollo Sostenible del Parque Natural de las sierras de Cazorla, Segura y las Villas.*

Latour, Bruno (2007 [1990]), *Nunca fuimos modernos. Ensayo de antropología simétrica*. Siglo xxi, México D.F.

__ (2017), *Cara a cara con el planeta. Una nueva mirada sobre el cambio climático alejada de las posiciones apocalípticas*. Siglo xxi, Buenos Aires.

Laval, Christian y Dardot, Pierre (2015), *Común: Ensayo sobre la Revolución en el s. xxi*, GEDISA, Barcelona.

Maffi, Luisa (2005), «Linguistic, cultural and biological diversity», *Annual Review of Anthropology*, 25, pp. 599-617.

Martínez, Ignacio (2014), *Introducción a la Segurología*, Ed. Montflorit, Beas de Segura.

Pérez, Ana, Villalobos, Miguel, Salas, Ricardo y Jiménez, Inmaculada. (2014), *Guía Oficial del Parque Natural Sierra de Castril*, Almuzara, Córdoba.

Prats, Llorenç (1997), *Antropología y Patrimonio*, Ariel, Barcelona.

Raffestin, Claude (2018 [1998]), «Las territorialidades alpinas o las paradojas del diálogo naturaleza-cultura», en Schmidt di Friedberg, M.; Neve, M. y Cerarols Ramírez, R. (2018), *Claude Raffestin: territorio, frontera, poder*, Icaria, Barcelona, pp. 130-146.

Sajeva, Giulia, Borrini-Feyerabend, Grazia & Niederberger, Thomas (2019), «Meanings and More…», Policy Brief of the ICCA Consortium no. 7. Produced in collaboration with Cenesta Series Sponsors: The Christensen Fund, UNDP GEF SGP and SwedBio, Barcelona.

Sala i Martí, Pere (2018), *Lo sublime contemporáneo. Paisajes de la perplejidad*, Barcelona, Àmbit.

Sanosa Cols, Pau (2024), *Giros Colectivos. Pastoralismo y gobernanza socioambiental en Santiago-Pontones*, Tesis Doctoral, Programa de Doctorado en Antropología Social y Cultural, Departamento de Antropología Social y Cultural, Universitat Autònoma de Barcelona.

Smith, Laurajane (2011), «El "Espejo patrimonial". ¿Ilusión narcisista o reflexiones múltiples?», *Antípoda* 12, pp. 39-63. ISSN 1900-5407.

Solana, Miguel (coord.) (2016), *Espacios globales y lugares próximos: setenta conceptos para entender la organización territorial del capitalismo global*, Icaria, Barcelona.

Tesser, Claudio (2000), «Algunas reflexiones sobre el significado del paisaje para la geografía», *Revista de Geografía Norte Grande*, 27, pp. 19-26.

Tsing, Anna (2019a), «The buck, the bull, and the dream of the stag: Some unexpected weeds of the Anthropocene», en Lounela, A., Berglund, E. & Kallinen, T. (eds.) (2019), *Dwelling in Political Landscapes. Contemporary Antrhopological Perspectives,* Studia Fennica, Helsinki, pp. 33-52.

Turner, Jane (1996), *The Dictionary of Art*, tomo 18, Macmillan Publishers, Londres.

UNESCO (2008), *Links between biological and cultural diversity, Report of the International Workshop*, organized by UNESCO with support from The Christensen Fund. September 26-28, 2007, UNESCO Headquarters París.

Van Geert, Fabien, Roigé, Xavier y Conget, Lucrecia (coords.) (2016), *Usos politicos del patrimonio cultural,* Universitat de Barcelona, Barcelona.

Zoido, Florencio (2010), «Territorio y paisaje, conocimiento, estrategias y políticas», en Pillet, F.; Cañizares, M. Del C. y Ruiz Pulpón, Á.R., (2010), *Territorio, paisaje y sostenibilidad: un mundo cambiante*, El Serbal, Barcelona, pp. 87-114.

7. Vegetación, suelo y prácticas pastoriles de los Comunales de Castril, Santiago de la Espada y Pontones: ¿un marcador de dinámicas socio-ecológicas?

SANTIAGO A. PARRA (AMU), MARIA EUGENIA RAMOS-FONT (CSIC), ANA-BELÉN ROBLES (CSIC), ELISE BUISSON (AU), CHRISTEL VIDALLER (AU), DANIEL PAVON (AMU), VIRGINIE BALDY (AMU) Y EMMANUEL CORCKET (AMU)

Introducción

El pastoralismo en las montañas mediterráneas desde un punto de vista ambiental

Los ecosistemas mediterráneos han sido modelados por la acción de los grandes herbívoros desde tiempos remotos hasta tiempos recientes (Arribas-Herrera y col., 2001). A partir del neolítico, tras la extinción de la gran mayoría de ellos, este rol ecológico ha correspondido al ganado doméstico a través del pastoreo, ramoneo y pisoteo (González-Rebollar y Ruiz-Mirazo, 2013). Numerosos estudios demuestran que el pastoreo extensivo contribuye al mantenimiento de la estructura del paisaje en las montañas, promoviendo la diversidad florística y evitando la expansión descontrolada del matorral, hecho que incide directamente en la prevención de incendios (Ruiz-Mirazo y Robles, 2012; Múgica y col., 2021). Además, el pastoreo aporta otra serie de contribuciones ambientales en los ecosistemas de montaña como son la dispersión de semillas (Ramos y col., 2006; Ramos-Font y col., 2015) y el aporte y reciclaje de nutrientes como el fósforo y el nitrógeno.

Biodiversidad y uso pastoril

La estructura y composición de las comunidades vegetales dependen de variables topográficas, climáticas, edafológicas, pero también del pastoreo y del aprovechamiento histórico de los recursos naturales por parte de comunidades humanas (Zobel, 1997; Gao y Carmel, 2020). Los herbívoros, como el ganado, modelan las comunidades vegetales a través de la defoliación, las deposiciones de orina y heces, la dispersión de semillas, el pisoteo y las escarbaduras (Wang y col., 2015; Vidaller y col., 2022; Castañeda y col., 2023). En respuesta a la herbivoría por el ganado, las plantas pueden desarrollar distintas estrategias adaptativas. De este modo, las plantas ruderales con crecimiento rápido están adaptadas para hacer frente a las perturbaciones producidas por la actividad del ganado (Grime, 1977). También las estrategias tolerantes al estrés, como una fenología temprana, pueden representar adaptaciones a las perturbaciones por herbivoría (Delalandre y col., 2023). Por ejemplo, las plantas anuales que presentan un ciclo de vida de un año con crecimiento rápido y fenología temprana pueden ser beneficiadas por el pastoreo. A nivel comunitario, la herbivoría puede favorecer el cambio de una comunidad vegetal de biotipo perenne a una comunidad de biotipo anual (Moinardeau y col., 2020; Delalandre y col., 2023).

En cuanto al suelo, el pastoreo moderado puede mejorar su fertilidad a través de la incorporación de materia orgánica proveniente de los excrementos del ganado. Esto enriquece el suelo con nutrientes esenciales como el nitrógeno y el fósforo, que son fundamentales para el crecimiento y desarrollo de las plantas. Además, el pisoteo del ganado, cuando es moderado, puede ayudar a la incorporación de materia orgánica, lo que mejora la estructura del suelo (Ganjegunte y col., 2005), favorece la infiltración de agua (Centeri, 2022) y la actividad microbiana (Requena-Serrano y col., 2024). Sin embargo, el pisoteo excesivo, asociado al sobrepastoreo, puede compactar el suelo, reducir la porosidad y limitar la capacidad de las raíces para acceder al agua y los nutrientes, lo cual tiene un efecto negativo en la vegetación (Centeri, 2022).

No obstante, si hablamos de ganado doméstico, son los propios ganaderos quienes modulan la influencia del ganado sobre la vegetación y el suelo, a través de las prácticas, que guían a los animales y gestionan la intensidad de pastoreo (Meuret y Provenza, 2015).

Trashumancia

La trashumancia que, como ya hemos explicado, consiste en el movimiento estacional de los rebaños entre diferentes áreas de pastoreo, motivado por la disponibilidad de recursos forrajeros y agua (Herrera y col., 2014), permite períodos de descanso para los pastos, en los que las plantas pueden desarrollarse sin la presión del ganado, e incluso florecer y reproducirse, lo cual es crucial para el mantenimiento de la biodiversidad y productividad de los pastos año tras año y por lo tanto su durabilidad a través del tiempo y las generaciones. Mediante esta práctica los ganaderos garantizan que los rebaños tengan acceso constante al forraje, intentando que sea de calidad, se evita la sobreexplotación de los pastos y se reduce la necesidad de comprar forraje suplementario (Manzano y Casas, 2010).

La trashumancia no solo tiene beneficios en términos de producción ganadera (servicio ecosistémico de aprovisionamiento), sino que también proporciona otros importantes servicios ecosistémicos como son los de regulación: dispersión de semillas que mejora la conectividad del paisaje, contribuye a expandir el área de distribución de las especies dispersadas y mantiene la diversidad genética (Otero-Rozas y col., 2014; Ramos-Font y col., 2015; Manzano y Malo, 2006), eliminación del combustible vegetal ayudando a prevenir incendios, incremento de la fertilidad del suelo y la diversidad florística de los pastos (Timpong-Jones y col., 2023).

No obstante, según la forma de llevar a cabo la trashumancia, el efecto sobre la vegetación puede ser diferente. Así, por ejemplo, cuando la llegada de los rebaños a los pastos coincide con el período de crecimiento de la vegetación, las plantas, sobre todo perennes, pueden ser especialmente sensibles a la defoliación (Ash y McIvor, 1998). De hecho, se ha mostrado que un pastoreo tardío tiene un efecto positivo en la biomasa y la cobertura de plantas perennes en praderas en Mongolia y en zonas del altiplano boliviano (Buttolph y Coppock, 2004; Wang y col., 2014). Por este motivo, una llegada tardía a los pastos de verano podría tener distintos efectos en la vegetación con respecto a una llegada más temprana. Específicamente, se podría hipotetizar un efecto positivo en las plantas perennes cuando el aprovechamiento de los pastos es más tardío.

Pastos comunales

Los sistemas comunales de pastos establecen una serie de reglas de aprovechamiento como por ejemplo el tipo de ganado que puede tener acceso, el período de pastoreo (fechas de entrada y salida establecidas) y la distribución de los rebaños dentro de los pastos (Dominguez y col., 2010; Reid y col., 2014). Algunos autores indican que los sistemas de gestión comunal bien establecidos pueden favorecer una mayor conservación de la cobertura vegetal que los pastos manejados de forma menos colectiva (Auclair y Alifriqui, 2012; Herrera y col., 2014). Asimismo, Schermer y col. (2016) observaron que los pastos comunales previenen la erosión por sobrepastoreo y la matorralización por infrapastoreo, y, por tanto, contribuyen al mantenimiento de los pastos herbáceos.

Entre las reglas establecidas por los sistemas de gobernanza comunal se incluye la regulación de los períodos de pastoreo, como, por ejemplo, el retraso en la entrada del ganado a los comunales en primavera para permitir el desarrollo de la vegetación, maximizando así la producción de pastos (Bourbouze, 1987). Asimismo, las reglas pueden limitar el tipo de ganado, su distribución en el espacio y la carga ganadera. Todas éstas conllevan una repercusión en la estructura y composición de la comunidad vegetal (Parra y col., 2025; Godoy-Sepúlveda y col., 2024).

En este contexto, este capítulo analiza los efectos que tienen la trashumancia y la gobernanza comunal sobre la vegetación y el suelo en pastos mediterráneos de verano. Nuestro estudio se sitúa en los pastos de alta montaña de los comunales de Castril, Santiago de la Espada y Pontones. Las reglas de aprovechamiento de estos pastos, como período de pastoreo y distribución de los rebaños, varían según la gobernanza comunal. Además, las fechas de entrada varían considerablemente según la modalidad de trashumancia. Los ganaderos pueden realizar una trashumancia de corta distancia (TCD) o una trashumancia de larga distancia (TLD), entrando a los pastos a inicios de mayo o a principios de junio, respectivamente. En concreto, la hipótesis planteada considera que se podrían lograr mayores beneficios ecológicos del pastoreo mediante: (a) un aprovechamiento de los pastos más tardío relacionado a TLD y (b) formas de gobernanza del pastoreo más estructuradas formalmente.

Los comunales de Castril, Santiago de la Espada y Pontones

Caracterización geológica y botánica general

Los comunales de Castril, Santiago de la Espada y Pontones (en adelante CSP) se sitúan en las montañas prebéticas dentro de dos parques naturales (P.N. en adelante) de la comunidad autónoma de Andalucía (España): P.N. de la Sierra de Castril (noreste de la provincia de Granada) y P. N de las Sierras de Cazorla, Segura y las Villas (al este de la provincia de Jaén), que con una superficie de más de 214 000 hectáreas constituye el mayor espacio protegido de España. Particularmente, el comunal de Castril se ubica en la sierra del mismo nombre y los comunales Santiago de la Espada y Pontones en la sierra de Segura. A nivel ambiental, ambas sierras forman un único macizo de montañas de rocas calcáreas y dolomíticas, con características climáticas similares y una historia geológica común. Incluso comparten cimas como es el Pico Empanadas (2 106 m), el más alto de dicho macizo separando los municipios de Castril y Santiago-Pontones, aunque las altitudes más bajas de las sierras de Castril y Segura rondan los 1 200 m. En su conjunto, limitan al oeste con materiales sedimentarios de la campiña del Guadalquivir y al sur con los altiplanos y depresión semiárida de Guadix–Baza (PORN, 2005; PORN, 2017).

Las características de las rocas calizas, como su solubilidad y su capacidad para formar sistemas kársticos, han dado lugar a un paisaje marcado por gargantas, cañones, dolinas y cuevas, que son elementos distintivos de ambos parques naturales. La presencia de dichos sistemas kársticos en ambas sierras tiene una gran influencia en la hidrología de la región, ya que permiten la infiltración del agua de lluvia y su almacenamiento en acuíferos subterráneos, que luego alimentan a los manantiales y ríos, como el Segura y el Guadalquivir, dos de los principales ríos del sur peninsular. Así las formaciones kársticas proporcionan una fuente de agua constante, incluso durante los meses más secos, lo cual es crucial para la práctica del pastoralismo, ya que permite el mantenimiento de los pastos y proporciona agua para el ganado en una región donde las precipitaciones son estacionales y cada vez más escasas. Además, se pueden encontrar de forma puntual otros tipos de formaciones, como margas y areniscas, aunque se localizan en las zonas basales de la sierra (altiplanos y depresiones semiáridas). Estas margas tienen una gran importancia para la formación de suelos fértiles, ya que su contenido en arcilla y carbonato contribuye a la retención de nutrientes y a la capacidad de retención de agua del suelo (PORN, 2005; PORN, 2017).

Los suelos de las sierras de Castril y Segura son, en su mayoría, poco profundos y pedregosos, debido a la naturaleza calcárea del sustrato y a los procesos de erosión que afectan a la región. Sin embargo, en las zonas donde el relieve es más suave y donde se han acumulado depósitos coluviales y aluviales, los suelos tienden a ser más profundos y fértiles, lo que permite el cultivo de cereales adaptados al frío, como el centeno. Estos suelos, aunque limitados en extensión, especialmente en Castril, son de gran importancia, ya que proporcionan las zonas más productivas para el pastoreo del ganado (Araque, 1989; Arrojo y Valle, 2001).

Desde el punto de vista biogeográfico, los tres comunales, se incluyen en la provincia Bética, subsector Subbético, distrito Cazorlense (Arrojo y Valle, 2001; Gómez-Mercado, 2011), con similares características en flora y vegetación, aún más marcada en las cotas superiores. Los termotipos en estas altitudes son los supramediterráneos (1 400 – 1 700 m) y oromediterráneos (> 1 700 m) y los ombroclimas dominantes subhúmedo (600 – 1 000 mm) y en las zonas más altas húmedo (> 1 000 mm).

La vegetación de los comunales de CSP está marcada por la diversidad de condiciones ambientales (topografía, geología y clima) y por la influencia de los usos tradicionales de estas sierras como las prácticas pastoriles, que han moldeado el paisaje a lo largo de los siglos (Araque, 1989). Presenta una amplia variedad de comunidades vegetales, que van desde los matorrales y pastizales de alta montaña hasta los bosques mediterráneos. Las causas más importantes que han alterado las formaciones vegetales arbóreas han sido la obtención de madera (principalmente para la construcción de barcos), la ganadería y la agricultura, sin olvidar los enfrentamientos bélicos, que eliminaban las formaciones arbóreas limitadoras de la visibilidad territorial. Además, hay que tener en cuenta que todas estas actividades humanas utilizaban la tala y el fuego como técnica auxiliar para la actividad ganadera, agrícola y forestal. También cabe considerar que épocas pasadas la carga ganadera en la zona fue mucho mayor que hoy en día (Passera, 1999; Passera y col., 2003).

La vegetación potencial en las zonas más altas del área de estudio está representada, principalmente, por pinares-sabinares abiertos de *Pinus nigra* subsp. *salzmannii* (pino laricio o salgareño) acompañados de sabinas (*Juniperus sabina* var. *humilis*) y enebros rastreros (*Juniperus communis* subsp. *hemisphaerica*). En las zonas más bajas la vegetación potencial está representada por encinares (*Quercus rotundifolia*) y de manera puntual aparecen quejigales *(Quercus faginea)* en suelos más profundos y barrancos más húmedos. En los lugares más escarpados, como espolones y roquedos, aparecen pinares de pinos salgareños acompañados de sabina mora (*Juniperus phoenicea*). Por acción antrópica histórica, los pinares-sabinares abiertos y encinares han sido sustituidos por piornales: matorrales seriales de biotipo almohadillado, dominados por las especies *Erinacea anthyllis, Vella castrilensis, Hormathophylla spinosa, Astragalus giennensis, Satureja intricata,* etc. Entre los claros del piornal se sitúan especies herbáceas (por ejemplo, *Festuca segimonensis, Koeleria vallesiana, Poa ligulata, Poa bulbosa*, *Scorzonera albicans, Seseli granatense, Centaurea jaennensis*) y algunas leguminosas de base leñosa y biotipo postradas (*Coronilla minima, Astragalus incanus* subsp. *nummularioides*) que caracterizan los pastos herbáceos perennes secos que son de gran interés pastoral. Este tipo de pastos también son dominantes en las zonas pedregosas de crestas y cumbres expuestas a los pisos oro y supramediterráneo con ombrotipo de subhúmedo a húmedo. Por su importancia pastoral este tipo de comunidad ha sido seleccionada en este trabajo para su seguimiento. De manera azonal y puntual, en vaguadas y fondos de dolinas, se desarrollan pastos herbáceos húmedos dominados por las especies: *Festuca iberica, Plantago holosteum* subsp. *granatensis, Carex caryophylla, Lotus glareosus, Hieracium pilosella* subsp. *tricholpium,* etc. Además, aparece el lastonar sobre suelos más profundos, en llano y laderas con pendientes suaves. Se trata de una comunidad de gramíneas duras y vivaces de alto porte, dominada por las especies *Helictotrichon filifolium var. cazorlensis, Avenula pauneroi, Dactylis glomerata* subsp. *hispanica, Arrhenaterhum bulbosum, etc.* En las orlas de ambos tipos de bosques son frecuentes las especies espinosas, como *Berberis hispanica*, *Rosa sicula*, *Rosa* spp. y/o *Crataegus monogyna* (Gómez-Mercado, 2011) A menor disponibilidad de agua, los espinares son sustituidos por los retamares de *Cytisus reverchonii* y *Genista cinerea* subsp. *speciosa*. Cuando el pastoreo se intensifica, los pastos herbáceos, los pinares-sabinares abiertos y los claros del matorral y encinar pueden ser colonizados por plantas anuales de leguminosas (*Medicago* spp., *Trifolium* spp., *Coronilla scorpioides*) y de gramíneas (*Aegilops* spp., *Bromus* spp., *Vulpia* spp.).

Trashumancia y gobernanza en los comunales de Castril, Santiago de la Espada y Pontones

La trashumancia y los sistemas de gobernanza de CSP son el resultado de siglos de co-evolución y adaptación a las condiciones específicas de ese entorno montañoso y a las necesidades de las comunidades locales. La gestión de los comunales en CSP se basa en Sociedades de Ganaderos (Sociedades Agrarias de Transformación: SAT) en las que

Fotografía 1. Trashumancia de bajada de la Sierra de Segura a Sierra Morena, Santisteban del Puerto 2023 (Fuente: Parra, Santiago A.).

participan los vecinos con derecho de aprovechamiento de los pastos comunales. En los tres comunales, las áreas de pastoreo están divididas en *comarcas* que pueden estar asignadas a uno o más ganaderos y que, generalmente, van pasando de padres a hijos. Cada uno de los comunales tiene sus propias reglas de funcionamiento.

De este modo, Pontones sería la más organizada, tiene un calendario estricto para la llegada a los pastos (1 de mayo) y una delimitación muy clara de las áreas de pastoreo asignadas a cada ganadero (*comarcas*). En Santiago de la Espada y Castril, no hay fechas de entrada fijadas, ni las *comarcas* están tan claramente establecidas; sin embargo, sí que existen una serie de acuerdos informales para la distribución de los rebaños, con el fin de prevenir el sobrepastoreo de unas áreas e infrapastoreo de otras y evitar que los rebaños se mezclen entre sí. Aun así, la mezcla de ganado es más habitual que en Pontones. De hecho, la gestión de los pastos con áreas de pastoreo más permeables o cambiantes en el tiempo sería más acentuada en Castril, lo que posicionaría a Santiago de la Espada como un caso intermedio entre los otros dos. No obstante, en Castril, ya que disponen de menos pastos que los otros dos comunales, existe un alto grado de coordinación en el aprovechamiento del comunal. Esto queda reflejado en que la fecha de entrada a los pastos es acordada cada año (Godoy-Sepúlveda y col., 2024). Además, debido al difícil acceso a los pastos de Castril, los ganaderos pernoctan allí durante varias noches, conviven más tiempo y están más tiempo con su ganado en la montaña. Por lo cual, se podría hipotetizar que el pastoreo es más dirigido en Castril que en Santiago de la Espada y Pontones donde los ganaderos pernoctan menos en la montaña.

Los ganaderos de los tres comunales mueven a sus ganados estacionalmente desde los pastos de verano a los pastos de invierno recorriendo distancias de entre 5 y 25 km (trashumancia de corta distancia, en adelante TCD) o de entre 50 y 150 km (trashumancia de larga distancia, en adelante TLD) (Fotografía 1). Mientras que el ganado de TCD entra en los pastos sobre finales de abril o principios de mayo, el ganado de TLD lo hace a principios de junio. En Castril, sólo el 12 % de los ganaderos hacen TLD, mientras que en Santiago de la Espada y Pontones el 66 % hacen TLD (Godoy-Sepúlveda y col., 2024).

Estudios de suelo y vegetación en comunidad de especies perennes

Áreas de pastoreo y comunidad vegetal objetivo

Este trabajo es fruto de las investigaciones realizadas en el marco de dos proyectos de investigación sobre los tres comunales de CSP: EXPLORA (Patrimonialización socio-ecológica de ICCAS en España y Marruecos (Godoy-Sepúlveda y col., 2024) e *Indigenous and Community Conserved Area for social-ecological REsilience* (ICCARE) (Parra y col., 2025). La primera etapa consistió en la identificación de los pastores y sus respectivas áreas de pastoreo (*comarcas*) y, en una segunda etapa, se seleccionaron diferentes comunidades vegetales de seguimiento en los pastos de CSP. Para lo cual se realizaron trabajos de campo entre 2017 al 2019 en el marco del proyecto Explora, y luego entre 2022 y 2023 dentro del proyecto ICCARE. Gracias a la inmersión en las tres comunidades de ganaderos, se identificaron 88 ganaderos que fueron contactados para obtener información sobre al manejo de sus rebaños, sus prácticas de pastoreo, la fecha de llegada y salida de los pastos, así como en qué lugar pastan sus rebaños, lo que permitió la espacialización de las *comarcas* ganaderas.

Una vez delimitadas las *comarcas* en el proyecto EXPLORA, se procedió a la exploración en ellas de los tipos de vegetación y a la selección de comunidades vegetales para el seguimiento ecológico. Los resultados y la experiencia recogida en este proyecto facilitaron el diseño y la selección de la comunidad vegetal de seguimiento en el proyecto ICCA-RE.

Fotografía 2. ***Festuca segimonensis*** (gramínea) y ***Anthyllis vulneraria*** (leguminosa) plantas típicas de la comunidad de pastos secos de herbáceas perennes, Santiago de la Espada 2024 (Fuente: Parra, Santiago A.).

En este último, el estudio se enfocó exclusivamente en la comunidad de pastos secos de herbáceas perennes. Con ello se pretendía reducir la variabilidad asociada a las distintas comunidades vegetales y a factores ambientales físico-químicos, y así centrarnos en la variabilidad al interior de la comunidad de pastos secos que puede estar relacionada con el efecto de la trashumancia y de la gobernanza. En este capítulo se exponen algunos resultados del proyecto ICCARE.

La comunidad de pastos secos de herbáceas perennes está caracterizada por *Festuca segimonensis* (confundida anteriormente con *Festuca hystrix*) (Fotografía 2). Esta comunidad fue escogida por estar distribuida de forma generalizada en los pastos de CSP y porque tienen un alto valor pastoral. Dentro de este tipo de pastos, habitan especies que muestran un alto valor forrajero como son las leguminosas perennes (*Coronilla mínima*, *Astragalus* spp. y *Anthyllis vulneraria*) y Cistáceas perennes del género *Helianthemum* spp. (Passera, 1999).

Unidades de muestreo

En el interior de las *comarcas* en las cuales los ganaderos pudieron ser contactados para obtener información sobre manejo del ganado, se establecieron unidades de muestreo que debían cumplir los siguientes requisitos: presencia de *Festuca segimonensis* y al menos tres especies características de la comunidad (por ejemplo, *Koeleria vallesiana*, *Arenaria tetraquetra*, *Helianthemum* spp., *Plantago subulata*, *Poa ligulata*). Se evitaron zonas con alta presencia de *Aegilops geniculata*, *Bromus tectorum* y *Poa bulbosa* (indicadoras de otro tipo de comunidades vegetales de tendencias más nitrófilas). Además, todas las unidades de muestreo se ubicaron en roca caliza, entre 1 550 – 1 800 metros de altura y en pendiente entre 5 – 35 grados. Se evitaron zonas cercanas a puntos de agua (abrevaderos o tornajos), refugios de animales (tinadas) y lugares de sesteo o de descanso de los animales (*majadas*). En total se establecieron 72 unidades de muestreo en CSP que abarcaban las distintas modalidades de trashumancia (Tabla 1) (Parra y col., 2025).

Tabla 1. Número de unidades de muestreo por modalidad trashumancia y gobernanza comunal.

	Castril	Santiago de la Espada	Pontones
TCD	12	13	6
TLD	3	18	8
TCD/TLD*	3	3	6

*TCD: trashumancia de corta distancia, TLD: trashumancia de larga distancia. Las áreas TCD/TLD pueden ser pastoreadas por rebaños TCD antes de que lleguen los rebaños TLD, o son áreas donde los ganaderos han cambiado de TCD a TLD o de TCD a TLD. Para efecto de los análisis, los transectos en modalidad TCD/TLD fueron descartados para centrarnos en las dos principales categorías de trashumancia, esto es TCD y TLD.

Colecta de datos

En las unidades de muestreo se aplicó una combinación de métodosde campo diseñados para comprender los efectos de las modalidades de trashumancia y gobernanza comunal. Estos métodos permitieron recolectar información detallada sobre la composición y estructura de la vegetación, las características del suelo e indicadores de pastoreo.

Vegetación

Para la evaluación de la vegetación, se aplicó el método de *point-quadrat* modificado (Daget y Poisonet, 1971), en el cual se colocaron transectos de 10 m con 100 puntos de evaluación (separados cada 10 cm), sobre los que se colocaba una aguja de 2 mm de diámetro y 50 cm de longitud (Fotografía 3). Para cada punto, se registraron todas las especies que contactaban tanto en la base, como a lo largo de la aguja, indicando, en su caso, la presencia de flores. En ausencia de plantas se anotaba suelo desnudo o mantillo (según el caso). Además, se evaluó un área de 0,5 por 10 m a ambos lados de cada transecto (10 m^2) y se registraron todas las especies que no fueron encontradas en el transecto. A partir de estas evaluaciones se estimaron los siguientes parámetros:

- Biovolumen de plantas anuales: Número total de contactos de plantas anuales en el transecto (Castañeda y col., 2023).
- Biovolumen de plantas perennes: Número total de contactos de plantas perennes en el transecto.
- Riqueza (S): número de especies registradas en el transecto y en el área adyacente de 10 m^2.
- Diversidad: índice de Shannon (H) calculado como:

$$H' = -\sum_{i=1}^{S} p_i \ln p_i$$

donde *pi* es la frecuencia relativa de la especie *i*, y *S* el número total de especies en el transecto.

Fotografía 3. Evaluación de la vegetación mediante el método de *point-quadrat* modificado a lo largo de transectos lineales. Pontones 2022 (Fuente: López Espinosa, José Antonio).

Suelo

Con el fin de caracterizar el suelo y evaluar su respuesta en función de la modalidad de trashumancia y del tipo de gobernanza, se extrajeron tres muestras de suelo por transecto de vegetación a través de cilindros en la zona inmediatamente adyacente a cada transecto de vegetación (Fotografía 4). Posteriormente en laboratorio se analizaron las siguientes variables físico-químicas del suelo:

- pH
- Densidad aparente ($g \cdot cm^{-3}$): indicador de la compactación del suelo.
- Materia orgánica
- Nitrógeno
- C:N: Razón entre carbono y nitrógeno.

Además, a lo largo del transecto de vegetación se determinó la cobertura de mantillo.

Fotografía 4. Extracción de muestras de suelo en zona adyacente a los transectos lineales de vegetación, Pontones 2024 (Fuente: Parra, Santiago A.).

Indicadores de pastoreo

Para estimar la actividad de los herbívoros en la zona del transecto de vegetación, se procedió a medir los siguientes parámetros que se han considerado como indicadores de pastoreo:

- Carga ganadera: Número de cabezas de ganado por hectárea durante un tiempo específico. En nuestro caso consideramos el número de días que la *comarca* es pastoreada (Scarnecchia, 1985):

$$Carga\ ganadera = \frac{animales}{hectáreas} \cdot \frac{días\ pastoreo}{días\ año\ (365)}$$

- Tasa de utilización de plantas (PUR en inglés): Seguimos el método visual, descrito por Ruiz-Mirazo y col. (2011), de 6 rangos de pastoreo de 0 a 5, siendo 0 no utilización y 5, una utilización muy intensa donde el estrato herbáceo ha sido reducido a pocos centímetros por encima del suelo. PUR fue medido en otoño al final del período de pastoreo en los alrededores de los transectos de vegetación. Se midió PUR en 25 individuos de especies dominantes (Etienne y Rigolot, 2001): *Helianthemum cinereum, Helianthemum oelandicum, Helianthemum appenninum*, *Thymus serpylloides, Teucrium aureum* y *Festuca segimonensis.* También medimos una tasa general de utilización de la vegetación (PUR comunidad) que se midió en cada metro del transecto de 10 m. Para los análisis se agruparon los PUR de los caméfitos (*Helianthemum* spp., *Thymus serpylloides* y *Teucrium aureum*).
- Heces: Este indicador de la presencia de ganado fue medido al inicio, primavera, y al final, otoño, del período de pastoreo. Se contó el número de cagarrutas en 10 cuadrados de 50 • 50 cm en cada transecto.
- Biovolumen total plantas: Número total de contactos de plantas (anuales y perennes) en el transecto.
- Abundancia flores: Número de plantas con flores registradas en el transecto.
- Suelo desnudo: Cobertura de suelo desnudo registrado en el transecto.

Análisis de datos

El análisis de datos consistió en i) evaluar el efecto de la trashumancia y de la gobernanza comunal sobre la vegetación y ii) caracterizar variables de suelo e indicadores de pastoreo en relación con la trashumancia y la gobernanza comunal.

Con respecto a los análisis estadísticos, primero se analizó el efecto de la trashumancia y la gobernanza comunal en el biovolumen de plantas anuales (terófitos) y de plantas perennes (incluye geófitos, hemicriptófitos, caméfitos y fanerófitos). Específicamente se realizó un test Anova o, en caso de no normalidad de los datos, test Kruskal-Wallis, y sus respectivos test *post-hoc*. En segundo lugar, se analizó mediante un test de Chi-cuadrado la composición de familias agrupadas en leguminosas (fabaceae), gramíneas (poaceae), cistáceas (cistaceae) y *otras* (resto de familias botánicas) considerando de manera separadas las especies perennes y las anuales en relación a la trashumancia y la gobernanza. En Anexo 1 se detallan los análisis estadísticos para la trashumancia y en Anexo 2 para la gobernanza.

En relación con las variables de suelo e indicadores de pastoreo se analizó el efecto de la trashumancia y la gobernanza comunal en estas variables e indicadores. Se realizaron Anova y/o Kruskal-Wallis en caso de no normalidad de los datos (detalles estadísticos en Anexo 3).

Resultados y discusión

Respuesta de la vegetación a la trashumancia

Hay una importante riqueza de especies y diversidad en la comunidad de pastos secos, que fue similar entre los tipos de trashumancia, con una mediana de 47 y 45 especies (en una superficie de 10 m^2) y 3,03 y 2,88 de índice Shannon en los transectos vegetación en modalidad TCD y TLD, respectivamente. El biovolumen de plantas anuales es significativamente mayor en áreas de TCD que TLD (Figura 1; Anexo 1). En cambio, el biovolumen de plantas perennes es significativamente menor en TCD que en TLD (Figura 2). Algunos autores indican que la mayor abundancia de plantas anuales (terófitos) es indicador de mayor intensidad de pastoreo (Delalandre y col., 2023; Al-Kofahi y col., 2024). Estas diferencias se podrían deber a una mayor perturbación de pastoreo

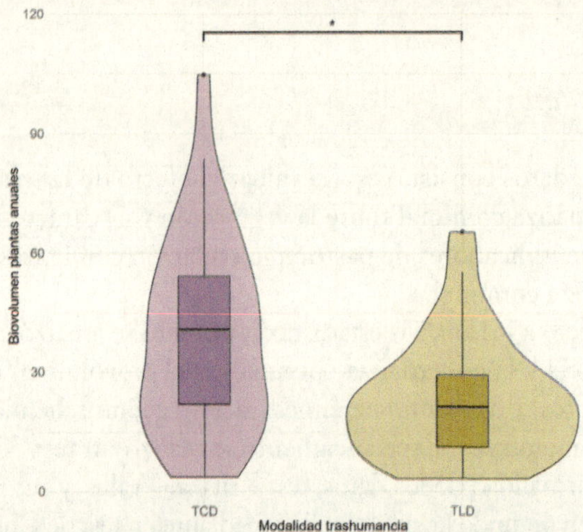

Figura 1. Diagrama de violín mostrando la distribución del biovolumen de plantas anuales (nº total de contactos con plantas anuales en un transecto) respecto a la modalidad de Trashumancia de Corta Distancia (TCD) o Trashumancia de Larga Distancia (TLD). El asterisco indica diferencias significativas entre ambas modalidades.

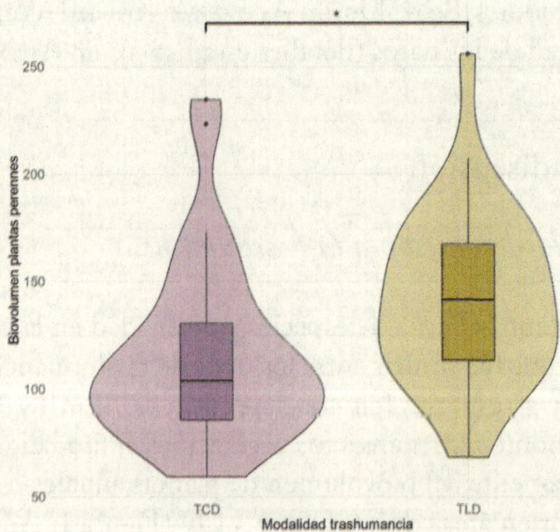

Figura 2. Diagrama de violín mostrando la distribución del biovolumen de plantas perennes (nº total de contactos con plantas perennes en un transecto) respecto a la modalidad de Trashumancia de Corta Distancia (TCD) o Trashumancia de Larga Distancia (TLD).

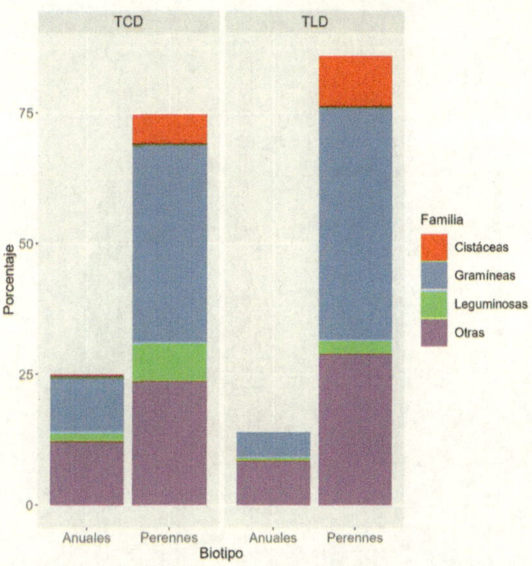

Figura 3. Composición de familias y biotipos con respecto a la Trashumancia de Corta Distancia (TCD) y Trashumancia de Larga Distancia (TLD).

debido a una entrada más temprana en las áreas de TCD, lo cual afectaría negativamente las plantas perennes generando espacios que son colonizados por plantas anuales, algunas de ellas de carácter nitrófilo (Gómez-Mercado, 2011; Moinardeau y col., 2020). Las plantas anuales pueden constituir un recurso forrajero importante en los pastos de CSP (Robles y col., 2009), pero debido a su ciclo biológico estas plantas se encuentran principalmente disponibles durante la primavera, constituyendo un recurso efímero. Por lo tanto, el mayor biovolumen de plantas perennes en TLD indicaría que estas zonas podrían proveer mayor forraje para el ganado que las áreas TCD (Forrest y col., 2016; Tozer y col., 2021). Esta diferenciación en el recurso forrajero sería particularmente pronunciada durante el período de sequía estival.

La composición de familias de especies anuales es diferente para TCD y TLD (Figura 3), debido un mayor biovolumen de cistáceas, leguminosas y gramíneas (con predominio de *Aegilops* spp.) en áreas TCD que en TLD, lo cual sería un indicador de la mayor perturbación por pastoreo (Gomez-Mercado, 2011). También existen diferencias en la composición de familias de plantas perennes entre TCD y TLD (Figura 3). En áreas TLD, existe un mayor biovolumen de gramíneas (particularmente *Festuca segimonensis*

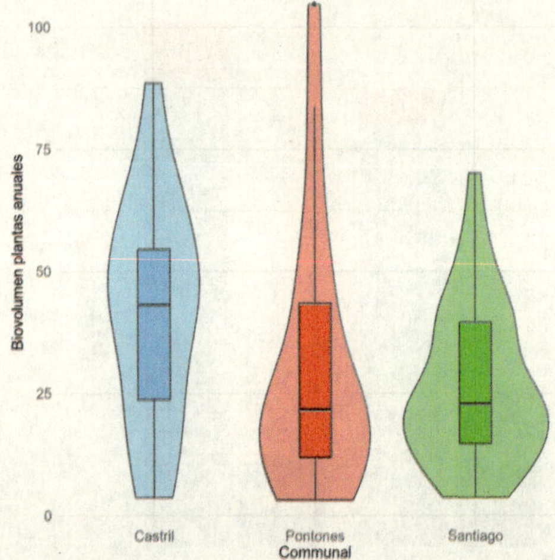

Figura 4. Diagrama de violín mostrando la distribución del biovolumen de plantas anuales (nº total de contactos con plantas anuales en un transecto) con relación a la gobernanza comunal de Castril, Pontones y Santiago de la Espada.

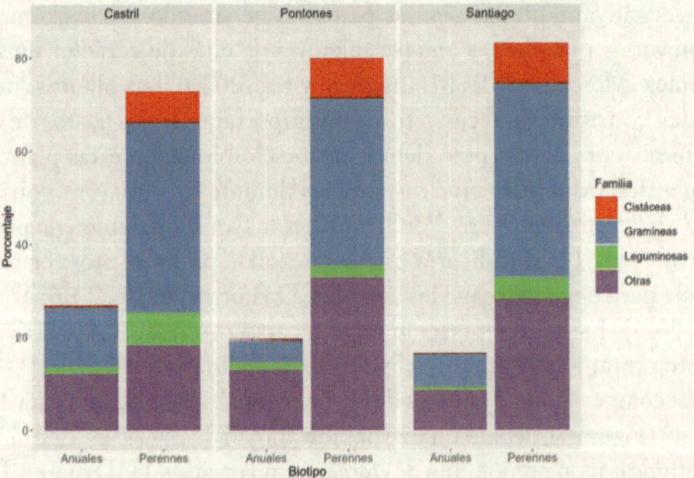

Figura 5. Composición de familias y biotipos con respecto a la gobernanza comunal de Castril, Pontones y Santiago de la Espada.

y *Poa bulbosa*), cistáceas, como *Helianthemum* spp., y del grupo otras (especialmente *Thymus serpylloides*). Sin embargo, existe un aumento del biovolumen de leguminosas perennes en áreas TCD (Figura 3), producto de la presencia de *Erinacea anthyllis* en siete unidades de muestreo. Consideramos que este hecho no está relacionado con la modalidad de trashumancia, sino que se debe a otros procesos socio-ecológicos.

Respuesta de la vegetación a la gobernanza comunal

En los tres comunales se observaron similares pero importantes valores de riqueza de especies (mediana= 46 especies en una superficie de 10 m^2, en cada uno de ellos) y diversidad (2,98, 2,89 y 3,06 índice Shannon en Castril, Santiago de la Espada y Pontones, respectivamente). No obstante, existe una tendencia, aunque no significativa, de mayor biovolumen de anuales en Castril (Figura 4; detalles estadístico Anexo 2), lo que podría sugerir una mayor intensidad de pastoreo (Moinardeau y col., 2020; Delalandre y col., 2023). Además, se observan diferencias en la composición de familias de las plantas anuales (Figura 5). Por ejemplo, se observa un alto biovolumen de gramíneas anuales (especialmente *Bromus* spp. y *Aegilops* spp.) en Castril y un bajo biovolumen de estas especies en Pontones. El aumento de estas gramíneas anuales en Castril indicaría una mayor perturbación por pastoreo en este comunal (Gómez-Mercado, 2011), lo que se podría deber a un efecto combinado de gobernanza y TCD. Esto es debido a que Castril presenta más ganaderos que realizan esta modalidad de trashumancia y al mismo tiempo las *comarcas* se encuentran formalmente menos estructuradas con respecto a Pontones. En resumen, la llegada temprana a los pastos (TCD) junto con la permeabilidad de las *comarcas* en Castril podría explicar la tendencia de mayor biovolumen de anuales en Castril.

Tampoco hay diferencias debidas a la gobernanza comunal en el biovolumen total de plantas perennes (Anexo 2). No obstante, sí que existen diferencias en la composición de las familias, que se explica por un mayor biovolumen de leguminosas perennes en Santiago de la Espada y Castril, especialmente *Erinacea anthyllis*, con respecto a Pontones y menor biovolumen del grupo otras, particularmente *Thymus serpylloides*, en Castril con respecto a Santiago de la Espada y Pontones (Figura 5). Al igual que en el caso de TCD vs TLD, consideramos que estas diferencias pueden deberse a otros procesos socio-ecológicos más allá de la gobernanza.

Síntesis conjunta de indicadores de pastoreo, variables de suelo y vegetación

Trashumancia

A continuación, se presentan de forma sintética los resultados de todos los indicadores de pastoreo y variables de suelo y vegetación estudiados. En primer lugar, cabe destacar la alta PUR de la comunidad vegetal en ambas modalidades: 4,4 y 4,1 para TCD y TLD, respectivamente. Tanto PUR de la comunidad (PUR comunidad) como PUR de *F. segimonensis* (PUR *Festuca*) son significativamente superiores en TCD (Anexo 3), lo que indicaría una mayor perturbación por pastoreo en TCD que en TLD. Este hecho es coherente con el mayor biovolumen de plantas anuales, que reemplazan a las plantas perennes, en áreas de TCD indicado en el apartado anterior (Figura 1; Figura 6; Ash y McIvor, 1998). Esta colonización de plantas anuales, además, explicaría la tendencia, aunque no significativa, de mayor diversidad de Shannon en TCD que en TLD (Figura 6).

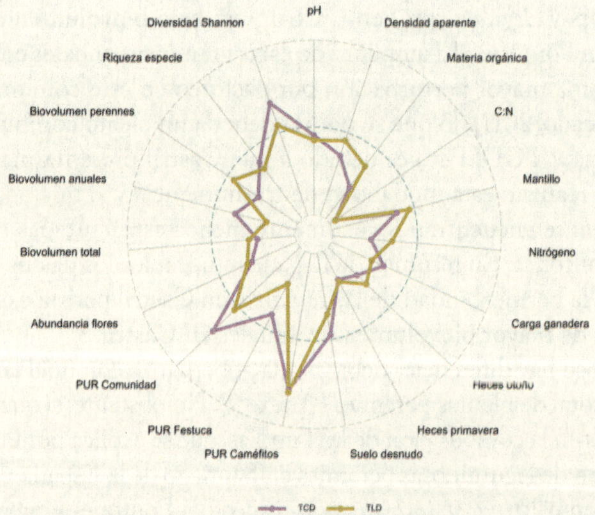

Figura 6. Variables de suelo (lado derecho) y variables de vegetación e indicadores de pastoreo (lado izquierdo) en relación con la Trashumancia de Corta Distancia (TCD) y a la Trashumancia de Larga Distancia (TLD).

Respecto a los parámetros del suelo, el contenido en materia orgánica del suelo es mayor en TLD que en TCD (Figura 6, detalles estadísticos Anexo 3), lo cual se podría relacionar con el mayor biovolumen de plantas perennes en estas zonas (Zuo y col., 2018). Además, se observa una tendencia, aunque no significativa, de mayor nitrógeno en el suelo en TLD que en TCD (Figura 6).

Gobernanza comunal

Entre los indicadores de pastoreo y variables de suelo y vegetación estudiados en relación con la gobernanza comunal (Figura 7), se destaca que la carga ganadera es significativamente mayor en Santiago de la Espada que en Pontones. Además, en Santiago de la Espada y en Pontones hay una mayor presencia de heces en otoño que en Castril (Anexo 3). Sin embargo, no se observan diferencias significativas en otros indicadores de pastoreo. Por otro lado, en las variables de suelo, se observa que la materia orgánica, el nitrógeno y la presencia de mantillo fueron mayores en Santiago de la Espada que en Castril. No se observan diferencias significativas en otras variables de suelo con relación al comunal, lo que se suma a la ausencia de diferencias significativas en el biovolumen de anuales y perennes entre gobernanzas (Figura 7).

Esta aparente semejanza entre tipos de gobernanza podría deberse a la heterogeneidad en la vegetación y en el suelo dentro de cada comunal, como consecuencia de que, en estos pastos mediterráneos de alta montaña, interactúan distintos procesos sociales y/o usos tradicionales de la sierra (por ejemplo, ganadería, agricultura de alta montaña, actividad forestal, recolección de plantas silvestres [Araque, 1989]) que también pueden influenciar la vegetación y el suelo. Particularmente en la ganadería, a su vez, existen en cada comunal distintas prácticas pastoriles y reglas en la gestión de pastos que afectan la vegetación (Godoy-Sepúlveda y col., 2024). Esta heterogeneidad en la vegetación dentro de cada comunal queda, por ejemplo, reflejada en la alta variabilidad existente en el biovolumen de plantas anuales (Figura 4).

Sin embargo, otros enfoques más complejos en los que se combinan las distintas variables para realizar análisis estadísticos multivariados muestran diferencias importantes en la composición de la vegetación entre las gobernanzas comunales de Castril con respecto a las de Santiago de la Espada y Pontones (Parra y col., 2025). De todos modos, en

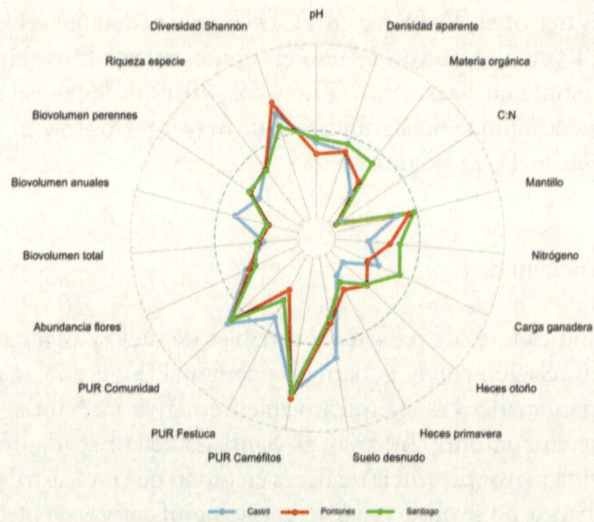

Figura 7. Variables de suelo (lado derecho) y variables de vegetación e indicadores de pastoreo (lado izquierdo) con relación a la gobernanza comunal de Castril (azul), Pontones (rojo) y Santiago de la Espada (verde).

este capítulo se dilucidan ciertas tendencias que cabe destacar. En Castril existe una tendencia a mayor biovolumen de anuales (Figura 4) y también se observa una mayor proporción de gramíneas anuales, como *Bromus* spp. y *Aegilops* spp., que en Santiago de la Espada y Pontones (Figura 5). La mayor presencia de estas plantas anuales podría indicar mayor perturbación por pastoreo en Castril (Gómez-Mercado, 2011), lo que podría estar relacionado con el hecho de que la mayoría de los ganaderos en este comunal realiza TCD subiendo tempranamente a los pastos de alta montaña (Godoy-Sepúlveda y col., 2024).

Conclusiones

Este capítulo muestra la respuesta de un gran número de variables ecológicas frente a distintas estrategias de manejo del ganado, como son la trashumancia y la gobernanza comunal, en las montañas del sureste español. La enorme superficie pastoreada, la complejidad del sistema socio-ecológico y del manejo del ganado suponen un gran reto para la investigación socio-ecológica en este territorio. En este sentido, un número importante de las variables e indicadores seleccionados no han mostrado una respuesta clara frente a las distintas estrategias de manejo. A pesar de esto, una serie de variables muy importantes a nivel ecológico han aportado información relevante y diferencial entre los manejos, como son el biovolumen de plantas anuales y perennes o la materia orgánica.

Nuestros resultados apoyan la hipótesis de que la Trashumancia de Larga Distancia (TLD) aportaría mayores contribuciones ecológicas y pascícolas que la Trashumancia de Corta Distancia (TCD). En primer lugar, parecen indicar que una llegada más tardía (inicios de junio) a los pastos de CSP, asociada a TLD, favorece el biovolumen de plantas perennes características de esta comunidad vegetal. En cambio, una llegada más temprana (inicios de mayo), en áreas TCD, implica un menor biovolumen de plantas perennes, lo que permite la colonización de las anuales, que se refleja en un mayor biovolumen de estas plantas como *Aegilops* spp. Esta circunstancia es consistente con el hecho de que una entrada más temprana supone i) una mayor prèsión de pastoreo sobre las plantas perennes (reflejada en una mayor PUR de *Festuca segimonensis*), ii) una mayor perturbación y iii) el reemplazo de plantas perennes por anuales. Estas últimas pueden constituir un recurso forrajero importante, sin embargo, es efímero. Por tanto, un mayor biovolumen de plantas perennes en TLD implicaría una mayor provisión de pastos para el ganado en estas áreas. En segundo lugar, el suelo de áreas TLD muestra un mayor almacenamiento de materia orgánica que el suelo de TCD, probablemente debido al mayor biovolumen de plantas perennes en áreas TLD.

Con relación al efecto de las gobernanzas se muestra que hay una aparente semejanza entre comunales para la gran mayoría de variables e indicadores analizados, que podría deberse a la heterogeneidad existente dentro de cada comunal, como consecuencia de las distintas prácticas y reglas en la gestión de pastos, usos tradicionales del territorio y características ambientales y ecológicas. En consecuencia, resulta difícil demostrar el efecto de una gestión pastoril diferenciada de las distintas gobernanzas comunales sobre la vegetación en un contexto donde numerosos procesos socio-ecológicos actúan simultáneamente a distintas escalas espacio-temporales. No obstante, se podría destacar que en Castril se observa una ligera tendencia a mayor biovolumen de anuales y una mayor proporción de gramíneas anuales, con respecto a Santiago de la Espada y Pontones. La mayor presencia de plantas anuales podría indicar una mayor perturbación por pastoreo en Castril, lo que se relacionaría con una llegada temprana a los pastos, ya que la mayoría de los ganaderos en este comunal realizan TCD.

Finalmente, a pesar de que la trashumancia de larga distancia (TLD) en los comunales de CSP se enfrenta a una serie de desafíos importantes, como la falta de conservación de las vías pecuarias y su reducción por el crecimiento de parcelas agrícolas, la disminución de la población rural, y la enorme carga burocrática ligada a las ayudas de la PAC, se trata de una práctica clave para la sostenibilidad de estos sistemas socio-ecológicos de montaña. Por este motivo, es fundamental que se promuevan políticas públicas que reconozcan y apoyen el pastoralismo, en general, y la trashumancia y la gobernanza comunal, en particular. En este sentido, la protección de las vías pecuarias es crucial para garantizar la continuidad de esta práctica considerada patrimonio cultural inmaterial de la humanidad (UNESCO, 2023). Además, el apoyo financiero a los pastores trashumantes, a través de subsidios y programas de desarrollo rural, puede ayudar a compensar los costos asociados con la movilidad del ganado y a incentivar la práctica de la trashumancia en las nuevas generaciones.

Bibliografía

Al-Kofahi, S.D., M.N. Sawalhah y A.E.A. Dkhineh (2024), «Vegetation diversity and composition in relation to different grazing intensity levels in an arid environment in Jordan», *African Journal of Range & Forage Science*, 41(3), pp. 170-181.

Araque, E. (1989), *La Sierra de Segura: Crisis y perspectivas de futuro de la montaña andaluza, España,* Junta de Andalucía, Junta Rectora del Parque Natural de Cazorla, Segura y Las Villas, España.

Arribas Herrera, A., J.A. Riquelme Cantal, P. Palmqvist, G. Garrido Álvarez-Coto, R. Hernández Manchado, C. Laplana, J.M. Soria Mingorance, C. Viseras Alarcón, J.J. Durán Valsero, P. Gumiel Martínez, F. Robles Cuenca, J. López Martínez y J. Carrión García (2001), «Un nuevo yacimiento de grandes mamíferos villafranquienses en la Cuenca de Guadix-Baza (Granada): Fonelas P-1, primer registro de una fauna próxima al límite Plio-Pleistoceno en la Península Ibérica», *Boletín Geológico y Minero*, 112(4), pp. 3-34.

Arrojo E. y Valle F. (2001), *Guía del Parque Natural de la Sierra de Castril: Flora y Vegetación,* Universidad de Granada, Monográfica Tierras del Sur, Granada.

Ash, A.J. y J.G. McIvor (1998), «How season of grazing and herbivore selectivity influence monsoon tall-grass communities of northern Australia», *Journal of Vegetation Science*, 9(1), pp. 123-132.

Auclair, L. y M. Alifriqui (eds.) (2012), *Agdal : patrimoine socio-écologique de l'Atlas marocain*, Publications de l'Institut Royal de la Culture Amazighe.Centre d'Etudes Historiques et Environnementales : Série Colloques et Séminaires, IRCAM ; IRD, Rabat (MAR); Marsella.

Bourbouze, A. y P. Donadieu (1987), «L'elevage sur parcours en regions mediterraneennes.», *Options Mediterraneennes*, 48, p. 104.

Buttolph, L.P. y D.L. Coppock (2004), «Influence of deferred grazing on vegetation dynamics and livestock productivity in an Andean pastoral system», *Journal of Applied Ecology*, 41(4), pp. 664-674.

Castañeda, I., L. Callède y E. Corcket (2023), «Apports d'un dispositif intégré " Communauté-Population-Sol " pour évaluer l'effet des grands herbivores sur les écosystèmes», *Naturae*, 3, pp. 35-45.

Centeri, C. (2022), «Effects of Grazing on Water Erosion, Compaction and Infiltration on Grasslands», *Hydrology*, 9(2), p. 34.

Daget, P. y J. Poissonet (1971), «Une méthode d'analyse phytologique des prairies: critères d'application», *Annales Agronomiques*, 22(1), pp. 5-41.

Delalandre, L., C. Violle, S. Coq y E. Garnier (2023), «Trait–environment relationships depend on species life history», *Journal of Vegetation Science*, 34(6), p. e13211.

Dominguez, P. (2010), *Vers l'éco-anthropologie. Une approche multidisciplinaire de l'Agdal pastoral du Yagour (Haut Atlas de Marrakech)*, Tesis doctoral, Universitat Autònoma de Barcelona, Ecole des Hautes Etudes En Sciences Sociales, Paris.

Etienne, M. y E. Rigolot (2001), *Méthodes de suivi des coupures de combustible*, Réseau Coupures de Combustible N°1, Editions de la Cardère, Morières.

Forrest, B.W., D.L. Coppock, D. Bailey y R.A. Ward (2016), «Economic Analysis of Land and Livestock Management Interventions to Improve Resilience of a Pastoral Community in Southern Ethiopia», *Journal of African Economies*, 25(2), pp. 233-266.

Ganjegunte, G.K., G.F. Vance, C.M. Preston, G.E. Schuman, L.J. Ingram, P.D. Stahl y J.M. Welker (2005), «Soil Organic Carbon Composition in a Northern Mixed-Grass Prairie», *Soil Science Society of America Journal*, 69(6), pp. 1746-1756.

Gao, J. e Y. Carmel (2020), «A global meta-analysis of grazing effects on plant richness», *Agriculture, Ecosystems & Environment*, 302, p. 107072.

Godoy-Sepúlveda, F., P. Sanosa-Cols, S.A. Parra, A. Peña-Enguix, A.J. Pérez-Luque, M.E. Ramos-Font, A.B. Robles, M.J. Tognetti, A. González-Robles, F. Ravera, M. Ventura y P. Dominguez (2024), «Governance, Mobility, and Pastureland Ecology. An Eco-Anthropological Study of Three Pastoral Commons in Northeastern Andalusia», *Human Ecology*, 52, pp. 303-318.

Gómez-Mercado, F. (2011), «Vegetación y flora de la Sierra de Cazorla», *Guineana*, 17, pp. 1-481.

González-Rebollar, J.L. y J. Ruiz-Mirazo (2013), «El papel del ganado doméstico en la naturalización del monte mediterráneo», *Pastos*, 43(1), pp. 7-12.

Grime, J.P. (1977), «Evidence for the Existence of Three Primary Strategies in Plants and Its Relevance to Ecological and Evolutionary Theory», *The American Naturalist*, 111(982), pp. 1169-1194.

Herrera, P.M., J. Davies y P. Manzano Baena (eds.) (2014), *The Governance of Rangelands: Collective Action for Sustainable Pastoralism*, Routledge, Londres.

Manzano, P. y R. Casas (2010), «Past, present and future of Trashumancia in Spain: nomadism in a developed country», *Pastoralism*, 1(1), pp. 73-90.

Manzano, P. y J.E. Malo (2006), «Extreme long-distance seed dispersal via sheep», *Frontiers in Ecology and the Environment*, 4(5), pp. 244-248.

Meuret, M. y F.D. Provenza (2015), «When Art and Science Meet: Integrating Knowledge of French Herders with Science of Foraging Behavior», *Rangeland Ecology & Management*, 68(1), pp. 1-17.

Moinardeau, C., F. Mesléard, H. Ramone y T. Dutoit (2020), «Extensive horse grazing improves grassland vegetation diversity, seed bank and forage quality of artificial embankments (Rhône River - southern France): Influence of extensive horse grazing on artificial embankments», *Journal for Nature Conservation*, 56, p. 125865.

Múgica, L., R.M. Canals, L. San Emeterio y J. Peralta (2021), «Decoupling of traditional burnings and grazing regimes alters plant diversity and dominant species competition in high-mountain grasslands», *Science of The Total Environment*, 790, p. 147917.

Oteros-Rozas, E., B. Martín-López, J.A. González, T. Plieninger, C.A. López y C. Montes (2014), «Socio-cultural valuation of ecosystem services in a transhumance social-ecological network», *Regional Environmental Change*, 14(4), pp. 1269-1289.

Parra, S. A., M.E. Ramos-Font, E. Buisson, A.B. Robles, C. Vidaller, D. Pavon, Baldy, V., Dominguez, P., Godoy-Sepúlveda, F., Mazurek, H., Peña-Enguixa, A., Sanosa-Cols, P., Corcket, E., Genin D. (2025), «How transhumance and pastoral commons shape plant community structure and composition», *Rangeland Ecology & Management*, 98, pp. 269-282.

Passera, C. (1999). *Propuesta metodológica para la gestión de ambientes forrajeros naturales de zonas áridas y semiárias*, Tesis doctoral, Universidad de Granada, España.

Passera, C., L.I. Allegretti, A.B. Robles y J.L. González-Rebollar (2003), «Evaluación pastoral de los diferentes tipos de pastos del Parque Natural de la Sierra de Castril (Granada, España)», en A.B. Robles, M.E. Ramos, M.C. Morales, E. De Simón, J.L. González-Rebollar, J.L. Boza (eds), *Pastos desarrollo y conservación,* Consejería de Agricultura y Pesca. Junta de Andalucía, Sevilla, pp. 443-448.

PORN, Plan de Ordenación de los Recursos Naturales (2005). *PORN Parque Natural Sierra de Castril*, Boletín Oficial de la Junta de Andalucía - Número 110, Consejería de Medio Ambiente, Junta de Andalucía.

— (2017). *PORN del Parque Natural Sierras de Cazorla, Segura y Las Villas,* Boletín Oficial de la Junta de Andalucía -Número 246, Consejería de Medio Ambiente y Ordenación del Territorio de Andalucía, Junta de Andalucía.

Ramos, M.E., A.B. Robles y J. Castro (2006), «Efficiency of endozoochorous seed dispersal in six dry-fruited species (Cistaceae): from seed ingestion to early seedling establishment», *Plant Ecology*, 185(1), pp. 97-106.

Ramos-Font, M.E.R., J.L. Rebollar-González y A.B. Robles-Cruz (2015), «Dispersión endozoócora de leguminosas silvestres: desde la recuperación hasta el establecimiento en campo», *Ecosistemas*, 24(3), pp. 14-21.

Reid, R.S., M.E. Fernandez-Gimenez y K.A. Galvin (2014), «Dynamics and Resilience of Rangelands and Pastoral Peoples Around the Globe», en A. Gadgil y D.M. Liverman, (eds.), *Annual Review of Environment and Resources*, Annual Reviews, Palo Alto, USA, pp. 217-242.

Requena-Serrano, A., B. Peco, J.A. Morillo y R. Ochoa-Hueso (2024), «Abandonment of traditional livestock grazing reduces soil fertility and enzyme activity, alters soil microbial communities, and decouples microbial networks, with consequences for forage quality in Mediterranean grasslands», *Agriculture, Ecosystems & Environment*, 366, p. 108932.

Robles, A.B., J. Ruiz-Mirazo, M.E. Ramos y J.L. González- Rebollar (2009), «Role of Livestock Grazing in Sustainable Use, Naturalness Promotion in Naturalization of Marginal Ecosystems of Southeastern Spain (Andalusia)», en A. Rigueiro-Rodróguez, J. McAdam, y M.R. Mosquera-Losada, (eds.), *Agroforestry in Europe*, Advances in Agroforestry Springer Netherlands, Dordrecht, pp. 211-231.

Ruiz-Mirazo, J. y A.B. Robles (2012), «Impact of targeted sheep grazing on herbage and holm oak saplings in a silvopastoral wildfire prevention system in south-eastern Spain», *Agroforestry Systems*, 86(3), pp. 477-491.

Ruiz-Mirazo, J., A.B. Robles y J.L. González-Rebollar (2011), «Two-year evaluation of fuelbreaks grazed by livestock in the wildfire prevention program in Andalusia (Spain)», *Agriculture, Ecosystems & Environment*, 141(1-2), pp. 13-22.

Scarnecchia, D.L. (1985), «The Relationship of Stocking Intensity and Stocking Pressure to Other Stocking Variables», *Journal of Range Management*, 38(6), pp. 558-559.

Schermer, M., I. Darnhofer, K. Daugstad, M. Gabillet, S. Lavorel y M. Steinbacher (2016), «Institutional impacts on the resilience of mountain grasslands: an analysis based on three European case studies», *Land Use Policy*, 52, pp. 382-391.

Timpong-Jones, E.C., I. Samuels, F.O. Sarkwa, -Anane Kwame Oppong, A.O. Majekodumni y H.T. Wario (2023), «Transhumance pastoralism in West Africa – its importance, policies and challenges», *African Journal of Range & Forage Science*, 40(1), pp. 114-128.

Tozer, K., G. Douglas, M. Dodd y K. Müller (2021), «Vegetation Options for Increasing Resilience in Pastoral Hill Country», *Frontiers in Sustainable Food Systems*, 5, p. 550334.

UNESCO (2023), «*La trashumancia, desplazamiento estacional de rebaños*», Unesco, en <https://ich.unesco.org/es/RL/la-trashumancia-desplazamiento-estacional-de-rebanos-01964> [consultado el 8 de noviembre 2024].

Vidaller, C., C. Malik y T. Dutoit (2022), «Grazing intensity gradient inherited from traditional herding still explains Mediterranean grassland characteristics despite current land-use changes», *Agriculture, Ecosystems & Environment*, 338, p. 108085.

Wang, L., C. Liu, D.G. Alves, D.A. Frank y D. Wang (2015), «Plant diversity is associated with the amount and spatial structure of soil heterogeneity in meadow steppe of China», *Landscape Ecology*, 30(9), pp. 1713-1721.

Wang, Z., X. Hou, M.P. Schellenberg, Y. Qin, X. Yun, Z. Wei, C. Jiang y Y. Wang (2014), «Different responses of plant species to deferment of sheep grazing in a desert steppe of Inner Mongolia, China», *The Rangeland Journal*, 36(6), pp. 583-592.

Zobel, M. (1997), «The relative of species pools in determining plant species richness: an alternative explanation of species coexistence?», *Trends in Ecology & Evolution*, 12(7), pp. 266-269.

Zuo, X., J. Zhang, P. Lv, S. Wang, Y. Yang, X. Yue, X. Zhou, Y. Li, M. Chen, J. Lian, H. Qu, L. Liu y X. Ma (2018), «Effects of plant functional diversity induced by grazing and soil properties on above- and belowground biomass in a semiarid grassland», *Ecological Indicators*, 93, pp. 555-561.

Apéndice

Anexo 1. Análisis estadísticos de vegetación y trashumancia

Un p-valor menor a 0,05 se considera como estadísticamente significativo. El asterisco indica los resultados con diferencias significativas

Tabla A. Test de Wilcoxon. Biovolumen de plantas anuales con relación a trashumancia.

	W	**p-valor**
Trashumancia	625,5	0,009404*

Tabla B. Test de Wilcoxon. Biovolumen de plantas perennes con relación a trashumancia.

	W	p-valor
Trashumancia	259,5	0,005057*

Tabla C. Composición de familias de plantas anuales con relación a la trashumancia.
(1) Tabla de contingencia. Biovolumen plantas anuales según familia y trashumancia.

	Cistaceae	Fabaceae	Otras	Poaceae
TCD	24,5	84,5	590,5	501,5
TLD	2,0	33,5	409,5	218,5

(2) Test de Chi-cuadrado.

	Chi-cuadrado	Grados de libertad	p-valor
Familias, anuales y trashumancia	32,927	3	3,336e-07*

Tabla D. Composición de familias de plantas perennes con relación a la trashumancia.
(1) Tabla de contingencia. Biovolumen plantas perennes según familia y trashumancia.

	Cistaceae	Fabaceae	Otras	Poaceae
TCD	281,0	353,0	1137,0	1803,5
TLD	472,5	126,0	1383,0	2120,0

(2) Test de Chi-cuadrado.

	Chi-cuadrado	Grados de libertad	p-valor
Familias, perennes y trashumancia	170,41	3	2,2e-16*

Anexo 2. Análisis estadístico de vegetación y gobernanza

Tabla E. Biovolumen de plantas anuales con relación a la gobernanza. (1) Test de Kruskal Wallis.

	Chi-cuadrado	Grados de libertad	p-valor
Gobernanza	6,1409	2	0,0464*

(2) Test de Dunn.

Gobernanza	N1	N2	Estadístico	p-valor	p-valor ajustado
Castril-Pontones	18	20	-2,07	0,0386	0,116
Castril-Santiago	18	34	-2,32	0,0204	0,0612
Pontones-Santiago	20	34	-0,0142	0,989	1,0

Tabla F. Composición de familias de plantas anuales con relación a la gobernanza. (1) Tabla de contingencia. Biovolumen plantas anuales según familia y gobernanza.

	Cistaceae	Fabaceae	Otras	Poaceae
Castril	15,0	41,5	340,0	355,5
Pontones	8,0	49,5	400,0	150,0
Santiago	16,5	40,0	471,0	376,0

(2) Test de Chi-cuadrado.

	Chi-cuadrado	Grados de libertad	p-valor
Familias, anuales y gobernanza	83,768	6	5,94e-16*

Table G. Biovolumen de plantas perennes con relación a la gobernanza. (1) Test de Kruskal Wallis.

	Chi-cuadrado	Grados de libertad	p-valor
Gobernanza	3,1807	2	0,2039

Tabla H. Composición de familias de plantas perennes con relación a la gobernanza. (1) Tabla de contingencia. Biovolumen plantas perennes según familia y gobernanza.

	Cistaceae	Fabaceae	Otras	Poaceae
Castril	190,5	198,5	510,0	1130,0
Pontones	270,5	77,5	1010,5	1095,0
Santiago	484,0	257,0	1541,5	2248,0

(2) Test de Chi-cuadrado.

	Chi-cuadrado	Grados de libertad	p-valor
Familias, perennes y gobernanza	198,09	6	2,2e-16*

Anexo 3. Análisis estadístico de indicadores de pastoreo y variables de suelo y vegetación. Solo se incluyen análisis con resultados estadísticamente significativos

Tabla I. Test T de Student. PUR comunidad con relación a trashumancia.

	Chi-cuadrado	Grados de libertad	p-valor
Trashumancia	2,8878	57,937	0,005446*

Tabla J. Test de Wilcoxon. PUR Festuca con relación a trashumancia.

	W	p-valor
Trashumancia	734,5	2,535e-05*

Tabla K. Test de Wilcoxon. Materia orgánica con relación a trashumancia.

	W	p-valor
Trashumancia	210	0,02597*

Tabla L. Carga ganadera con relación a la gobernanza.
(1) Test de Kruskal Wallis.

	Chi-cuadrado	Grados de libertad	p-valor
Gobernanza	10,085	2	0,006459*

(2) Test de Dunn.

Gobernanza	N1	N2	Estadístico	p-valor	p-valor ajustado
Castril-Pontones	18	20	-0,766	0,444	0,444
Castril-Santiago	18	34	2,05	0,0407	0,0814
Pontones-Santiago	20	34	3,00	0,00270	0,00810*

Tabla M. Heces en otoño con relación a la gobernanza
(1) Test de Kruskal Wallis.

	Chi-cuadrado	Grados de libertad	p-valor
Gobernanza	7,1143	2	0,02852*

(2) Test de Dunn.

Gobernanza	N1	N2	Estadístico	p-valor	p-valor ajustado
Castril-Pontones	18	20	2,27	0,0229	0,0459*
Castril-Santiago	18	34	2,46	0,0138	0,0414*
Pontones-Santiago	20	34	-0,0751	0,940	0,940

Tabla N. Materia orgánica con relación a la gobernanza
(1) Test de Kruskal Wallis.

	Chi-cuadrado	Grados de libertad	p-valor
Gobernanza	7,5298	2	0,02317*

(2) Test de Dunn.

Gobernanza	N1	N2	Estadístico	p-valor	p-valor ajustado
Castril-Pontones	18	16	1,7050	0,0882	0,1764
Castril-Santiago	18	28	2,7287	0,0064	0,0191*
Pontones-Santiago	16	28	0,7611	0,4466	0,4466

Tabla O. Mantillo con relación a la gobernanza.
(1) Test de Kruskal Wallis.

	Chi-cuadrado	Grados de libertad	p-valor
Gobernanza	6,2081	2	0,04487*

(2) Test de Dunn.

Gobernanza	N1	N2	Estadístico	p-valor	p-valor ajustado
Castril-Pontones	18	16	1,6380	0,1014	0,2029
Castril-Santiago	18	28	2,4627	0,0138	0,04137*
Pontones-Santiago	16	28	0,5782	0,5631	0,56312

Tabla P. Nitrógeno con relación a la gobernanza.
(1) Test de Kruskal Wallis.

	Chi-cuadrado	Grados de libertad	p-valor
Gobernanza	8,1212	2	0,01724*

(2) Test de Dunn.

Gobernanza	N1	N2	Estadístico	p-valor	p-valor ajustado
Castril-Pontones	18	16	1,89	0,0592	0,118
Castril-Santiago	18	28	2,81	0,00489	0,0147*
Pontones-Santiago	16	28	0,644	0,519	0,519

8.
Enfoque sistémico del pastoralismo en base al estudio de los Sistemas Socio-Ecológicos de Castril, Santiago y Pontones
Una propuesta conceptual y metodológica

DIDIER GENIN (IRD), SANTIAGO A. PARRA (AMU), EMMANUEL CORCKET (AMU)

Introducción

El pastoralismo constituye un arquetipo de la problemática del aprovechamiento de recursos naturales en común, ya que a la complejidad de las relaciones sociales que se encuentran en un territorio dado utilizado colectivamente, se añade la heterogeneidad espacio-temporal en la disponibilidad de recursos y la complejidad del aprovechamiento espacialmente diversificado de los recursos producto de la movilidad de los rebaños (Morton, 2023). Los comunales de Castril, Santiago y Pontones no escapan a esa complejidad y es un desafío desenredar los hilos que se entretejen entre los distintos espacio-recursos y los actores implicados en el uso y gestión de la Sierra de Segura y de Castril en el nordeste de Andalucía, España. Surge entonces el interés de indagar en profundidad y conceptualizar las interacciones socio-ecológicas de las actividades pastoriles en estas Sierras para así abordar elementos de su valoración y patrimonialización.

El enfoque de los Sistemas Socio-Ecológicos (SSE), que ha cobrado importancia desde la década de 1990, pretende ofrecer un análisis holístico de las situaciones concretas de interacción entre las comunidades locales y su medio ambiente, trascendiendo las divisiones disciplinarias (Berkes y col., 2003). Sin embargo, debido a la complejidad e interdependencia de dinámicas sociales y ecológicas, se necesitan marcos conceptuales inteligibles en un lenguaje común para poder comparar estudios de casos, facilitar la investigación interdisciplinaria e identificar variables potencialmente relevantes en el análisis de SSE (Ostrom, 2009; McGinnis y Ostrom, 2014). Por ello, se han propuesto diversos marcos conceptuales, basados en diferentes enfoques teóricos o en respuesta a cuestiones específicas (Binder y col., 2013). Entre ellos, el *Social-Ecological System Framework* (SESF) propuesto por Elinor Ostrom y colaboradores es uno de los más populares (Ostrom, 2007, 2009). Este marco fue construido sobre las bases del marco de Análisis y Desarrollo Institucional (IAD en inglés) que destaca el contexto socio-cultural, institucional y biofísico que impone, y/o hace posible, el conjunto de decisiones que pueden ser tomadas por los diferentes actores en materia de uso y manejo de recursos en un sistema de aprovechamiento (McGinnis y Ostrom, 2014; Partelow, 2018). El SESF es especialmente pertinente para diagnosticar la sostenibilidad de los sistemas socio-ecológicos basados en recursos de aprovechamiento común (Ostrom, 2009). Se basa en la descripción de un conjunto de variables ordenadas en variables de primer o segundo grado (o más), dependiendo de los niveles de precisión en los cuales se pretende llegar. Así, el primer grado lo constituyen cuatro tipos de variables: Sistemas de recursos, Unidades de recurso, Actores y Sistemas de gobernanza que modulan *Situaciones focales de acción*, en las cuales se generan distintos *Resultados* (*outcomes)* producto de las *Interacciones* de múltiples actores. Los *Resultados* pueden ser caracterizados en términos de eficiencia productiva, social, ecológica o institucional (McGinnis y Ostrom, 2014). El SESF ha sido aplicado en diversas situaciones, incluyendo algunos referidos a sistemas pastoriles de uso extensivo de praderas nativas (Partelow, 2018; Guimarães *et al.*, 2018; Zango-Palau *et al.*, 2024). Permite una representación sintética general de la estructura de estos sistemas, así como un marco para evaluar elementos de su funcionamiento y abordar las cuestiones de sostenibilidad. Sin embargo, el corazón del marco conceptual – las situaciones focales de acción – parece presentar algunos déficits para poder abordar todos los vínculos de los elementos del modelo que conllevan a su funcionamiento. Es sintomático que las variables propuestas por McGinnis y Ostrom (2014) relativas a *Interacciones* son escasamente analizadas en la literatura sistemáticamente revisada por Partelow (2018). Además, se enfocan sobre todo en aspectos de interacciones sociales y cognitivas para la conformación de sistemas de manejo en bienes comunales, lo que constituyó un avance teórico fundamental en este campo de investigación. Sin embargo, no es siempre fácil caracterizar los resultados de extracción o producción provenientes de estas interacciones, particularmente los que se refieren directamente al uso de los sistemas de recursos y las practicas técnicas movilizadas para la producción (Marshall, 2015; Duru y col., 2017). Finalmente, se ha abogado por una mejor integración del SESF en los análisis y diagnósticos de sostenibilidad de estos sistemas complejos, adoptando un enfoque de análisis ontológico comparativo (Adamo y Willis, 2021).

En paralelo, se han desarrollado marcos conceptuales más especializados para la caracterización de sistemas de producción ganadera, provenientes de las ciencias agrarias, que buscan comprender mejor los procesos de producción y de toma de decisiones, y la sostenibilidad de estos sistemas de producción (Osty y Landais, 1991). Entre ellos, el marco de Sistema Ganadero (SG) ha sido objeto de interesantes avances conceptuales desde la década de 1980 (Lhoste, 1984; Balent y Stafford-Smith, 1991; Alzérreca y Genin 1992; Landais, 1994). Este marco pone un especial énfasis en el estudio de las prácticas, entendidas como la materialización de un conocimiento tradicional y un *saber hacer* específico, que tienen como finalidad llevar a cabo el proceso de producción (Landais y Balent, 1993). Ambos enfoques, SESF y SG, serían complementarios en la medida en que pretenden proporcionar un marco formalizado para diagnosticar la sostenibilidad de actividades humanas, las cuales se deben comprender en su complejidad, esto es, considerando diferentes escalas espacio-temporales y desde diferentes disciplinas. Hasta donde sabemos, muy pocos estudios han pretendido integrar ambos enfoques para profundizar en los procesos que operan en la generación de *Resultados* derivados de las *Interacciones* propuestas por el SESF (Duru y col., 2017).

A partir de la caracterización de los comunales pastoriles de Castril, Santiago y Pontones (CSP) que comparten el mismo altiplano mediterráneo del nordeste de Andalucía (España), en este capítulo nos proponemos introducir indicadores funcionales en el SESF, que permitan mediar entre *Interacciones* y *Resultados* en las *Situaciones focales de acción* que son hasta ahora una especie de *caja negra* en el marco propuesto por McGinnis y Ostrom (2014). Con este fin, optamos por movilizar el marco con enfoque técnico y productivo del Sistema Ganadero, y en particular las prácticas pastoriles como principales reveladores de los procesos de producción y toma de decisiones, y que actuarían como un vínculo entre *Interacciones* y *Resultados* en los Sistemas Socio-Ecológicos.

Marcos conceptuales

Sistemas Socio-Ecológicos

El reconocimiento de la interdependencia de dinámicas sociales y ecológicas ha sido el punto de partida de un enfoque ontológico alternativo al reduccionismo en el mundo académico. El concepto de Sistema Socio-Ecológico (SSE) ha sido la materialización de un enfoque sistémico y complejo, concibiendo lo social y lo ecológico como dos caras de un mismo sistema. El SSE apela a atributos tales como la no linealidad, la incertidumbre, escalas jerárquicas y las propiedades emergentes, para la comprensión de las interrelaciones entre dinámicas sociales y ecológicas (Berkes y col., 2003). Un SSE puede definirse como un sistema coherente de factores y procesos biofísicos y sociales que interactúan y se retroalimentan regularmente y que se define a varias escalas espacio-temporales y organizacionales que se vinculan jerárquicamente (Redman y col., 2004; Delgado-Serrano y col., 2015). Un SSE involucra un conjunto de recursos naturales cuyo flujos y aprovechamientos están regulados y condicionados por procesos sociales y ecológicos. Además, se considera que un SSE es dinámico y complejo y se encuentra en constante adaptación (Redman y col., 2004).

Esta definición ofrece una visión global del alcance del concepto SSE, lo que permite abordar aspectos dinámicos y de trayectoria de estos sistemas (Robinson, 2009; Genin y Mazurek, 2016). Se han propuesto distintos marcos conceptuales con el fin de proporcionar un conjunto de variables potencialmente relevantes y sus subcomponentes para caracterizar y elaborar herramientas de realización de trabajo de campo, de recopilación de datos y de análisis de datos (Binder y col., 2013). El uso de un marco conceptual común facilitaría la comparación de estudios de caso y la generación de conocimientos a nivel local que sean extrapolables a y pertinentes en otras áreas geográficas (Ostrom, 2009).

Uno de los marcos más utilizados es el *Social-Ecological System Framework* (SESF) propuesto por Ostrom y colaboradores (Ostrom, 2007, 2009; McGinnis y Ostrom, 2014). El SESF se estructura en variables de primer grado que representan la topología del modelo y que convergen en un *motor* central del modelo: las *Situaciones focales de acción* que vinculan *Interacciones* y *Resultados* (Figura 1). Con relación a las *Situaciones focales de acción*,se encuentran las variables de primer grado como

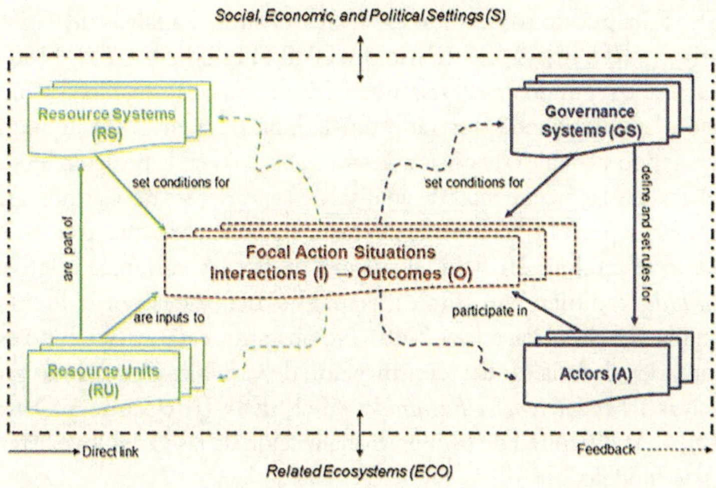

Figura 1: Variables de primer grado en el *Social-Ecological System Framework* (extraído de McGinnis y Ostrom, 2014).

los Actores (A) que participan de manera directa o indirecta en el aprovechamiento de Unidades de Recurso (RU) (Figura 1). Los procesos biofísicos y técnicos que crean, mantienen y mejoran las existencias de RU son parte de un Sistema de Recursos (RS). La diferencia entre RU y el RS es que el primero es un *stock* y el segundo es un conjunto de procesos que vinculan los *stocks* (Hinkel y col., 2015). También existen Sistemas de Gobernanza (GS) que definen y establecen las reglas a los Actores (A) para el uso de RU. Las variables de primer grado se declinan en numerosas variables de segundo grado, que han sido identificadas en otros estudios empíricos sobre comunales, y que por este motivo son potencialmente influyentes en las *Interacciones* (I) que inciden en los *Resultados (O)* en un SSE (Ostrom, 2009).

La aplicación mayoritaria de este modelo ha sido el contexto que involucra el aprovechamiento de recursos naturales en común (Partelow, 2018), y principalmente se ha buscado predecir los factores socio-ecológicos que explican determinadas variables dependientes, consideradas como resultados característicos del desempeño del SSE (Nagel y Partelow, 2022).

El SESF propone 56 variables de segundo grado que se pueden utilizar como guías para el diagnóstico de las variables clave del modelo

(McGinnis y Ostrom, 2014; Tabla 2). Sin embargo, la literatura asociada al SESF ha puesto sobre todo especial atención al análisis de variables relativas a RU, RS, A, GS (Partelow, 2018). Por el contrario, el foco en variables de segundo grado relativas a *Interacciones* es considerablemente menor. Lo cual queda ilustrado por la baja frecuencia de su análisis, apareciendo variables relativas a *Interacciones* sólo en la posición 35 sobre 56 al evaluar las frecuencias de análisis de las variables de segundo grado propuestas por el SESF en los estudios publicados que aplican este modelo (Partelow, 2018). Del mismo modo, las variables relativas a *Resultados* también han sido escasamente analizadas por la literatura asociada al SESF (Partelow, 2018). No obstante, esta situación no es de sorprender, dada la escasa identificación de variables de segundo grado relativas a *Interacciones y Resultados* en el SESF (McGinnis y Ostrom, 2014), y a la dificultad de la operacionalización de las variables existentes en este modelo.

El concepto de SSE ha sido bastante aplicado en los estudios relativos a la actividad pastoril, porque se ajusta a muchas de las características y retos a los que se enfrenta esta actividad: recursos comunales, alto arraigo cultural, interfaz directa entre el medio ambiente y las comunidades locales, movilidad de rebaños y complejidad de reglas colectivas de uso del recurso forrajero en los campos de pastoreo (e.g. Niamir-Fuller, 1998; Klein y col., 2012; Hinkel y col., 2015; Marshall, 2015; Linstädter y col., 2016; Duru y col., 2017; Postigo, 2021). También es una actividad en la que la gestión adaptativa adquiere una importancia particular debido a la exposición directa a la variación y variabilidad del medio ambiente, y en una relativa oposición con ciertas tendencias actuales de la sociedad (e.g. políticas nacionales de desarrollo, urbanización, mercado mundial, mayores expectativas en términos de comodidad y acceso a servicios; Berkes y col., 2003; Robinson, 2009; Postigo, 2021).

Sistemas Ganaderos y prácticas pastoriles

Los sistemas pastoriles, y más globalmente los sistemas ganaderos de bajos insumos (Parra y Genin, en revisión)[82], requieren un enfoque holístico para

82 Parra S.A. y D. Genin, «Valuing the diversity of grazing land management options: a technical and biocultural overview», 2da revisión en Agriculture and Human Values.

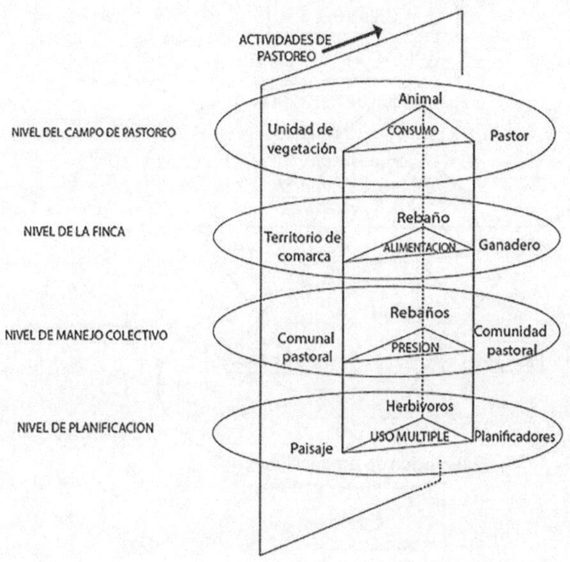

Figura 2. Relaciones entre los tres componentes, el ganadero, el rebaño y la vegetación o recurso forrajero, a diferentes escalas en el contexto de los Sistemas Ganaderos extensivos (adaptación de Balent y Stafford-Smith, 1991).

comprender las intrincadas interacciones y retroalimentaciones entre las dinámicas sociales y ecológicas que modulan su funcionamiento. En el ámbito biotécnico, y especialmente en el de las ciencias agrarias, numerosos trabajos han adoptado un enfoque sistémico para caracterizar el funcionamiento de los sistemas de producción.

El Sistema Ganadero está constituido por la interacción de tres componentes principales: el ganadero, el rebaño y la vegetación o recurso forrajero (Figura 2). Este sistema se puede definir por el conjunto de prácticas implementadas por el ganadero para el aprovechamiento de los recursos forrajeros, en un territorio, a través del ganado con el fin de obtener diferentes productos y/o servicios (Lhoste, 1984; Landais, 1994). La interacción entre los tres componentes principales del sistema, esto es ganadero, rebaño y recursos, se puede dimensionar en diferentes escalas espacio-temporales, desde el individuo hasta la comunidad local o regional (Figura 2).

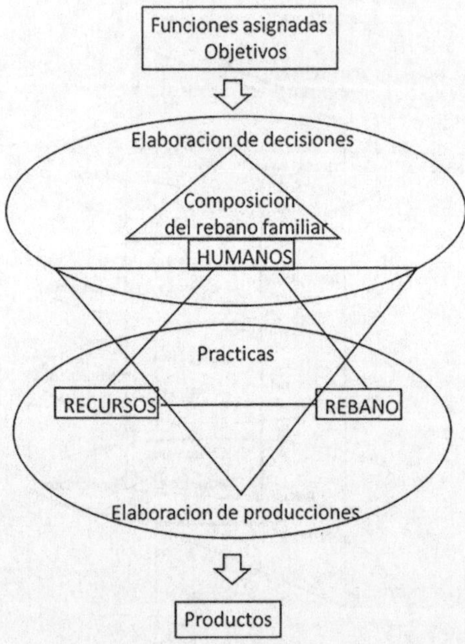

Figura 3. Prácticas pastoriles y funcionamiento de un Sistema Ganadero (adaptación de Genin, 1998).

En términos concretos, un Sistema Ganadero (SG) está manejado por un ganadero y su familia o por una comunidad de ganaderos. Estas entidades, para alcanzar sus objetivos, van a tomar un conjunto de decisiones para la conducción del sistema. Las decisiones tomadas estarán relacionadas con los objetivos del propio ganadero(s) pero al mismo tiempo estarán condicionadas por el contexto socio-ecológico, socioeconómico, político y el nivel tecnológico existente (Figura 3). La materialización de estas decisiones son las prácticas pastoriles, las cuales son un foco central para la comprensión del SG (Landais, 1994).

Este enfoque sistémico, que ha posibilitado superar los estudios meramente analíticos de causa y efecto de algunas variables tomadas de forma independiente, permite abordar los procesos de elaboración de la producción, de toma de decisiones y de concertación entre actores. Así, siguiendo la demostración de Landais y Lasseur (1993:165):

> La comprensión de cómo los agricultores [o ganaderos] conciben y organizan su actividad es un requisito previo esencial para orientar

las iniciativas de desarrollo. Los agricultores actúan, [de manera más o menos formal] en función de lo que creen que debe hacerse, lo que algunos investigadores intentan representar en forma de un *programa de avance* asociado a un *conjunto de reglas* que define, para cada etapa del programa, la acción que debe emprenderse ante los acontecimientos que el agricultor concibe como posibles. La validación y la aplicación del concepto de *modelo de acción* –un conjunto constituido por los objetivos generales, el *programa de avance* y las reglas de decisión (Duru y col., 1988; Sebillotte y Soler 1988, 1991)– representan objetivos importantes para la investigación actual sobre las prácticas de los agricultores [o ganaderos], así como los procesos de aprendizaje y de desarrollo gradual de estos *modelos de acción*.

Las practicas llevadas a cabo por los ganaderos constituyen el punto de encuentro de los factores medioambientales, sociales, cognitivos, económicos y políticos que rigen los procesos de producción y las dinámicas a la obra; deben ser consideradas en el marco de los sentidos que toman dentro del funcionamiento de los sistemas socio-ecológicos (Genin, 2013).

Es notable observar que, aunque tengan orígenes disciplinarios diferentes, los modelos SESF y SG convergen hacia un núcleo funcional, llámese *Situaciones focales de acción* o *modelo de acción*, en el que interactúan elementos sociales y ecológicos, generando resultados que pueden ser analizados en términos de eficiencia.

Aplicación a los comunales pastoriles de Castril, Santiago y Pontones

Nos proponemos aquí aplicar el marco conceptual SESF modificado por McGinnis y Ostrom (2014) en el caso de Castril, Santiago y Pontones (CSP), utilizando elementos de caracterización provenientes del modelo de SG. De manera general, las variables de primer grado consisten en distintas Unidades de Recursos (RU) como la vegetación o los animales. Los Sistemas de Recursos (RS) constituyen, por ejemplo, los procesos edafo-climáticos o la organización territorial que conforman y reparten las RU. Los Actores (A) que participan de manera directa o indirecta en el aprovechamiento de los RU y el Sistema de Gobernanza (GS) que establece las condiciones y reglas para el aprovechamiento de los RU

(Tabla 1). Anidadas en estas variables de primer grado, se encuentran las variables de segundo grado que nos proponemos caracterizar en el caso de CSP (Tabla 2).

En CSP, las unidades de recursos forrajeros (RU) son un continuo de vegetación de alta montaña (RU3), entre los 1.500 y 2.100 metros de altitud de la Sierra de Segura y Sierra de Castril (RU7). El manejo pastoril y otros usos de la tierra como la agricultura y la actividad forestal han modulado el paisaje en un mosaico de vegetación con zonas arbóreas, arbustivas, cultivos y de herbáceas. Principalmente las zonas arbustivas, lastonares y de pastos perennes húmedos y secos constituyen la oferta forrajera de la zona (RU5) que son aprovechadas de manera comunal y consuetudinaria (Gómez-Mercado, 2011). Particularmente la biodiversidad de los pastos ha sido asociada al aprovechamiento pastoril tradicional (RU6). El periodo de máximo crecimiento de la vegetación ocurre durante la primavera (RU2) (Rincon-Madroñero y col., 2024). Con respecto al ganado, los rebaños constituyen unidades de recursos móviles (RU1) cuya composición puede variar en relación con la proporción de ovinos y caprinos, y a veces a la presencia de rebaños de bovinos.

Tabla 1. Componentes de variables primer grado del marco conceptual de SSE aplicado al caso de Castril, Santiago y Pontones.

Variables primer grado	**Componentes**
Unidades de Recursos	Ganado ovino, caprino y bovino
	Vegetación: pastos, arbustos
	Agua
	Fuerza de trabajo
Sistema de Recursos	Comunales pastoriles de Castril, Santiago y Pontones
	Áreas de pastoreo (comarcas)
	Rebaños familiares
	Territorios relacionados: pastizales de tierras bajas y zonas de cultivos utilizadas como rastrojeras
Actores	
*de la actividad pastoril	Ganaderos
	Marchantes
	Dueños de tierras de pastoreo
*del sistema de gobernanza	Miembros Junta de Andalucía, Municipalidad de Castril y Santiago-Pontones, Parques Naturales, OCA, ADSG, ANCOS, Cosegur*
*otros actores	Cazadores, Turistas, Científicos
Sistema de Gobernanza	Sociedad de ganaderos (SAT)
	Organizaciones (OCA, ADSG, ANCOS, Cosegur)
	Parque Natural de Cazorla, Segura y Las Villas, Parque Natural Sierra de Castril
	Junta de Andalucía, Municipalidad de Castril y Santiago-Pontones
Escenario económico, político y social	Política Agrícola Común (PAC)
	Fluctuación de precios de corderos, forraje, pienso y combustible
	Despoblación rural, envejecimiento de la población
Ecosistemas relacionados	Alteración del régimen de lluvias
	Otros usos de suelo de la Sierra de Segura y Sierra de Castril

*OCA: Oficinas Comarcales Agrarias; ADSG : Agrupaciones de Defensa Sanitaria Ganadera; ANCOS: Asociación Nacional de Criadores de Ovino Segureño; Cosegur: Comercializadora Segureña.

Tabla 2. Variables segundo grado de Unidades de Recurso, Sistemas de Recurso, Actores, Sistema de Gobernanza, Interacciones y Resultados (extraídas de McGinnis y Ostrom, 2014).

Variables primer grado	Variables segundo grado	
Unidades de Recursos	RU1	Movilidad de las unidades de recurso
	RU2	Crecimiento o tasa de reemplazo
	RU3	Interacción entre unidades de recurso
	RU4	Valor económico
	RU5	Número de unidades
	RU6	Características distintivas
	RU7	Distribución espacio-temporal
Sistemas de Recursos	RS1	Sector (agua, forestal, pastoril, pesquerías)
	RS2	Claridad de los límites del sistema
	RS3	Tamaño del sistema de recurso
	RS4	Instalaciones de construcción humana
	RS5	Productividad del sistema
	RS6	Propiedades de equilibrio
	RS7	Predictibilidad de la dinámica del sistema
	RS8	Características de almacenamiento
	RS9	Ubicación
Actores	A1	Número de actores relevantes
	A2	Atributos socioeconómicos
	A3	Historia o experiencia pasada
	A4	Ubicación
	A5	Liderazgo/emprendimiento
	A6	Normas (confianza-reciprocidad)/capital social
	A7	Conocimiento de SSE/modelos mentales
	A8	Importancia/dependencia del recurso
	A9	Tecnologías disponibles

Sistema de Gobernanza	GS1	Área política
	GS2	Escala geográfica del sistema de gobernanza
	GS3	Población
	GS4	Tipo de régimen
	GS5	Organismos de reglamentación
	GS6	Reglas en vigor
	GS7	Sistemas de derechos de propiedad
	GS8	Repertorio de normas y estrategias
	GS9	Estructura de la red
	GS10	Continuidad histórica
Situaciones focales de acción: Interacción (I) - Resultados (O)	I1	Cosecha/recolección
	I2	Intercambio de información
	I3	Proceso de deliberación
	I4	Conflictos
	I5	Actividades de inversión
	I6	Actividades de lobby
	I7	Actividades de auto-organización
	I8	Actividades de creación de redes
	I9	Actividades de supervisión
	I10	Actividades de evaluación
	O1	Medidas de desempeño social
	O2	Medidas de desempeño ecológico
	O3	Externalidades hacia otros SSEs

Con respecto al Sistema de Recursos (RS) de los comunales pastoriles de CSP y en particular de la vegetación de alta montaña de uso pastoril (RS1), se observa una elevada variabilidad interanual del forraje asociado a la variabilidad de las precipitaciones (RS7). Para el aprovechamiento de los recursos forrajeros (RU), el territorio pastoril de CSP se diferencia si el ganado que lo utiliza es ovino/caprino o si es bovino. El ganado ovino/caprino se distribuye en áreas de pastoreo (*comarcas*) atribuidas a uno o varios ganaderos (RS3). Los límites de las comarcas suelen ser difusos y permeables (RS2). En cambio, los rebaños de bovino no tienen un área de pastoreo específica, teóricamente pueden pastar en todo el comunal (RS3). La infraestructura en el territorio pastoril (RS4) consiste en puntos de agua, refugios y tinadas que son de uso comunal.

En CSP existe una gran diversidad de actores (Tabla 1) que se pueden clasificar en: actores directos de la actividad pastoril (ganaderos, marchantes, dueños de tierras de pastoreo), actores que intervienen en la gobernanza (e.g. Junta de Andalucía, municipalidades, representantes de los parques, organizaciones sanitarias), y otros actores (e.g. cazadores, turistas, científicos). Los ganaderos son los Actores (A) involucrados en las formas de aprovechamiento del recurso forrajero. La mayoría son hijos de ganaderos (A3) pero se diferencian entre los propietarios de ganado ovino/caprino y los propietarios de ganado bovino. Los ganaderos deben ser miembros de la Sociedad de Ganaderos (Sociedad Agraria de Transformación) para aprovechar los pastos comunales, y para ser miembro de la Sociedad los Ganaderos deben estar empadronados en los pueblos del comunal en cuestión (A4). En los tres comunales el ganadero es propietario individualmente de su rebaño y lo gestiona de manera individual (Figura 4). No obstante, existe colaboración y coordinación para el uso de las vías pecuarias, el uso de la infraestructura comunal y para el esquilo. Además, existen una serie de arreglos interpersonales para el cuidado de los rebaños en las áreas de pastoreo, particularmente en Castril (A6).

En relación con la gobernanza, ponemos particular atención a la Sociedad de ganaderos (GS5) que es la organización comunitaria con una larga trayectoria encargada de la gestión de los pastos (GS10). Si bien los pastos se gestionan y se aprovechan de manera comunitaria, la propiedad de la tierra es estatal, municipal o privada (GS7). Las reglas comunitarias (GS6) se diferencian entre los comunales, particularmente en la distribución del ganado ovino/caprino, el tipo de ganado colectivamente permitido y las fechas acordadas de acceso (Tabla 3). En relación con la distribución del ganado ovino/caprino, en el caso de Pontones el aprovechamiento del recurso forrajero (RU) es individual (Figura 4a); en cambio en Santiago y Castril el aprovechamiento es individual o puede haber varios ganaderos aprovechando con sus rebaños la misma unidad de recurso forrajero (Figura 4b).

Tabla 3. Principales reglas y prácticas de manejo del ganado en Castril, Santiago y Pontones.

Regla	Castril	Santiago	Pontones
Distribución del ganado ovino/ caprino	Libre movilidad dentro de los pastos, aunque de facto la mayoría de los rebaños permanecen en sus comarcas tradicionales	Libre movilidad dentro de los pastos, aunque de facto la mayoría de los rebaños permanecen en sus comarcas tradicionales	Comarcas formalmente estructuradas. Cada rebaño debe estar en su respectiva comarca a partir del primero de mayo
Ganado bovino	Movimiento obligatorio de rebaño cada diez días de un punto de agua a otro.	Movimiento obligatorio de rebaño cada diez días de un punto de agua a otro.	Ganado bovino prohibido en pastos comunales
Fecha de acceso acordada	No hay fecha de acceso formal	No hay fecha de acceso formal	Primero de mayo
Acceso temprano	No hay tasa	No hay tasa	Los ganaderos que hagan pastar sus rebaños antes del 1 de mayo pagan una tasa por cabeza de ganado.
Monitoreo y sanción	-Sanciones económicas por no respetar las normas relativas al uso de pastos. -No hay evidencia de monitoreo de suelo o vegetación.	-Sanciones económicas por no respetar las normas relativas al uso de pastos. -Monitoreo de responsabilidades mediante un guardia. -No hay evidencia de monitoreo de suelo o vegetación.	-Sanciones económicas por no respetar las normas relativas al uso de pastos. Incluso se puede dar la expulsión del SAT en casos extremos. -No hay evidencia de monitoreo de suelo o vegetación.

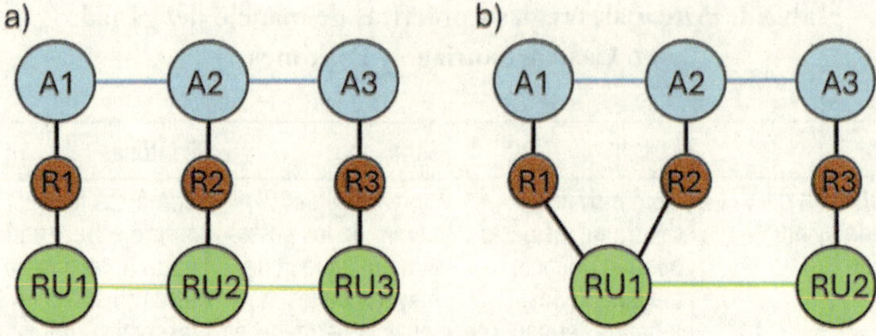

Figura 4: Tipología de la gestión de recursos de aprovechamiento comunal para el caso de rebaños (R) de ovino/caprino en Pontones (a) y en Castril y Santiago (b). Entre los ganaderos (A) existen interacciones a través de la acción colectiva y los acuerdos para el aprovechamiento de los recursos forrajeros (RU). Las unidades de recursos forrajeros (RU) están conectadas entre sí a través de procesos ecológicos, como la dispersión de semillas. La interacción socio-ecológica se materializa a través de la situación de acción de aprovechamiento del recurso forrajero mediante los rebaños (R) que es la interfaz entre A y RU. Las unidades de recursos forrajeros son aprovechadas por un único rebaño (a) y/o por varios rebaños (b) (Figura adaptada de Bodin y Tengö, 2012; Linstädter y col., 2016).

Siguiendo una visión jerarquizada de prácticas (Balent y Stafford-Smith, 1991; Figura 2), las prácticas de manejo observadas en CSP pueden ser clasificadas en tres niveles jerárquicos. La clasificación de una práctica será en función del nivel en el que pueden observarse sus efectos:

1. Nivel de gestión colectiva: prácticas relacionadas con las gobernanzas comunitarias de Castril, Santiago y Pontones que pueden generar variabilidad *entre* las RU de vegetación de Castril, Santiago y Pontones.
    - Tipo de ganado: Ganado bovino prohibido en Pontones. La presencia de rebaños compuestos únicamente por cabras se observa sólo en Castril.
    - Complementariedades agro-pastoriles: En Castril se ha observado mayor uso de residuos agrícolas para la alimentación del ganado que en Santiago y Pontones, lo que permite diversificar el calendario forrajero (Figura 5).
    - Distribución del ganado: áreas de pastoreo (*comarcas*) formalmente estructuradas en Pontones. En cambio, en Castril y

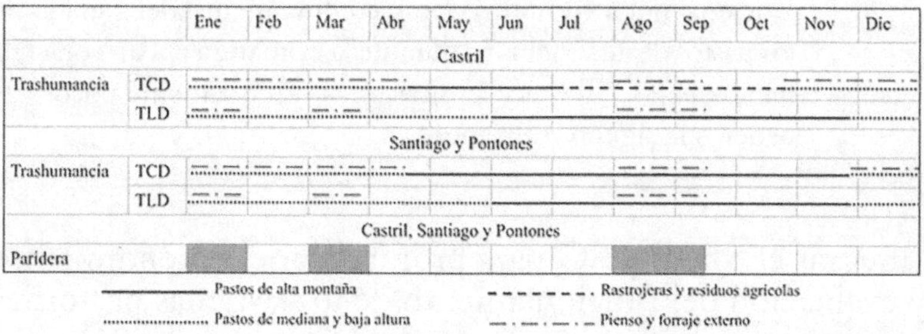

		Ene	Feb	Mar	Abr	May	Jun	Jul	Ago	Sep	Oct	Nov	Dic
Castril													
Trashumancia	TCD												
	TLD												
Santiago y Pontones													
Trashumancia	TCD												
	TLD												
Castril, Santiago y Pontones													
Paridera													

——— Pastos de alta montaña

- - - - - - - Rastrojeras y residuos agrícolas

.... Pastos de mediana y baja altura

— . — . — . — Pienso y forraje externo

Figura 5: Calendario forrajero de rebaños de pequeños rumiantes en CSP según el tipo de comunal y de trashumancia (TCD: trashumancia de corta distancia; TLD: trashumancia de larga distancia).

Santiago existen acuerdos informales de distribución del ganado en áreas de pastoreo (Tabla 3).

2. Nivel de área de pastoreo individual. Las prácticas a este nivel pueden generar variabilidad en las RU de vegetación *entre* las áreas de pastoreo (*comarcas*).
   - Trashumancia: La movilidad espacio-temporal de rebaños genera diferencias del período de pastoreo en CSP. El momento de llegada de los rebaños a los pastos de CSP presenta diferencias principales entre los rebaños de trashumancia de corta distancia (TCD), que suelen entrar en los pastos a finales de abril o principios de mayo, y los rebaños de trashumancia de larga distancia (TLD), que entran a principios de junio en los pastos de verano de Castril, Santiago y Pontones (Figura 5).
   - Carga ganadera: Número de cabezas de ganado por hectárea del área de pastoreo durante un tiempo determinado, el cual puede ser muy diferente de una comarca a otra y dependiendo también del momento del año (por ejemplo, durante el periodo de parideras las hembras preñadas son extraídas del rebaño para ser alimentadas en las tinadas con pienso y forraje externo; Figura 5).
3. Nivel de la pradera individual. Las prácticas a este nivel pueden generar variabilidad en las RU de vegetación *dentro* de las áreas de pastoreo.
   - Circuitos diarios de pastoreo: pastoreo dirigido en ciertas zonas del área pastoral.

- Encierro nocturno primaveral: confinamiento del ganado en los pastos de alta montaña durante la primavera era una práctica habitual en CSP (hace 15 años atrás). Actualmente pocos ganaderos la siguen realizando.

Integrar el SESF y SG para profundizar el entendimiento y evaluación del funcionamiento de los sistemas pastoriles

Cómo monitorear el proceso de generación de *Resultados* a partir de las *Interacciones* en las *Situaciones focales de acción* del SESF es una cuestión que, en nuestra opinión, no se aborda suficientemente en el marco conceptual del SESF.

En efecto, si analizamos las variables de segundo grado relativas a *Interacciones* del SESF, la mayoría de ellas se centran en los procesos de toma de decisiones (Tabla 2). Las únicas variables de segundo grado relativas a *Interacciones* que abordan procesos relacionados con aspectos materiales son las actividades de cosecha/recolección (*Harvesting*, I1) que involucra el aprovechamiento de RU, y las actividades de inversión (I5) que pueden involucrar la construcción de infraestructura que posibilita el uso de RU. Sin embargo, todos los aspectos que conllevan a la conformación o a la elaboración de la producción directamente monitoreada por las acciones humanas también juegan un papel importante en los resultados del sistema considerado (Marshall, 2015; Duru y col., 2017), al igual que los relativos a la construcción de patrimonio biocultural (Gavin y col., 2015; Lindholm y Ekblom, 2019; Pachón-Ariza y col., 2019).

El patrimonio biocultural comprende una red de conocimientos, tradiciones, visiones y prácticas consideradas como fundamentales para la identidad de una comunidad, y que están intrínsecamente ligadas a un contexto socio-ecológico (Lindholm y Ekblom, 2019). Así, el patrimonio tiene sus bases en los antepasados quienes han legado infraestructura, formas de pensamientos y de comportamientos que constituyen una verdadera herencia colectiva a proteger y promover (Pachon-Ariza y col., 2019).

El otro aspecto crítico en la formalización y en la aplicación del SESF serían los procesos donde el agricultor o ganadero, a través de sus prácticas, gestiona y transforma de manera significativa los recursos y las condiciones de provisión de los mismos. Estos procesos productivos y de transformación se encuentran en sistemas tales como ganaderos, agrícolas, de silvicultura, pero también en sistemas tecnológicos. Marshall (2015), estudiando los sistemas alimentarios ligados a la producción y comercio de carne, o Duru y col. (2017), en el caso de los Sistemas Ganaderos tradicionales europeos, señalaron la dificultad para hacer más operativo el enfoque de SESF. Estos autores expusieron que los diferentes procesos que conllevan a los resultados, frutos de las múltiples interacciones que ocurren entre las variables en el SESF, podrían ser mejor caracterizados gracias a una mayor atención, además de las interacciones entre actores, a los procesos materiales de producción y/o recolección. Por consiguiente, han propuesto la inclusión de *sistemas de transformación* y *productos* (Marshall, 2015) y *sistemas técnicos y tecnológicos* (Duru y col., 2017) como variables de primer grado al mismo nivel que UR, RS, A y GS (ver Figura 1). Sin embargo, estas propuestas de variables están relacionadas con lo que ocurre en las *Situaciones de acción*, ya que pueden generar tipos, formas y niveles de producción. Además, estas propuestas de variables son moduladas por UR, RS, A y GS. Por estos motivos, individualizarlas al mismo nivel que las cuatro variables de primer grado del modelo original puede llevar a confusión.

En síntesis, consideramos que las variables de *Interacciones* y *Resultados* deberían referirse a todas las formas de interacciones entre las distintas variables que pudieran conformar *Resultados*, y no sólo a las *Interacciones* entre actores relativos a la toma de decisiones como es en el SESF original. Las *Interacciones* y *Resultados* constituyen el núcleo fundamental del funcionamiento del SESF, donde pueden destacarse las decisiones y acciones concretas para producir una evaluación de los resultados del sistema, y donde se podría integrar la noción de sistema operativo, tomando prestadas palabras del mundo de la informática. De ahí que profundizar en las *Situaciones focales de acción* nos haya llevado a proponer una deconstrucción de la variable de primer grado *Interacciones* en tres subcomponentes que, a su vez, interactúan entre sí (Figura 6):

- Los procesos de producción/recolección/apropiación, que proporcionan información sobre las prácticas concretas utilizadas para el aprovechamiento de unidades de recursos y obtener bienes y servicios del sistema, a través de procesos individuales o colectivos de apropiación, representación y transformación, como parte de una serie de prácticas diseñadas para alcanzar objetivos específicos. Este subcomponente retoma la variable en el modelo original de *Harvesting* (I1) (McGinnis y Ostrom, 2014) o apropiación (Hinkel

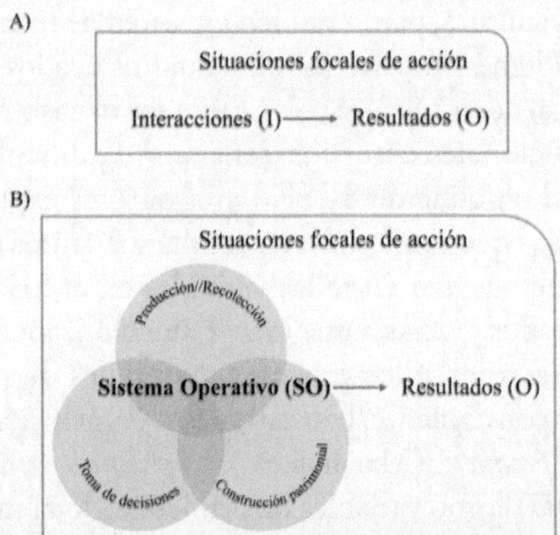

Figura 6. Propuesta de modificación de las *Situaciones focales de acción* del marco conceptual de SESF de McGinnis y Ostrom (2014) (A) para incluir aspectos más funcionales que conllevan a caracterizar mejor los resultados (B).

y col., 2015) de un recurso, pero ahora se agregan explícitamente los procesos de producción.

- Los procesos de toma de decisiones, que retoma las ideas desarrolladas en el SESF original sobre la diversidad de interacciones entre los actores, pero que también puede complementarse introduciendo percepciones individuales y colectivas del estado de los recursos.
- La construcción del patrimonio bio-cultural, vinculada a las prácticas destinadas a conservar la capacidad productiva del ambiente y los recursos, la creación de patrimonio de diversos tipos (económico, social, cultural, natural) en beneficio de las generaciones actuales y futuras. Este subcomponente retoma las acciones de inversión (I5) (McGinnis y Ostrom, 2014) y de aprovisionamiento (Hinkel y col., 2015); no obstante, en esta proposición se incluye la dimensión patrimonial y los aspectos inmateriales de estas acciones.

Del mismo modo que McGinnis y Ostrom (2014) en el SESF original, proponemos un listado de las distintas posibles variables de segundo grado anidadas en los tres subcomponentes de la propuesta aquí formulada (Tabla 4).

Tabla 4: Propuesta de revisión de variables de primer y segundo grado de las *Situaciones de acción* del marco conceptual del SESF.

Situaciones focales de acción		
Variables primer grado	Variables segundo grado	
Procesos de producción/ recolección/ apropiación	SO-P1	Nivel de producción/recolección/apropiación
	SO-P2	Tipo de itinerario técnico (incluyendo la trashumancia)
	SO-P3	Prácticas pastoriles (forrajeras y alimenticias, reproducción, salud)
	SO-P4	Inputs internos
	SO-P5	Inputs externos
	SO-P6	Actividades de transformación
	SO-P7	Actividades de trueque
*Procesos de toma de decisiones**	SO-D1	Intercambio de información
	SO-D2	Proceso de deliberación
	SO-D3	Conflictos
	SO-D4	Actividades de lobby
	SO-D5	Actividades de autoorganización
	SO-D6	Actividades de creación de redes
	SO-D7	Actividades de supervisión
	SO-D8	Actividades de evaluación
Construcción patrimonial	SO-H1	Presencia de áreas conservadas
	SO-H2	Asociación local comunitaria
	SO-H3	Comunicación/actividades de promoción (e.g. fiestas, ferias, denominación de origen)
	SO-H4	Rituales/Normas ligadas a la protección
	SO-H5	Banco de conservación genética y de conocimientos asociados
	SO-H6	Actividades de inversión para la conservación
Resultados	O1	Rendimiento
	O2	Calidad de productos
	O3	Desempeño social*
	O4	Desempeño ecológico*

	05	Desempeño socio-económico
	06	Bienestar humano
	07	Evaluación sostenibilidad
	08	Multifuncionalidad del territorio
	09	Externalidades hacia otros SSEs*

* retomado de McGinnis y Ostrom (2014).

Aplicación a una situación focal de acción en CSP

Un ejemplo de aplicación del SESF modificado puede ser a través la identificación de conjuntos (*bundle*) de interacciones socio-ecológicas en un SSE (Partelow, 2018). Específicamente, en CSP se puede abordar la cuestión de la sostenibilidad en el aprovechamiento de la vegetación (RU) en los pastos de alta montaña, lo cual constituye una *Situación focal de acción*. Con este fin, nos enfocamos en las prácticas pastoriles asociadas al aprovechamiento de la vegetación y en los potenciales resultados de las interacciones entre prácticas pastoriles y vegetación. Para el aprovechamiento de los pastos, el ganado ovino/caprino se distribuye en áreas de pastoreo (*comarcas*), más o menos formalizadas, atribuidas a uno o varios ganaderos (RS3). El periodo de aprovechamiento de los pastos, a través del ganado, por parte de los ganaderos (A) dependerá de las reglas comunitarias (GS6) concernientes a la fecha de acceso y a la distribución del ganado (Tabla 3), pero también de la movilidad espacio-temporal y del tipo de trashumancia desarrollada por los ganaderos (SO-P2). Producto de esta movilidad, el inicio del periodo de pastoreo coincide con el periodo de crecimiento de la vegetación (RU2). No obstante, según la modalidad de la trashumancia (SO-P2), el inicio del periodo de pastoreo difiere entre los ganaderos que desarrollan una trashumancia de corta distancia (TCD) y una trashumancia de larga distancia (TLD). Los primeros llegan a inicios de mayo y los segundos a inicios de junio a los pastos de CSP (Figura 5). Debido a esa diferencia en el tiempo de llegada a los campos, resultan diferencias en términos de desempeño ecológico (O4), ya que aquellas *comarcas* utilizadas por TCD tienen un mayor biovolumen de plantas anuales que las *comarcas* TLD, mientras que estas últimas tienen un mayor biovolumen de plantas perennes que las *comarcas* TCD (ver capítulo 7). Estas diferencias en la vegetación pueden tener consecuencias en el recurso forrajero debido que las plantas anuales constituyen un recurso forrajero efímero en comparación con las plantas perennes, lo cual podría repercutir en términos de la sostenibilidad (O7) de las *comarcas* TCD para proveer de forraje durante los períodos de sequía estival. En un escenario de falta de recurso forrajero, los ganaderos TCD tendrían que recurrir a más pienso y forrajes externos (SO-P5). Estos insumos han aumentado continuamente de precios los últimos años, lo que constituye una importante preocupación para los ganaderos (entrevistas personales; Morales-Reyes y col., 2017).

Conclusión

Los comunales pastoriles de Castril, Santiago y Pontones aparecen como territorios fértiles para abordar su caracterización holística en base a los aportes conceptuales provenientes de la investigación en el área de los sistemas socio-ecológicos. La propuesta aquí desarrollada busca precisar la caracterización de las *Situaciones focales de acción* del marco conceptual de SESF propuesto por Elinor Ostrom y colaboradores, gracias a la integración del enfoque de Sistema Ganadero desarrollado en el área de las ciencias agrarias. Esta integración podría constituir el eslabón perdido para profundizar en la especie de *caja negra* del SESF al permitir un vínculo más amplio de las *Interacciones* entre las variables de primer grado del modelo con los *Resultados*. Esto, no solo en términos de eficiencias a nivel de decisiones, sino también para evaluar el desempeño de las prácticas concretas llevadas a cabo por los ganaderos que constituyen las bases de la reproducción de los modos de producción en cuestión. En paisajes pastoriles mediterráneos, las prácticas tradicionales de manejo han demostrado su carácter sostenible a lo largo del tiempo, constituyendo un patrimonio biocultural a reconocer y a reforzar. No obstante, deben adaptarse constantemente a los desafíos del contexto socio-ecológico actual en mutación, como el cambio climático o las políticas agrarias nacionales y europeas. Nuestra propuesta se alza como una herramienta útil para evaluar las prácticas pastoriles en la búsqueda de la promoción y construcción de modos de vida locales sostenibles.

Bibliografía

Adamo, G. y M. Willis (2022), «Conceptual Integration for Social-Ecological Systems», en R. Guizzardi, J. Ralyté, y X. Franch, (eds.), *Research Challenges in Information Science (RCIS)*, 2022, Springer Nature, Switzerland, pp. 321-337.

Alzérreca, H. y D. Genin (1992), *Los sistemas ganaderos de la zona andina boliviana: del concepto a una caracterización*, Vol. Informe N°30, ORSTOM, Instituto Boliviano de Tecnología Agropecuaria, La Paz, Bolivia.

Balent, G. y M. Stafford-Smith (1991), «Conceptual model for evaluating the consequences of management practices on the use of pastoral resources», en *Proceedings from the Fourth International Rangeland Congress*, 1991, CIRAD, Montpellier, France, pp. 1158-1164.

Berkes, F., J. Colding y C. Folke (2003), *Navigating Social–Ecological Systems: Building Resilience for Complexity and Change*, p. 417.

Binder, C.R., J. Hinkel, P.W.G. Bots y C. Pahl-Wostl (2013), «Comparison of Frameworks for Analyzing Social-ecological Systems», *Ecology and Society*, 18(4), p. 26.

Bodin, Ö. y M. Tengö (2012), «Disentangling intangible social–ecological systems», *Global Environmental Change*, 22(2), pp. 430-439.

Delgado-Serrano, M.D.M., E. Oteros-Rozas, P. Vanwildemeersch, C. Ortíz-Guerrero, S. London y R. Escalante (2015), «Local perceptions on social-ecological dynamics in Latin America in three community-based natural resource management systems», *Ecology and Society*, 20(4), p. 24.

Duru, M., C. Donnars, J. Rychawy, O. Therond y B. Dumont (2017), «La "grange": un cadre conceptuel pour appréhender les bouquets de services rendus par l'élevage dans les territoires», *INRA Productions Animales*, 30(4), pp. 273-284.

Duru, M.M., F. Papy y L.G. Soler (1988), «Le concept de modèle général et l'analyse du fonctionnement de l'exploitation agricole.», *Comptes Rendus de l'Académie d'Agriculture de France*, 74(4), pp. 81-93.

Gavin, M.C., J. McCarter, A. Mead, F. Berkes, J.R. Stepp, D. Peterson y R. Tang (2015), «Defining biocultural approaches to conservation», *Trends in Ecology & Evolution*, 30(3), pp. 140-145.

Genin, D. (1998), « Fonctionnement des systèmes d'élevage extensif : cadre conceptuel et application à deux types d'élevage andin d'altitude», en A. Biarnès, (ed.), *La conduite du champ cultivé : point de vue d'agronomes*, Orstom, París, pp. 181-200.

Genin, D. (2013). « Entre gestion des risques et projets de vie. Une approche conceptuelle illustrée pour une relecture des pratiques agro-sylvo-pastorales en milieux contraignants », en V. Ancey, I. Avelange, B. Dedieu (Dir.), *Agir en situation d'incertitude en agriculture. Regards pluridisciplinaires au Nord et au Sud.* Coll. Ecopolis 17. Peter Lang Eds, Bruxelles, Belgique, pp. 353-365.

Genin, D. y H. Mazurek (2016), « La résilience des systèmes socio-écologiques : d'une intuition holiste à une difficile conceptualisation et mise en œuvre », en S. Ionescu, (ed.), *Résiliences, ressemblances dans la diversité*, Odile Jacob Editions, París, pp. 63-92.

Gómez-Mercado, F. (2011), «Vegetación y flora de la Sierra de Cazorla.», *Guineana*, 17, pp. 1-481.

Guimarães, M.H., N. Guiomar, D. Surová, S. Godinho, T. Pinto Correia, A. Sandberg, F. Ravera y M. Varanda (2018), «Structuring wicked problems in transdisciplinary research using the Social–Ecological systems framework: An application to the montado system, Alentejo, Portugal», *Journal of Cleaner Production*, 191, pp. 417-428.

Hinkel, J., M.E. Cox, M. Schlüter, C.R. Binder y T. Falk (2015), «A diagnostic procedure for applying the social-ecological systems framework in diverse cases», *Ecology and Society*, 20(1), p. 32.

Klein, J.A., M.E. Fernández-Giménez, H.W. Han Wei, Y.C. Yu ChangQing, D.L. Du Ling, D. Dorligsuren y R.S. Reid (2012), «A participatory framework for building resilient social-ecological pastoral systems.», en M.E. Fernández-Giménez, X. Wang, B. Baival, J.A. Klein, y R.S. Reid, (eds.), *Restoring community connections to the land: building resilience through community-based rangeland management in China and Mongolia*, CABI Books, Wallingford, pp. 3-36.

Landais, E. (1994), «Système d'élevage : d'une intuition holiste à une méthode de recherche, le cheminement d'un concept», en C. Blanc-Pamard y J. Boutrais, (eds.), *Dynamique des systèmes agraires : à la croisée des parcours : pasteurs, éleveurs, cultivateurs*, ORSTOM, París, pp. 15-49.

Landais, E. y G. Balent (1993), «Introduction à l'étude des pratiques d'élevage extensif», en E. Landais, (ed.), *Pratiques d'élevage exten-*

sif : identifier, modéliser, évaluer, Etudes et Recherches sur les Systèmes Agraires et le Développement INRA, Versailles, pp. 13-35.

Landais, E. y J. Lasseur (1993), «Une application du concept de "modèle d'action". Pour une lecture zootechnique des pratiques d'élevage», *Études rurales*, 131(1), pp. 165-180.

Lhoste, P. (1984), «Le diagnostic sur le système d'élevage», *Cahiers de la Recherche-Développement*, 3-4, pp. 84-88.

Lindholm, K.-J. y A. Ekblom (2019), «A framework for exploring and managing biocultural heritage», *Anthropocene*, 25, p. 100195.

Linstädter, A., A. Kuhn, C. Naumann, S. Rasch, A. Sandhage-Hofmann, W. Amelung, J. Jordaan, C.C. Du Preez y M. Bollig (2016), «Assessing the resilience of a real-world social-ecological system: lessons from a multidisciplinary evaluation of a South African pastoral system», *Ecology and Society*, 21(3), p. 35.

Marshall, G.R. (2015), «A social-ecological systems framework for food systems research: accommodating transformation systems and their products», *International Journal of the Commons*, 9(2), pp. 881-908.

McGinnis, M.D. y E. Ostrom (2014), «Social-ecological system framework: initial changes and continuing challenges», *Ecology and Society*, 19(2), p. 30.

Morales-Reyes, Z., M. Navarro-Ríos, M. Moleón, P. Mateo-Tomás, G. Blanco, F. Botella, J.A. Donázar, A. Margalida, I. Pérez, M. Valverde y J.A. Sánchez-Zapata (2017) «Percepción de los ganaderos sobre la sostenibilidad de los sistemas agroganaderos tradicionales en España en un contexto de cambio global», en *Innovación Agroecológica y Cambio Climático*, 2017 Sociedad Española de Agricultura Ecológica, España, pp. 169-174.

Morton, J. (2023), «Pastoralism», en M. Clarke y X.A. Zhao, (eds.), *Elgar Encyclopedia of development*, Edward Elgar Publishing, Cheltenham, pp. 465-469.

Nagel, B. y S. Partelow (2022), «A methodological guide for applying the social-ecological system (SES) framework: a review of quantitative approaches», *Ecology and Society*, 27(4), p. 39.

Niamir-Fuller, M. (1998), «The resilience of pastoral herding in Sahelian Africa» en F. Berkes y C. Folke, (eds.), *Linking Social and Ecological Systems,* Cambridge University Press, Cambridge, pp. 250-284.

Ostrom, E. (2007), «A diagnostic approach for going beyond panaceas», *Proceedings of the National Academy of Sciences*, 104(39), pp. 15181-15187.

Ostrom, E. (2009), «A General Framework for Analyzing Sustainability of Social-Ecological Systems», *Science*, 325(5939), pp. 419-422.

Osty, P.L. y E. Landais (1991), «Fonctionnement des systèmes d'exploitation pastorale», en *Proceedings from the Fourth International Rangeland Congress*, CIRAD, Montpellier.

Pachón-Ariza, F., W. Bokelmann y C. Ramírez-Miranda (2019), «Heritage and Patrimony of the Peasantry: an analytical framework to address rural development», *Agronomía Colombiana*, 37(3), pp. 283-296.

Partelow, S. (2018), «A review of the social-ecological systems framework: applications, methods, modifications, and challenges», *Ecology and Society*, 23(4), p. 36.

Postigo, J.C. (2021), «Navigating capitalist expansion and climate change in pastoral social-ecological systems: impacts, vulnerability and decision-making», *Current Opinion in Environmental Sustainability*, 52, pp. 68-74.

Redman, C.L., J.M. Grove y L.H. Kuby (2004), «Integrating Social Science into the Long-Term Ecological Research (LTER) Network: Social Dimensions of Ecological Change and Ecological Dimensions of Social Change», *Ecosystems*, 7(2), pp. 161-171.

Rincon-Madroñero, M., J.A. Sánchez-Zapata, X. Barber y J.M. Barbosa (2024), «Long-term vegetation responses to climate depend on the distinctive roles of rewilding and traditional grazing systems», *Landscape Ecology*, 39(1), p. 1.

Robinson, L.W. (2009), «A Complex-Systems Approach to Pastoral Commons», *Human Ecology*, 37(4), pp. 441-451.

Sebillotte, M. y L.G. Soler (1988), « Le concept de modèle général et la compréhension du comportement de l'agriculteur», *Comptes Rendus de l'Académie d'Agriculture de France*, 74(4), pp. 59-70.

Sebillotte, M. y L.G. Soler (1991), « Les processus de décision des agriculteurs. Première partie : acquis et questions vives », en J. Brossier, (ed.), *Modélisation systémique et système agraire*, INRA-SAD, Versailles, pp. 93-101.

Zango-Palau, A., A. Jolivet, M. Lurgi y B. Claramunt-López (2024), «A quantitative approach to the understanding of social-ecological systems: a case study from the Pyrenees», *Regional Environmental Change*, *24*(1), p. 9.

9.
Conclusión: hacia una mayor atención a los comunales pastoriles

PABLO DOMÍNGUEZ (CNRS), DIDIER GENIN (IRD), FRANCISCO GODOY SEPÚLVEDA (UAB), SANTIAGO A. PARRA (AMU), ADRIÀ PEÑA ENGUIX (AMU/UAB), PAU SANOSA COLS (UAB), Y MONTSERRAT VENTURA (UAB)

En 2022 la Asamblea General de las Naciones Unidas proclamó 2026 como Año Internacional de los Pastizales y los Pastores (AIPR2026) con el objetivo de crear conciencia y llamar la atención sobre la importancia de la gestión sostenible de los pastizales y el pastoreo y su contribución al logro del desarrollo sostenible.

Si bien el AIPR2026 marca un año clave, su impacto se extenderá mucho más allá de 2026 y este libro contribuirá a ello. La Alianza Global del AIPR2026 servirá como plataforma para el intercambio de conocimientos, la promoción y la colaboración, asegurando que los pastores y los pastizales sigan siendo centrales en los debates sobre sostenibilidad global, y nuestro trabajo ha querido apoyar este fin, también a través de este libro. El reconocimiento obtenido en el marco del AIPR2026 contribuye a los esfuerzos para integrar el conocimiento pastoril, la gobernanza comunitaria, los derechos relacionados con la tierra y los recursos naturales y la gestión de los ecosistemas, en políticas más amplias, incluidas las relacionadas con la conservación, la resiliencia ante el cambio climático y los sistemas alimentarios sostenibles, que aquí reivindicamos.

La gobernanza y la gestión comunal de los recursos naturales para la subsistencia local y la conservación vienen generando un creciente interés desde hace tiempo (Bentley, 1949), aunque sólo recientemente están siendo consideradas como un elemento central para la transición hacia modelos más sostenibles ecológicamente y a escala global (Zanjani *et al.*, 2023). Los valores bioculturales de los comunales -respecto tanto de su funcionamiento como de sus resultados- han sido demostrados numerosas veces sobre bases empíricas sólidas (Berkes *et al.*, 1989; Ostrom, 1990; Baland y Platteau, 1996; Agrawal, 1999), cuyo corolario fue el premio Nobel de economía otorgado a Elinor Ostrom en 2009, la máxima exponente de los estudios sobre comunales, como también hemos visto en el capítulo 8. A su vez, los comunales han demostrado ser un terreno muy fértil para el análisis histórico, y cada vez se les reconoce una mayor profundidad temporal (Lana, 2015; de Moor, 2016) como mostramos en los capítulos 3 y 4, con sus consecuencias en términos legales y de patrimonio cultural. Paralelamente al campo académico, las últimas décadas han visto el surgimiento de una concepción específica de los comunales, con un particular énfasis en sus atributos de conservación, bajo la denominación cada vez más popular de «áreas conservadas por pueblos indígenas y comunidades locales» (abreviadas como ICCAs por sus siglas en inglés) o «Territorios de vida», de los cuales nos ha hablado en extenso el capítulo 6, que subraya a su vez el arraigo fuerte de las comunidades con su medio y territorio. El concepto de ICCA está hoy relativamente bien establecido y reconocido entre los principales actores internacionales de la conservación ambiental y el desarrollo sostenible, como la Unión Internacional para la Conservación de la Naturaleza, el Programa de las Naciones Unidas para el Desarrollo y el Convenio sobre la Diversidad Biológica (Kothari *et al.*, 2012; Borrini-Feyerabend, 2004; UNDP, 2014; Stevens *et al.*, 2024).

Al mismo tiempo, la relevancia de las ICCAs para la conservación no sólo es contemplada por las organizaciones internacionales y el ámbito científico, sino también por organizaciones de base. Es probable que este apoyo cada vez más transversal a las ICCAs aumente, dadas las políticas internacionales que apuntan, más allá de las áreas protegidas «oficiales», hacia «otras medidas eficaces de conservación basadas en áreas» (cfr. Meta 11 de Aichi del Convenio sobre la Diversidad Biológica). En dicho contexto, las ICCAs parecen ajustarse bien a los comunales de Castril, Santiago y Pontones, que cumplen en gran medida con dicha definición. Sin embargo, a pesar de su relevancia histórica y contemporánea, los comunales siguen siendo prácticamente desconocidos para las administraciones y los gestores socioeconómicos a nivel estatal[83], y particularmente en el caso andaluz.

83 Con la notable excepción de los montes vecinales en mano común en Galicia, que cubren cerca de un cuarto de su territorio, y están amparados en la ley estatal 55/1980 y la ley gallega 13/1989.

Hemos observado que nuestros casos de estudio albergan varias de estas virtudes en términos de valores sociales y ambientales, como su demostrada resiliencia. Se trata de formas de vida con siglos de presencia que han logrado adaptarse a una multiplicidad de nuevos contextos, manteniendo altos niveles de diversidad biológica, especies clave, y continuidad productiva, con limitadas zonas sobrepastoreadas, como demuestra el capítulo 7. Sin embargo, dichos sistemas se están erosionando progresivamente, al igual que lo están haciendo la mayoría de los comunales europeos desde los albores de la revolución industrial (Lana e Iriarte-Goñi, 2015; Lana, 2015; Congost, 2007; De Moor, 2007; Iriarte-Goñi, 2002; Ortega Santos, 2002; González de Molina y Ortega Santos, 2000; González de Molina y González Alcantud, 1992). Esta degradación se relaciona con dinámicas macroeconómicas, (como la evolución de los mercados o las migraciones hacia los centros de industrialización, con su consecuente depresión demográfica, y pérdida de nuevas generaciones de pastores), y geopolíticas (como acuerdos comerciales internacionales y la política agrícola común europea (PAC) analizada en el capítulo 5). Pero se relaciona también con políticas estatales directas sobre estos territorios ejercidas desde el siglo XVIII, que se han demostrado muy dañinas para las poblaciones locales y el funcionamiento de sus comunales, y cuyos impactos en la despoblación se hacen notar aún hoy. Por ejemplo, el establecimiento de la Provincia marítima, que limitó a la población local el pastoralismo y la tala de árboles, para favorecer la extracción maderera a cargo y beneficio exclusivamente del Estado; o la creación del Coto Nacional de Caza de las Sierras de Cazorla y Segura, que expulsó a gran número de habitantes de sus aldeas y pueblos.

También es cierto que el impacto de las desamortizaciones del siglo XIX en una mayoría de comunales de España fue menor en Santiago y Pontones. Como hemos podido ver en los capítulos 3 y 4, para evitar la tala de los bosques de las cabeceras de los ríos Guadalquivir y Segura, el cuerpo de ingenieros del Estado, exceptuó de la desamortización a gran parte de estos montes. Así disminuía el riesgo de inundaciones y otros desastres naturales río abajo, que una privatización y tala masiva podrían haber producido. Al mismo tiempo, Castril permanecía como propiedad señorial, por lo que no se vio afectada por aquel proceso desamortizador, ya que éste no afectaba a propiedades privadas.

Aunque sobrevivieron por razones diversas aquel embate, aún hoy en día, en pleno siglo XXI, los poderes y administraciones públicas no se percatan de todo el valor socioeconómico, cultural y ambiental de estas tres organizaciones comunales, y de la urgente necesidad de su protección y promoción. Y todo ello a pesar de que los comunales están reconocidos en la misma Constitución Española[84], y como hemos expuesto, las principales organizaciones mundiales de la conservación de la naturaleza y del desarrollo sostenible han declarado a los comunales, bajo la figura de ICCAs, como una herramienta prioritaria en estas áreas. Si bien las prácticas ganaderas de Castril, Santiago de la Espada y Pontones han sido parcialmente reconocidas por las autoridades de los parques naturales, lo son solamente como sistemas de ganadería extensiva y no como comunales. De hecho, los comunales son mayoritariamente invisibilizados o casi inexistentes en los estatutos de los parques. Esto hace que, a pesar de sentirse como verdaderos «guardianes del monte», los ganaderos se sientan a la vez como una especie en peligro de extinción, pues en la práctica, siguen teniendo que hacer auténticos y constantes malabares para lograr mantener la continuidad de sus comunales y de los grandes valores socio-ecológicos que éstos implican.

A menudo, esto se debe a una gran brecha de comunicación entre la ciudadanía, la ciencia, los gestores y las políticas públicas, lo que fomenta la ignorancia, la infravaloración y/o el menosprecio de los comunales o las ICCAs. Por ello son fundamentales nuevas iniciativas para su promoción, como por ejemplo el Registro internacional ICCA[85]. De hecho, muy a menudo, en las áreas protegidas, los gobiernos imponen a los habitantes sistemas de conservación con muy poco apoyo directo y específico a la gestión comunal de los pastos (Stevens, Broome y Jaeger, 2016; Cuffe, 2016), y esto mismo sucede en Castril, Santiago de la Espada y Pontones. En vista de este contexto, las comunidades locales necesitan encontrar incentivos (sociales, culturales, económicos, ambientales y/o políticos) para seguir gobernando y gestionando sus comunales frente a las adversidades crecientes y la falta de comprensión, e incluso rechazo, de gran parte de la sociedad. Por ello, el apoyo, la intermediación y el diálogo entre las comunidades que sostienen estos sistemas tradicionales de gobernanza socio-ecológica y la cooperación con las instituciones estatales, facilitados por representantes de la ciencia y la ciudadanía interesada en sus valores,

84 El Artículo 132.1 de la Constitución Española dice lo siguiente: «La ley regulará el régimen jurídico de los bienes de dominio público y de los comunales, inspirándose en los principios de inalienabilidad, imprescriptibilidad e inembargabilidad, así como su desafectación».

85 <http://www.iccaregistry.org/>.

devienen hoy cruciales. Entre sus diversos valores, destacamos aquellos asociados a la identidad y la ética biocultural.

Los comunales pastoriles de Castril, Santiago de la Espada y Pontones son una ilustración de las ricas y diversas visiones del mundo de sociedades humanas inspiradas en el medioambiente que las sustenta, que ayudan a repensar una nueva ética biocultural para nuestras formas de cohabitación con los seres no humanos, y a desarrollar prácticas más respetuosas con las distintas formas de vida y de culturas a largo plazo (Rozzi, 2013). Los modos de producción, la cultura y los valores dominantes de las sociedades occidentales han llevado a una gran disociación entre Naturaleza y Cultura (Descola, 2005; Descola y Pignocchi, 2022), y a considerar la Naturaleza -en una mirada dicotómica- y otros componentes de la Tierra, únicamente como fuentes potenciales de recursos para su mercantilización (Hodges, 2006). Esto no ocurre tanto en las sociedades que dependen directamente del uso inmediato de los recursos comunales para su subsistencia, como las que se dedican a la ganadería extensiva (Descola, 2005; Yami *et al.*, 2009; Semplici *et al.*, 2024). En numerosos casos, las sociedades de pastores han construido ontologías estrechamente vinculadas a un profundo respeto por la Naturaleza (Brondizio *et al.*, 2021; Sharifian *et al.*, 2023). El patrimonio biocultural vinculado a las prácticas de gestión de los recursos comunales de estas sociedades tradicionales podría ayudarnos a encontrar formas más equilibradas de interacción entre los seres humanos y la naturaleza.

La identidad de la zona de Castril, Santiago de la Espada y Pontones salta a la vista desde el primer momento que se entra en contacto con la zona. Paisajes configurados a partir de siglos de presencia humana, así como conocimientos y representaciones colectivas que sintetizan la esencia agropastoril local. Una identidad, además, vinculada a la movilidad mediante rutas de trashumancia. Sin embargo, la marginación frecuente de este modo de gobernanza y gestión de los recursos naturales apuntada en la introducción, su baja integración en el mundo «moderno», la poca valorización de sus productos y de los servicios ecológicos que aseguran, así como las incertidumbres socio-climáticas y de los mercados, contrastan con la necesidad de medidas urgentes para un mejor reconocimiento por parte de la sociedad en general y de los decisores políticos en particular, así como iniciativas públicas para reforzar su viabilidad económica y social.

Más allá de la sola conservación de la biodiversidad, la contribución a la lucha contra el cambio climático o de una valoración meramente cultural, el caso de los Comunales de Castril, Santiago de la Espada y Pontones nos invita a pensar de manera más global sobre dinámicas contemporáneas que moldean los paisajes y las formas de funcionamiento de sociedades que, al igual de las urbanas y más implicadas en una modernidad más o menos impuesta por la globalización, tienen derecho a ser soberanas de su destino. Esto implica también regresar a aspectos más filosóficos y éticos de lo que significa un desarrollo sostenible.

Pocos trabajos han abordado la cuestión de la gestión de las tierras de pastoreo desde la triple perspectiva de la ecología, la economía y la ética (Sangha *et al.* 2018). Sin embargo, esta integración es esencial para considerar formas innovadoras, funcionales y practicables de gobernar las tierras de pastoreo a largo plazo. Los recursos de uso común se dirigen, moldean y gestionan siguiendo total o parcialmente –pero siempre de manera informal– la noción de ética biocultural (Llanque, 1995; Sendalo, 2009). También, la propuesta de ética biocultural de Rozzi (2013) caracterizada por las 3Hs –Hábitos, Hábitats y co-Habitantes–, aboga por una ética como base preliminar primaria para concebir cualquier forma de manejo sostenible de las tierras de pastoreo. Estas formas de gestión comunal, combinadas con los conocimientos científicos actuales, podrían servir de inspiración para la construcción de una ética de la sostenibilidad más generalizada, que integre en particular los enfoques del patrimonio biocultural y de la resiliencia socio-ecológica, para su conservación y promoción (Auclair *et al.*, 2011; Lindholm y Ekblom, 2019; Easdale *et al.*, 2023).

Este libro tuvo cuatro ambiciones: 1) Informar sobre el interés social, cultural, económico y ecológico que tienen estos sistemas de aprovechamiento de la tierra, en sí mismos; 2) relacionar este interés con una visión del desarrollo humano, en el marco de una diversidad biocultural necesaria, para subsistir en nuestro mundo en crisis; 3) Promover su reconocimiento por parte de la sociedad y de los decisores políticos; y 4) Proponer algunas pistas para reforzar estos sistemas e incrementar su viabilidad. En la mayoría de los casos de Europa y otras regiones del Estado, los comunales no están reconocidos legalmente, quedando fuera de la protección oficial (CBD, 2010). Esperamos que la obra que aquí concluye pueda, al menos modestamente, llamar la atención de personas con capacidad de influir sobre el futuro de los comunales, y añadir algunas piedras al edificio destinado al «reencantamiento» del mundo; que contribuya a encontrar nuevas formas de actuar, en las que los seres humanos y su entorno puedan vivir más justa y equilibradamente. Los comunales pastoriles son un ejemplo de tales tipos de conexiones socio-ecológicas que deben ser reevaluados y revalorados.

Bibliografía

Agrawal, Arun (1999), *Greener Pastures: Politics, Markets, and Community among a Migrant Pastoral People*, Duke University Press, Durham.

Agrawal Arun (2001), «Common property institutions and sustainable Governance of Resources», *World Development* 29 (10), pp. 1649-1672.

Auclair, Laurent; Baudot, Patrick; Genin, Didier; Romagny, Bruno y Simenel, Romain (2011), «Patrimony for Resilience: Evidence from the Forest Agdal in the Moroccan High Atlas Mountains», *Ecology and Society* 16 (4), art. 24.

Baland, Jean-Marie y Platteau, Jean-Philippe (1996), *Halting degradation of natural resources: Is there a role for rural communities?* Clarendon Press, Oxford.

Bentley, Arthur F. (1949), *The process of government*. Principia Press, Evanston, en <https://doi.org/10.1177/106591295100400225>.

Berkes, Fikret; Feeny, David; Mc Kay, Boney y Acheson, James (1989), «The benefits of the commons», *Nature*, 340, pp. 91-93.

Borrini-Feyerabend, Grazia; Kothari, Ashish y Oviedo, Gonzalo (2004), *Indigenous and local communities and protected areas: towards equity and enhanced conservation,* IUCN, Gland y Cambridge, en <https://portals.iucn.org/library/sites/library/files/documents/PAG-011.pdf>.

Brondizio, Eduardo; Aumeeruddy-Thomas, Yildiz; Bates, Peter; Carino, Joji; Fernández-Llamazares, Alvaro; Ferrari, Maurizio Farhan; Galvin, Kathleen; Reyes-García, Victoria; McElwee, Pamela; Molnár, Zsolt; Samakov, Aibek y Shrestha, Uttam Babu (2021), «Locally Based, Regionally Manifested, and Globally Relevant: Indigenous and Local Knowledge, Values, and Practices for Nature», *Annual Review of Environment and Resources* 46, pp. 481–509.

CBD / Convention on Biological Diversity (2010), «Decision adopted by the Conference of the Parties to the Convention on Biological Diversity at its tenth meeting, *Decision X/31: Protected areas,*

18-29 Oct. UNEP, Nagoya, en <www.cbd.int/doc/decisions/cop-10/cop-10-dec-31-en.pdf>.

Congost, Rosa (2007), «La "gran obra" de la propiedad. Los motivos de un debate», en Congost, Rosa y Lana, José Miguel (eds.) (2007), *Campos cerrados, debates abiertos. Análisis histórico y propiedad de la tierra en Europa (siglos XVI-XIX)*, Universidad Pública de Navarra (Nafarroako Unibersitate Publikoa), Pamplona, pp. 21-52.

De Moor, Tine (2007), «La función del común. Trayectoria de un comunal en Flandes durante los siglos XVIII y XIX», en Rosa y Lana, José Miguel (eds.) (2007), *Campos cerrados, debates abiertos. Análisis histórico y propiedad de la tierra en Europa (siglos XVI-XIX)*, Universidad Pública de Navarra (Nafarroako Unibersitate Publikoa), Pamplona, pp. 111-139.

Descola, Philippe (2005), *Par-delà nature et culture*, Gallimard, París.

Descola, Philippe y Pignocchi, Alessandro (2022), *Ethnographies des mondes à venir*, Seuil, París.

Easdale, Marcos Horacio; L. Michel, Christian y Perri, Daniel (2023), «Biocultural heritage of transhumant territories », *Agriculture and Human Values* 40, pp. 53-64.

González de Molina, Manuel y Ortega Santos, Antonio (2000), «Bienes comunes y conflictos por los recursos en las sociedades rurales, siglos XIX y XX», *Historia Social* 38, pp. 96-116.

González de Molina, Manuel y González Alcantud, José Antonio (1992), «La pervivencia de los bienes comunales: Representación mental y realidad social. Algunas aportaciones al debate sobre la "tragedia de los comunales"», en González de Molina, M. y González Alcantud J. A. (1992), *La tierra. Mitos, ritos y realidades*, Anthropos, Barcelona, pp. 251-291.

Hodges, John (2006), «Values and culture in society: origins and relationship with livestock», en R. Geers y F. Madec (eds.) *Livestock production and society*, Wageningen Academic, Leiden, pp. 35-49.

Iriarte-Goñi, Iñaki (2002), «Common lands in Spain, 1800-1995: Persistence, change and adaptation», *Rural History* 13 (1), pp. 19-37.

Kothari, Ashish; Corrigan, Colleen; Jonas, Harry; Neumann, Aurélie y Shrumm, Holly (eds.) (2012), «Recognising and supporting territories and areas conserved by indigenous peoples and local communities: Global overview and national case studies», *CBD Technical Series*, 64, Secretariat of the Convention on Biological

Diversity, ICCA Consortium, Kalpavriksh, and Natural Justice, Montreal, en <www.cbd.int/doc/publications/cbd-ts-64-en.pdf>.

Lana, José-Miguel (2015), «From privatisation to governed nature. Old and new approaches to rural commons in Spain», *Jahrbuch für Geschichte des ländlichen Raumes* 12, pp. 12-26.

Lana, José-Miguel e Iriarte-Goñi, Iñaki (2015), «Commons and the legacy of the past. Regulation and uses of common lands in twentieth century Spain», *International journal of the Commons* 9 (2), pp. 510-532.

Lindholm, Karl-Johan y Anneli Ekblom, (2019), «A framework for exploring and managing biocultural heritage», *Anthropocene* 25, p. 100195.

Llanque, Andrés (1995), «Manejo Tradicional de la Uywa (ganado) en la sociedad pastoril Aymara de Turco», en Didier Genin, Hans-Joachim Picht, Rodolfo Lizarazu y Tito Rodriguez (eds.) *Waira Pampa: un sistema pastoril camélidos-ovinos del altiplano arido boliviano*, ORSTOM-CONPAC-IBTA, La Paz, Bolivia, pp. 93-115.

Ortega Santos, Antonio (2002), *La tragedia de los cerramientos: desarticulación de la comunalidad en la provincia de Granada*, Centro Francisco Tomás y Valiente UNED, Valencia; Fundación Instituto de Historia Social, Alzira.

Ostrom, Elinor (1990), *Governing the commons. The evolution of institutions for collective action*, Cambridge University Press, Cambridge, <https://doi.org/10.1007/978-3-531-90400-9_93>.

Rozzi, Ricardo (2013), «Biocultural Ethics: From Biocultural Homogenization Toward Biocultural Conservation», en Ricardo Rozzi, S. T. A. Pickett, Clare Palmer, Juan J. Armesto, and J. Baird Callicott (Eds.) *Linking Ecology and Ethics for a Changing World*, Springer, Dordrecht, Netherlands, pp. 9-32.

Sangha, Kamaljit K.; Preece, Luke; Villarreal-Rosas, Jaramar; Kegamba, Juma J.; Paudyal, Kiran; Warmenhoven, Tui y RamaKrishnan, Palayanoor Sivaswamy (2018), «An ecosystem services framework to evaluate indigenous and local peoples' connections with nature», *Ecosystem Services* 31, pp. 111-125.

Semplici, Greta; Haider, Lisbeth Jamila; Unks, Ryan; Mohamed, Tahira S.; Simula, Giulia; Tsering, Palden (Huadancairang); Maru, Natasha; Pappagallo, Linda y Taye, Masresha (2024), «Relational resiliences: reflections from pastoralism across the world», *Ecosystems and People,* 20 (1), p. 239692.

Sendalo, David S. C. (2009), *A review of land tenure policy implications on pastoralism in Tanzania*, Ministry of Livestock Development and Fisheries, Dar es Salaam.

Sharifian, Abolfazl; Gantuya; Batdelger, Wario, Hussein T.; Andrzej Kotowski, Marcin; Barani, Hossein; Manzano, Pablo; Krätli, Saverio; Babai, Dániel; Biró, Marianna; Sáfián, László; Erdenetsogt, Jigjidsüren; Qabel, Qorban Mohammad y Molnár, Zsolt (2023), «Global principles in local traditional knowledge: A review of forage plant-livestock-herder interactions», *Journal of Environmental Management,* 328, p.116966.

Stevens, Stan; Terence Hay-Edie; Carmen Miranda; Ameyali Ramos; y Neema Pathak Broome (2024), «Recognising territories and areas conserved by Indigenous peoples and local communities (ICCAs) overlapped by protected areas», *IUCN WCPA Good Practice Guidelines*, 34. Gland.

UNDP / United Nations Development Program (2014), «German government, GEF, and UNDP partner to create largest global fund for ICCAs. Global Fund Supports Conservation by Indigenous Peoples and Local Communities», *Announcements*, 15 de octubre, *UNDP*, en <www.undp.org/content/undp/en/home/presscenter/articles/2014/10/16/global-fund-supports-conservation-by-indigenous-peoples-and-local-communities.html>.

Yami, Mastewal; Vogl, Christian y Hauser, Michael (2009), «Comparing the Effectiveness of Informal and Formal Institutions in Sustainable Common Pool Resources Management in Sub-Saharan Africa», *Conservation and Society* 7, pp. 153-164.

Zanjani, Leila Vaziri; Govan, Hugh; Jonas, Holly; Karfakis, Theodore; Mwamidi, Daniel Majango; Stewart, Jessica; Walters, Gretchen y Dominguez, Pablo (2023), «Territories of life as key to global environmental sustainability», *Current Opinion in Environmental Sustainability*, 63, p. 101298, en <https://doi.org/10.1016/j.cosust.2023.101298>.

Biografías

Pablo Domínguez
orcid.org/0000-0002-8890-7509
https://www.ecoanthropologie.fr/fr/annuaire/dominguez-pablo-9815
https://piccahers.org/pablo-dominguez/
eco.anthropologies6@gmail.com

Licenciado en Biología Ambiental (UAM-Madrid y AMU-Marsella). Doctor en Antropología Social (EHESS-París y UAB-Barcelona). Actualmente investigador senior en el CNRS francés, basado en el Laboratorio de Eco-Antropología del Musée de l'Homme de París. Está especializado en sistemas agro-silvo-pastorales de la región mediterránea –Marruecos, España, Francia y los Balcanes– con más de 20 años de experiencia, centrándose principalmente en la gobernanza comunitaria sostenible de los recursos naturales. En la actualidad trabaja de forma comparativa, internacional, transdisciplinaria y en colaboración con diferentes sectores económicos, fomentando el conocimiento sobre diferentes sociedades agrícolas locales, para identificar tendencias en términos de conservación ambiental, valores sociales, patrimonio cultural, potencial económico y resiliencia.

Didier Genin
orcid.org/0000-0003-4081-3463
https://www.researchgate.net/profile/Didier_Genin
didier.genin@ird.fr

Ingeniero agrónomo, especializado en sistemas de ganadería extensiva, sostuvo una tesis doctoral en ecología sobre la modelación de las interacciones entre ganado y praderas nativas de zonas áridas. Es Investigador senior al Instituto Frances de Investigación para el Desarrollo (IRD), Miembro del Laboratorio Población, Medioambiente, Desarrollo (LPED, UMR151 AMU, Marsella, Francia). Tiene una experiencia de casi 40 años sobre el funcionamiento de los sistemas ganaderos en varios contextos de altas limitaciones medioambientales y/o sociales. Se interesa por las prácticas de uso y gestión de los recursos naturales (pastizales y bosques), tanto en lo que se refiere a 1) el análisis de los hechos técnicos de las prácticas, 2) sus impactos en las dinámicas de los ecosistemas, como a 3) sus significados en el marco del funcionamiento más global de las sociedades locales. Su posicionamiento científico se sitúa en la interfaz entre las ciencias ecológicas y las ciencias sociales. Ha participado en numerosos proyectos interdisciplinarios, tanto en América Latina (México, Bolivia) como en África del Norte (Túnez, Marruecos), Europa (Francia, España) y actualmente en las Altas Tierras de Madagascar.

Montserrat Ventura i Oller
orcid.org/0000-0001-8534-4643
https://webs.uab.cat/ahcisp/es/
montserrat.ventura@uab.cat

Profesora Titular de Antropología Social y Cultural en la Universitat Autònoma de Barcelona. Doctora en antropología social y etnología (EHESS, Paris, 2000), ha realizado trabajo de campo con la sociedad Tsachila de Ecuador donde ha estudiado los campos del chamanismo, las nociones de persona, mestizaje, humanidad, fronteras culturales, paz y resolución de conflictos, tiempo y espacio, así como movilidad, las formas locales de conocimiento y las relaciones entre humanos y su entorno. Ha publicado artículos en revistas y participado en libros en Europa y América. Destaca la monografía *Identité, cosmologie et chamanisme des tsachila de l'Équateur. À la croisée des chemins* (Paris: L'Harmattan, 2009), traducida al castellano *En el cruce de caminos. Identidad, cosmología y chamanismo Tsachila* (Quito: FLACSO / Abya-Yala / IFEA, 2012). Es coordinadora del grupo de investigación AHCISP y ha dirigido y participado en proyectos de investigación de ámbito catalán, estatal e internacional.

Virginie Baldy
https://orcid.org/0000-0002-4048-5132
https://www.imbe.fr/fr/annuaire/virginie-baldy/
virginie.baldy@imbe.fr

Virginie Baldy es profesora titular en Aix-Marseille Université. Actualmente está basada en el Instituto Mediterráneo de Biodiversidad y Ecología (IMBE), del que fue directora adjunta de 2019 a 2023. Como ecóloga, su investigación se centra en las relaciones entre la biodiversidad y el funcionamiento en los ecosistemas terrestres mediterráneos, en particular los procesos que rigen el funcionamiento del suelo. También ha contribuido a varios programas multidisciplinares, incluida la coordinación del programa BioDivmeX durante 9 años (2015-2023), cuyo objetivo era crear y gestionar una red transmediterránea de investigadores que comparten una cultura común e interdisciplinar para una nueva comprensión del rol de la biodiversidad en las relaciones entre el ser humano y el medio ambiente, así como identificar el conocimiento actual y los obstáculos para una mejor comprensión de las características específicas de la biodiversidad mediterránea.

Elise Buisson
https://orcid.org/0000-0002-3640-8134
https://univ-avignon.fr/enseignant-chercheur/elise-buisson/
https://www.imbe.fr/fr/annuaire/elise-buisson/
elise.buisson@imbe.fr

Doctora en Ecología (Aix Marseille Université). Actualmente profesora titular en Avignon Université, basada en el Instituto Mediterráneo de Biodiversidad y Ecología (IMBE). Su investigación tiene como objetivo una mejor comprensión de las teorías de ensamblaje de comunidades.

Esto incluye cuestiones fundamentales sobre la riqueza de especies, estructuración y dinámica de las comunidades. También su trabajo se focaliza en el estudio de los efectos de las actividades humanas sobre los ecosistemas, particularmente sobre las comunidades de plantas y artrópodos. Siguiendo estos diagnósticos y la identificación de posibles problemas de resiliencia en los ecosistemas degradados, su investigación se centra en la implementación de experimentos en restauración ecológica.

Emmanuel Corcket
https://orcid.org/0000-0002-8586-2202
https://www.imbe.fr/fr/annuaire/emmanuel-corcket/
emmanuel.corcket@imbe.fr

Emmanuel Corcket es profesor titular en Aix Marseille Université en ecología, botánica, ciencias del suelo, gestión y restauración ecológica de los ecosistemas terrestres. Después de trabajar en la Universidad de Burdeos entre 2003 y 2021, está basado en Marsella en el Instituto Mediterráneo de Biodiversidad y Ecología (IMBE), del que es director desde 2024. Como ecólogo, su investigación se centra principalmente en las respuestas de la vegetación a los cambios globales como el cambio climático, la contaminación atmosférica y el cambio de uso del suelo, y en las interacciones bióticas entre plantas, y entre la vegetación y los herbívoros. Más recientemente, amplió sus investigaciones sobre el funcionamiento de los socioecosistemas a través de enfoques interdisciplinarios.

Antonio Garrido Almonacid
https://orcid.org/0000-0002-6479-2698
agarrido@ujaen.es

Antonio Garrido Almonacid. Licenciado en Geografía (Universidad de Granada) y Doctor en Humanidades por la Universidad de Jaén. Profesor Titular de Universidad en el Departamento de Ingeniería Cartográfica, Geodésica y Fotogrametría de la Universidad de Jaén. En la actualidad centra sus investigaciones en cuestiones relativas a la gestión de información espacial mediante SIG, especialmente en el análisis territorial y paisajístico de la provincia de Jaén. Sus últimos artículos están publicados en *Quaestiones Geographicae*, *Ager*, *Estudios Geográficos*, *Journal of Science & Technology Development*, *European Planning Studies*, *Journal of Maps* o *Applied Geography*.

Francisco Godoy-Sepúlveda
https://orcid.org/0000-0002-3426-5117
https://piccahers.org/francisco-godoy/
fagodoys@gmail.com

Antropólogo Social y Magíster en Ciencias Sociales (Universidad de Chile), Doctor en Antropología Social y Cultural (UAB-Barcelona). Especializado en temas ambientales, principalmente conflictos socioambientales, conservación y gestión comunitaria de recursos naturales, y patrimonio biocultural, con trabajo etnográfico tanto en Chile como en España. Mis intereses de investigación se inscriben en las áreas de Ecología Política y Estudios de Ciencia, Tecnología y Sociedad, particularmente en la forma en que los paisajes -como ensamblajes bioculturales- son configurados y reconfigurados por agencias humanas y no-humanas, con foco en sus facetas diacrónicas (históricas y biográficas). Miembro del grupo de investigación AHCISP y de XIPE, del Departamento de Antropología de la UAB-Barcelona.

Egidio Moya García
https://orcid.org/0000-0003-1900-8224
http://www4.ujaen.es/~emoya/
emoya@ujaen.es

Licenciado en Geografía y Doctor por la Universidad de Jaén, es Profesor titular en el área de Análisis Geográfico Regional de esta institución. Ha desarrollado su investigación principalmente en la evolución de los territorios rurales, habiendo participado en distintos proyectos de investigación centrados en las áreas de montaña y las diversas actividades forestales que en ellas se han llegado a desarrollar, la gestión de los espacios protegidos, que se extienden mayoritariamente en paisajes serranos, o los procesos de colonización, como sistema transformación territorial.

Santiago Agustín Parra
https://orcid.org/0000-0002-9247-5489
https://lped.fr/?ParraSantiago
https://piccahers.org/santiago-parra/
santiago.pbulacio@gmail.com

Licenciado en Biología Ambiental en la Universidad de Chile (Chile) y máster en Sorbonne Université (Francia). Actualmente realiza su doctorado en Aix-Marseille Université (AMU, Francia) sobre las relaciones entre suelo, comunidades vegetales, practicas pastoriles y gobernanza en los comunales pastoriles de Castril, Santiago y Pontones en Andalucía (España) bajo la dirección de Didier Genin (IRD, Francia), María Eugenia Ramos-Font (CSIC, Spain) y Emmanuel Corcket (AMU, Francia). Su investigación implica enfoques multidisciplinares mediante el empleo de cuadros conceptuales y métodos procedentes de ecología de comunidades, conservación biocultural, etnobiología y gestión comunitaria de recursos naturales.

Daniel Pavon
https://orcid.org/0009-0005-8126-8280
https://www.imbe.fr/fr/annuaire/daniel-pavon/
daniel.pavon@imbe.fr

Experto naturalista de Aix Marseille Université (AMU, Francia) y botánico en el Instituto Mediterráneo de Biodiversidad y Ecología (IMBE). Sus principales competencias se refieren a las plantas vasculares, proporcionando apoyo técnico en diversos trabajos de investigación (ecología, taxonomía, conservación, restauración, etc.).

Adrià Peña Enguix
orcid.org/0009-0006-9152-6631
https://lped.fr/?PenaEnguixAdria
https://webs.uab.cat/ahcisp/adria-pena/
adria.pena-enguix@etu.univ-amu.fr

Ambientólogo de formación, sus intereses académicos abordan la relación entre naturaleza y cultura, centrándose en el estudio de la gestión colectiva de los recursos naturales en comunidades pastoriles. Actualmente está cursando su tesis doctoral en antropología ambiental (Aix-Marseille Université-Universitat Autònoma de Barcelona) trabajando sobre comunales pastoriles en el noreste de Andalucía bajo el marco del proyecto Community Conserved Areas for Socio-ecological Resilience (ICCARE). Concretamente, su investigación busca comprender los procesos que han configurado los comunales de Castril, Santiago de la Espada y Pontones, desde las Desamortizaciones de Pascual Madoz del 1855 hasta la actualidad.

María Eugenia Ramos Font
https://orcid.org/0000-0002-4888-0401
eugenia.ramos@eez.csic.es

Licenciada en Ciencias Biológicas (Universidad de Granada). Doctora en Biología (Universidad de Granada). En la actualidad trabaja como Titulado Superior en la Estación Experimental del Zaidín (Consejo Superior de Investigaciones Científicas), donde realizó su tesis doctoral sobre la integración del ganado en los cultivos leñosos de secano. Como botánica, su trabajo está basado en el estudio de la respuesta de la vegetación frente al pastoreo y del papel del ganado tanto en los sistemas forestales como en los agrícolas. Sus líneas de investigación actualmente se centran en la interacción del trinomio fuego-ganado-planta a través de la práctica del herbivorismo pírico (quemas prescritas seguidas de pastoreo dirigido) y en el efecto de la gestión ganadera sobre distintos parámetros ecológicos de los pastos.

Federica Ravera
https://scholar.google.es/citations?user=Vr0IQ4oAAAAJ&hl=es
https://www.researchgate.net/profile/Federica-Ravera-2
https://orcid.org/0000-0001-6282-6236
federica.ravera@udg.edu

Investigadora sénior de la Universidad de Girona, Federica Ravera tiene formación en ciencias ambientales con especialización en Ecología Política. Su investigación se centra en los sistemas socioecológicos de montaña y la exploración del papel del conocimiento ecológico tradicional, las acciones colectivas y la innovación social en la vulnerabilidad y adaptación al cambio climático. Ha trabajado en diferentes sistemas montañosos alrededor del mundo, como en el Himalaya, los Andes, la Sierra Bética y, más recientemente, los Pirineos. A través de una investigación transdisciplinaria y una perspectiva de ecología política feminista, integra específicamente enfoques y métodos de diferentes disciplinas y sistemas de conocimiento para estudiar las dinámicas de poder dentro de los sistemas pastorales como sistemas socioecológicos y los caminos de adaptación diferencial al cambio climático.

Ana Belén Robles Cruz
orcid.org/0000-0002-1353-2917
https://www.eez.csic.es/evaluacion-restauracion-y-proteccion-de-agrosistemas-mediterraneos-serpam
https://eez-csic.gvsigonline.com/gvsigonline/
anabelen.robles@eez.csic.es

Doctora en Ciencias Biológicas y Licenciada en Ciencias Biológicas, especialidad botánica (Universidad de Granada). Técnica Superior Especializada de Organismos Públicos de Investigación (OPIs), actualmente es la responsable del Servicio de Evaluación, Restauración y Protección de Agroecosistemas Mediterráneos (SERPAM) de la Estación Experimental del Zaidín de Granada (CSIC). Su trabajo de investigación se ha centrado en sistemas silvopastorales y agro-silvopastorales mediterráneos bajo climas árido y semiárido en zonas de montaña, abordando las relaciones planta- herbívoro, gestión de pastos naturales (carrying capacity), restauración de pastos naturales con especies autóctonas y, desde 1996 en prevención de incendios mediante pastoreo dirigido y herbivorismo pírico (quemas prescritas y pastoreo). Ha trabajado en diferentes centros de investigación extranjeros: Unité d'Écodéveloppement, INRAe de Avignon, Francia y en el Instituto Argentino de Zonas Áridas (IADIZA, CONICET). Es cofundadora de la Red de Áreas Pasto-Cortafuegos de Andalucía (RAPCA, Junta de Andalucía), recibiendo dos premios compartidos por esta labor.

José Domingo Sánchez Martínez
https://orcid.org/0000-0002-4428-4186
jdsanche@ujaen.es
https://investigacion.ujaen.es/investigadores/191601/detalle

Catedrático de Análisis Geográfico Regional en la Universidad de Jaén y responsable del Grupo de investigación de estudios sobre del territorio y la sociedad. Sus trabajos se enfocan en el análisis de las complejidades que caracterizan y los desafíos que afrontan los territorios rurales, interpretando la interacción entre el soporte ecológico y los grupos humanos en diferentes escalas espacio-temporales, analizando igualmente los efectos que se derivan de las conexiones espaciales y el papel que adquieren las políticas públicas. Desde esa perspectiva, aborda aspectos como la dinámica de los espacios forestales y las áreas protegidas, los olivares mediterráneos y los retos demográficos.

Pau Sanosa Cols
https://orcid.org/0000-0003-2396-0584
https://webs.uab.cat/ahcisp/es/
https://piccahers.org/pau-sanosa/
pausanosa@gmail.com

Licenciado en Ciencias Ambientales (UB-Barcelona, 2009) y Doctor en Antropología Social y Cultural (UAB-Barcelona, 2024), ha desarrollado sus investigaciones con comunidades pastoriles y ganaderas situadas en la montaña mediterránea, con trabajos de campo de larga duración en el Pirineo catalán y en la Sierra de Segura. Se ha interesado por las formas de organización comunitarias y en cómo los modos de vida pastoriles se reconfiguran considerando los diferentes procesos de cambio que atraviesan. Ha participado en diferentes proyectos multidisciplinares que sitúan la ganadería extensiva como actividad clave en la preservación de la diversidad biocultural y adaptación al cambio climático. Es miembro de organizaciones en defensa de comunidades que gobiernan recursos naturales, tales como Iniciativa Comunales a nivel estatal y el Consorcio TICCA a nivel internacional.

Christel Vidaller
https://orcid.org/0000-0001-5354-1677
https://univ-avignon.fr/enseignant-chercheur/christel-vidaller/
https://www.imbe.fr/fr/annuaire/christel-vidaller/
christel.vidaller@imbe.fr

Doctora en Ecología (Avignon Université). Actualmente, Christel Vidaller es profesora titular en Avignon Université y está basada en el Instituto Mediterráneo de Biodiversidad y Ecología (IMBE). Sus investigaciones se centran en la dinámica de las poblaciones y comunidades vegetales en un contexto de ecología de la restauración. Los principales objetivos de su trabajo son comprender los factores que limitan la recolonización de las especies vegetales, a través de un enfoque multiescala y considerando los diferentes procesos ecológicos, como las interacciones bióticas (pastoreo, fauna del suelo…) y las perturbaciones abióticas (incendios, sequías…). Los resultados de estas investigaciones se aplican posteriormente a la conservación y a la restauración ecológica de ecosistemas perturbados y/o degradados por actividades humanas.

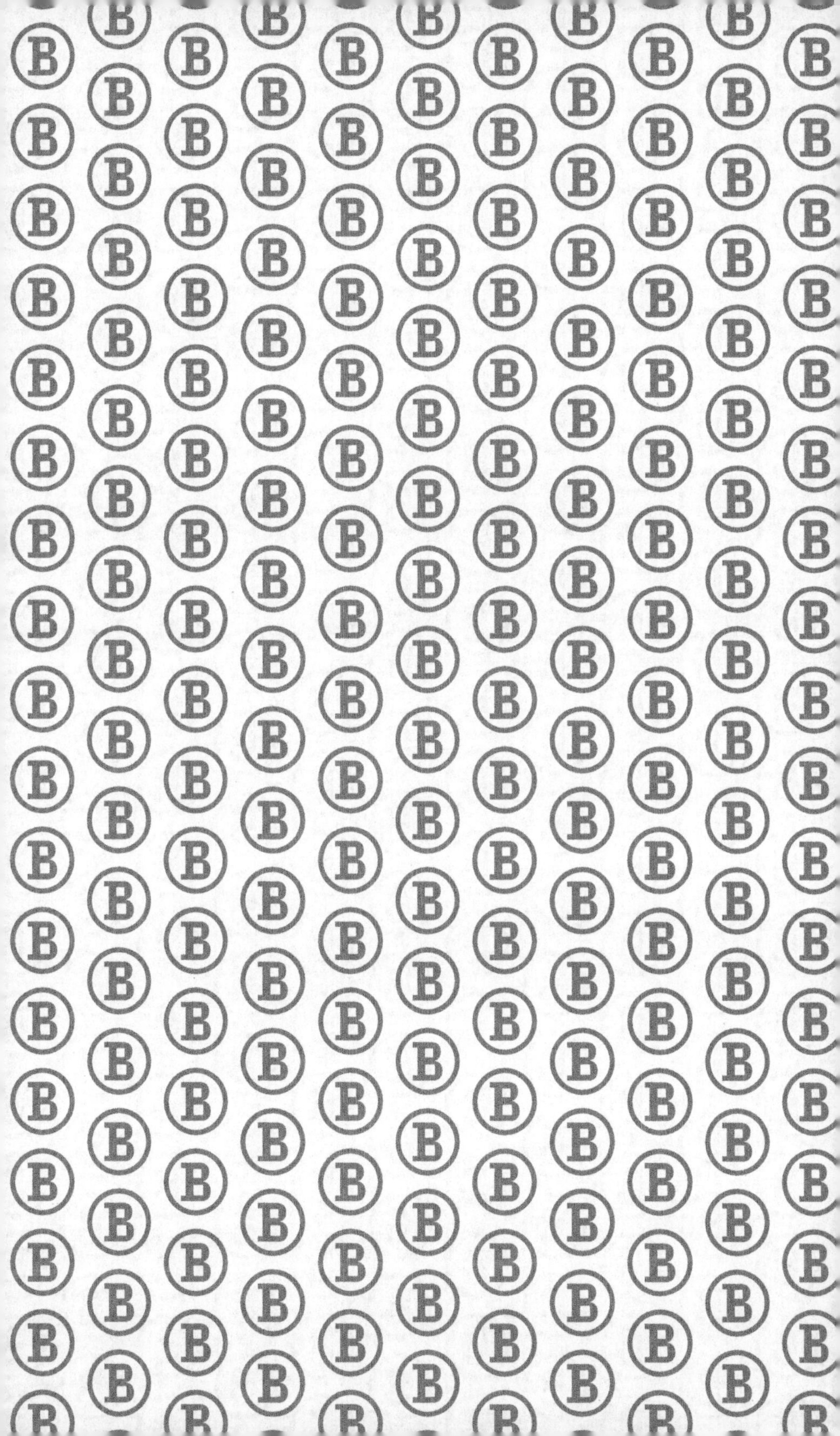

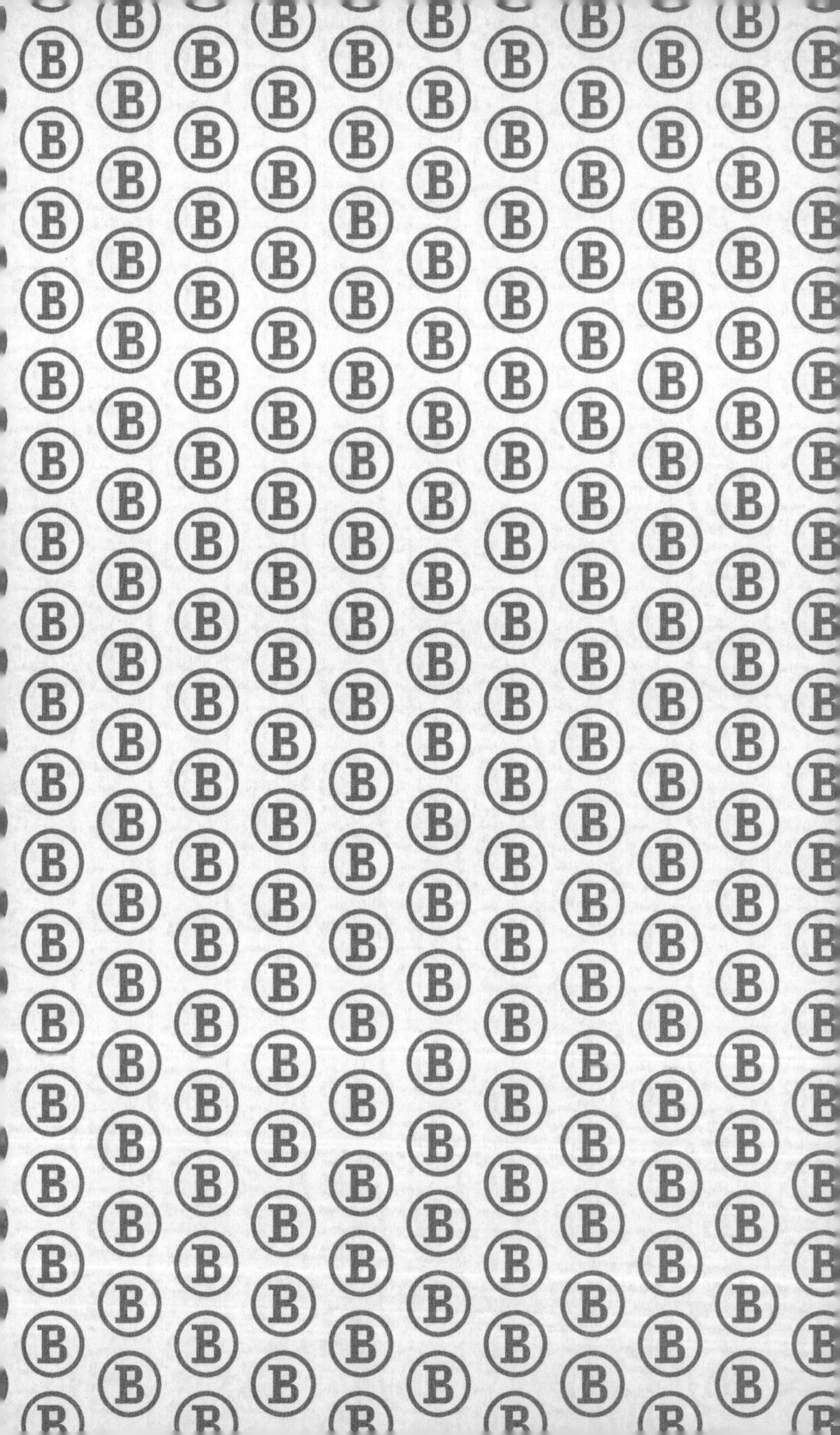